"十二五"职业教育国家规划教材
经全国职业教育教材审定委员会审定

U0322805

数控铣削工艺与技能训练
（含加工中心）
第2版

主编 周晓宏
参编 赖资填 汪哲能 唐支朴 朱腾飞

机械工业出版社
CHINA MACHINE PRESS

本书是"十二五"职业教育国家规划教材，是根据《教育部关于"十二五"职业教育教材建设的若干意见》及教育部新颁布的《高等职业学校专业教学标准（试行）》，同时参考数控铣床和加工中心操作工职业资格标准编写的。根据数控铣床和加工中心中级、高级操作工的知识和技能要求，本书介绍了数控铣床和加工中心编程与操作所需的知识和技能，主要内容包括数控铣削加工的装夹、刀具和工艺知识，FANUC 系统、西门子系统和华中 HNC-21M 系统数控铣床/加工中心的操作方法与维护，数控铣床/加工中心操作工职业技能综合训练（中、高级），以及数控铣床/加工中心中级、高级操作工的编程和加工技能要求。本书从简单到复杂，设计了 10 个零件加工项目，将知识和技能穿插到各项目中讲解和训练，涵盖回形槽零件、蝶形零件、心形凸台、凸轮、孔系零件、凹模型腔、双面零件、配合件、半圆球凸模和五边形凸模典型零件的加工。

本书收集了大量企业生产实例、加工技巧和编程技巧，实用性强、适用面宽，各项目后都配有思考与训练题，供读者训练。

为便于教学，本书配套有电子教案、助教课件等教学资源，选择本书作为教材的教师可来电（010-88379201）索取，或登录 www.cmpedu.com 网站，注册、免费下载。

本书可作为高等职业院校数控、模具和机电一体化专业教材，也可作为数控铣床和加工中心中级、高级工岗位培训教材。

图书在版编目（CIP）数据

数控铣削工艺与技能训练：含加工中心/周晓宏主编 . —2 版 . —北京：机械工业出版社，2014.6

"十二五"职业教育国家规划教材

ISBN 978-7-111-47824-9

Ⅰ.①数…　Ⅱ.①周…　Ⅲ.①数控机床 – 铣削 – 高等职业教育 – 教材　Ⅳ.①TG547

中国版本图书馆 CIP 数据核字（2014）第 200305 号

机械工业出版社（北京市百万庄大街 22 号　邮政编码 100037）
策划编辑：王佳玮　责任编辑：王佳玮　版式设计：霍永明
责任校对：陈延翔　封面设计：张　静　责任印制：李　洋
北京机工印刷厂印刷（三河市南杨庄国丰装订厂装订）
2015 年 1 月第 2 版第 1 次印刷
184mm×260mm · 17.5 印张 · 424 千字
0 001—2 000 册
标准书号：ISBN 978-7-111-47824-9
定价：39.00 元

第2版前言

本书是按照教育部《关于开展"十二五"职业教育国家规划教材选题立项工作的通知》，经过出版社初评、申报，由教育部专家组评审确定的"十二五"职业教育国家规划教材，是根据《教育部关于"十二五"职业教育教材建设的若干意见》及教育部新颁布的《高等职业学校专业教学标准（试行）》，同时参考数控铣床和加工中心操作工职业资格标准编写的。

本书主要介绍数控铣床/加工中心的操作、工艺编制和编程方法，通过项目和相关任务培养学生的数控铣削工艺编制能力、编程能力与操作技能。本书编写过程中力求体现理论和实操一体化的特色。本书编写模式新颖，根据"任务引领"的教学思路，全书按"项目"编写，在"项目"下设置了有针对性的"任务"，方便教学过程中采用理论和实操一体化的教学模式。

本书在内容处理上主要有以下几点说明：①采用任务引领教学方法，先提出每个项目的任务，引导学生分析任务图样，指导学生学习和任务相关的知识，然后再进行编程和加工。教学过程中注意引导学生在"做中学"和在"学中做"。②编程和加工以 FANUC 系统为主，兼顾西门子数控系统和华中数控系统。③从项目三到项目十一，设计了从简单到复杂系列零件的编程和加工，可按照顺序进行教学。项目十二为自动编程学习内容，项目十四为综合技能训练。项目一中数控铣削加工刀具、夹具和工艺的内容可穿插在项目三到项目十二中学习，项目二中数控铣床/加工中心操作内容供学生操机时查阅。④建议学时为 180 左右（每周 10 学时）。

全书共十四个项目，由深圳技师学院周晓宏主编。参与本书编写的有深圳技师学院赖资填、衡阳财经职业技术学院汪哲能、深圳瑞声声学科技有限公司唐支朴和深圳北极光科技有限公司朱腾飞。

本书经全国职业教育教材审定委员会审定，教育部专家在评审过程中对本书提出了很多宝贵的建议，在此表示衷心的感谢！编写过程中，编者参阅了国内外出版的有关教材和资料，在此一并表示衷心感谢！

由于编者水平有限，书中不妥之处在所难免，恳请读者批评指正。

编　者

第1版前言

数控铣床和加工中心在企业应用非常广泛，目前国内掌握数控铣床和加工中心编程与加工的高级技能人才相对短缺，因此，相关人才的培养工作非常迫切。为适应培养数控铣床和加工中心高级技能人才的需要，我们总结了自己在生产一线和教学岗位上多年的心得体会，结合职业技术类院校教学改革的成果和企业要求，组织编写了本书。

本书在内容编排上，特别注重所述工艺知识和技能的实用性和可操作性。本书主要特色如下：

1）符合一体化教学的需要。本书按"项目"来编写，在"项目"下设置有针对性的"任务"，适合采用理论和实操一体化的教学模式。项目一引导读者学习数控铣削加工的装夹、刀具和工艺知识，项目二引导读者学会 FANUC 系统、西门子系统和华中 HNC-21M 系统数控铣床和加工中心的基本操作方法。从项目三到项目十一，按照数控铣床/加工中心中级、高级操作工的编程和加工技能要求，从简单到复杂，设计了 9 个零件加工项目，将知识和技能穿插到各项目中讲解和训练。这符合目前我国职业教育界正在大力提倡的"任务引领型"教学思路。项目十二介绍数控铣床和加工中心的维护与保养。项目十三设置了相关技能的综合训练。

2）内容编排符合学习规律，方便教学。项目编排按照从简单到复杂的原则，在项目引领下按照学生的认知规律和企业工作过程设计"任务"，先引导学生学习完成各项目所需的知识和技能，再按照企业工作过程完成项目。

3）遵循"以就业为导向"原则，着力培养学生的实际工作能力。本书收集了大量企业生产实例、加工技巧和编程技巧，以培养学生工作能力为宗旨，所选取的项目非常适合数控铣床和加工中心中级、高级操作工训练的需要，适合培养学生编程和加工工作能力的需要。

4）突出体现"知识新、技术新、技能新"的编写思想，以所介绍知识和技能"实用、可操作性强"为基本原则，不追求理论知识的系统性和完整性。

5）所介绍的 FANUC 系统、西门子系统和华中 HNC-21M 系统数控铣床和加工中心在生产实际中应用非常广泛，符合企业的要求和学校教学的需要。

本书由深圳技师学院周晓宏副教授、高级技师主编。深圳技师学院赖资填老师编写了项目九的任务一、任务二和任务三，并完成了本书零件实体图的造型工作。本书其余部分均由周晓宏编写。

本书可作为技师学院、高级技工学校、高职院校和中职学校数控、模具和机电一体化专业教材，也可作为数控铣床/加工中心中级、高级操作工训练的教材以及相关工程技术人员的参考用书。本书既适合于全日制学生，也适合于社会化培训学员。

由于编者水平有限，书中难免存在不妥之处，恳请读者指正。

编　者

目 录

项目一 数控铣削加工工艺系统

学习目标

❖ 了解数控铣床和加工中心的用途、分类、结构及工作原理
❖ 掌握铣刀的结构和分类
❖ 掌握数控铣削加工工艺与夹具知识
❖ 能编制数控铣削零件的加工工艺

任务一　从加工实例认识数控铣削加工

一、加工实例展示

用图 1-1 所示的数控铣床加工如图 1-2 所示零件，工作步骤如下。

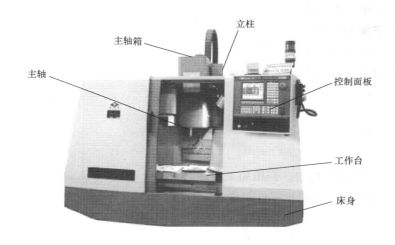

图 1-1　数控铣床

1. 编制程序

编制程序的工作步骤如下：

（1）对零件图进行工艺分析并制订加工工艺　该零件由四边形外轮廓、六边形外轮廓和槽组成，加工工艺路线如下：

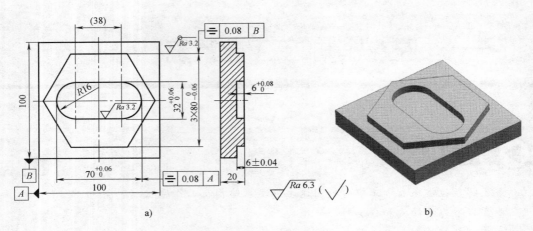

图 1-2　加工实例展示零件图

a）零件图　b）实体图

1）铣削四边形外轮廓。

2）粗铣六边形外轮廓。

3）精铣六边形外轮廓。

4）粗铣槽。

5）精铣槽。

（2）计算基点　编制程序之前要计算零件轮廓上各个基点的坐标值。

（3）编制程序　此处略。

2. 启动机床加工零件

加工零件的工作步骤如下：

1）启动机床并进行返回参考点操作。

2）装夹毛坯。

3）装夹刀具。

4）输入程序。

5）对刀。

6）按"循环启动"按钮，开始加工零件。

7）停机，检测零件并修正零件尺寸。

>> **提示**　　构成零件轮廓的不同几何元素的连接点称为基点，如图 1-2 所示六边形的顶点和槽中圆弧和直线的交点均为基点。

二、数控铣削加工的特点

图 1-3 所示为数控铣削加工的零件。数控铣削加工的特点主要体现在其"数控"的各种功能上，加上完善的机械机构。数控铣削加工具有以下特点。

图 1-3　数控铣削加工的零件

1）能加工超精零件。例如，在高精度的数控铣床上，可加工出几何轮廓精度极高（达 0.0001mm）、表面粗糙度数值极小（达 $Ra0.02\mu m$）的超精度零件，如复印机中的回转鼓及激光打印机上的多面反射体等。

2）能加工轮廓形状特别复杂或难以控制尺寸的零件。

3）能加工普通铣床不能（或不便）加工的多种零件。

4）能加工经一次装夹定位后，需进行多道工序加工的零件。例如，在铣削中心上可方便地实现对零件进行外轮廓铣削、钻孔、扩孔、镗孔及铣削螺纹、铣槽等多道工序的加工。

5）数控铣床加工的自动化程度很高，除刀具的进给运动外，对零件的装夹、刀具的更换、切屑的排除等工作均能自动完成。同时，由于其加工过程多为封闭式，故能极大地减轻操作者的劳动强度和紧张程度，改善操作者的劳动条件。

6）采用数控铣床加工，能通过选用最佳工艺路线和切削用量，有效地减少加工中的辅助时间，较大地提高生产率。

7）在数控铣床上加工零件，一般可省去前期划线、中间检验等工作，通常还可省去复杂的工装，减少对零件的安装、调整等工作，故能明显缩短加工的准备时间，降低生产费用。

任务二　认识数控铣床和加工中心

一、数控铣床的分类

1. 按机床主轴的布置形式及机床的布局特点分类

按机床主轴的布置形式及机床的布局特点，可将数控铣床分为数控立式铣床、数控卧式铣床和数控龙门铣床等。

（1）数控立式铣床　如图 1-1 所示，数控立式铣床主轴与机床工作台面垂直，工件安装方便，加工时便于观察，但不便于排屑。数控立式铣床一般采用固定式立柱结构，工作台不升降。主轴箱作上下运动，并通过立柱内的重锤平衡主轴箱的质量。为保证机床的刚性，主轴轴线距立柱导轨面的距离不能太大，因此这种结构主要用于中小尺寸的数控铣床。

（2）数控卧式铣床　如图 1-4 所示，数控卧式铣床的主轴与机床工作台面平行，加工时不便观察，但排屑顺畅。数控卧式铣床一般配有数控回转工作台，便于加工零件的不同侧面。

3

单纯的数控卧式铣床现在已比较少，多在配备自动换刀装置（ATC）后成为卧式加工中心。

（3）数控龙门铣床 对于大尺寸的数控铣床，一般采用对称的双立柱结构，保证机床的整体刚性和强度，即数控龙门铣床，如图 1-5 所示，有工作台移动和龙门架移动两种形式。它适用于加工飞机整体结构体零件、大型箱体零件和大型模具等。

图 1-4 数控卧式铣床　　　　　　　　　图 1-5 数控龙门铣床

2. 按数控系统的功能分类

数控铣床按数控系统功能可分为经济型数控铣床、全功能数控铣床和高速铣削数控铣床等。

（1）经济型数控铣床 一般采用经济型数控系统，如 SIEMENS 802S（西门子）等，采用开环控制，可以实现三坐标联动。这种数控铣床成本较低，功能简单，加工精度不高，适用于一般复杂零件的加工。该类铣床一般有工作台升降式和床身式两种类型。

（2）全功能数控铣床 采用半闭环控制或闭环控制，数控系统功能丰富，一般可以实现四坐标以上联动，加工适应性强，应用最广泛。

（3）高速铣削数控铣床 高速铣削是数控加工的一个发展方向，技术已经比较成熟，已逐渐得到广泛的应用。这种数控铣床采用全新的机床结构、功能部件和功能强大的数控系统，并配以加工性能优越的刀具系统，加工时主轴转速一般为 8000 ~ 40000r/min，切削进给速度可达 10 ~ 30m/min，可以对大面积的曲面进行高效率、高质量的加工。但目前这种机床价格昂贵，使用成本比较高。

二、数控铣床的组成

数控铣床形式多样，不同类型的数控铣床在组成上有所差别，但都有许多相似之处。下面以 XK5040A 型数控立式升降台铣床为例介绍其组成情况。

XK5040A 型数控立式升降台铣床配有 FANUC-3MA 数控系统，采用全数字交流伺服驱动。图 1-6 所示为该数控铣床的结构布局。

该机床由六个主要部分组成，即床身部分、铣头部分、工作台部分、升降台部分、横向进给部分、冷却与润滑部分。

1. 床身部分

床身内部布置合理，具有良好的刚性，底座上设有 4 个调节螺栓，便于机床调整水平，

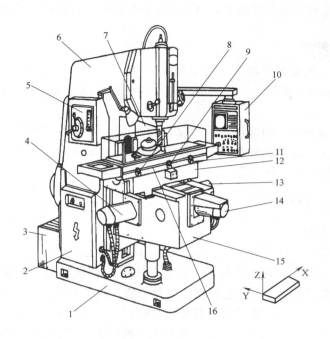

图 1-6　XK5040A 型数控铣床的结构布局

1—底座　2—强电柜　3—变压器箱　4—垂直升降（Z轴）进给伺服电动机　5—主轴变速手柄和按钮板　6—床身
7—数控柜　8、11—保护开关（控制纵向行程硬限位）　9—挡铁（用于纵向参考点设定）　10—操纵台
12—横向溜板　13—纵向（X轴）进给伺服电动机　14—横向（Y轴）进给伺服电动机
15—升降台　16—纵向工作台

切削液储液池设在机床底座内部。

2. 铣头部分

铣头部分由有级（或无级）变速箱和铣头两个部件组成。

铣头主轴支承在高精度轴承上，保证主轴具有高回转精度和良好的刚性。主轴装有快速换刀螺母，前端锥孔采用标准锥度，它采用机械无级变速，调节范围宽，传动平稳，操作方便。刹车机构能使主轴迅速制动，节省辅助时间，制动时通过制动手柄撑开止动环使主轴立即制动。起动主电动机时，应注意松开主轴制动手柄。铣头部件还装有伺服电动机、内齿带轮、滚珠丝杠副及主轴套筒，它们形成垂向（Z向）进给传动链，使主轴作垂向直线运动。

3. 工作台部分

工作台与床鞍支承在升降台较宽的水平导轨上，工作台的纵向进给是由安装在工作台右端的伺服电动机驱动的。通过内齿带轮带动精密滚珠丝杠副，从而使工作台获得纵向进给。工作台左端装有手轮和刻度盘，以便进行手动操作。

床鞍的纵横向导轨面均采用了贴塑面，提高了导轨的耐磨性、运动的平稳性和精度的保持性，消除了低速爬行现象。

4. 升降台部分及横向进给部分

升降台前方装有交流伺服电动机，驱动床鞍作横向进给运动，其传动原理与工作台的纵向进给相同，此外，在横向滚珠丝杠前端还装有进给手轮，可实现手动进给。升降台左侧装

项目一　数控铣削加工工艺系统

有锁紧手柄，轴的前端装有长手柄可带动锥齿轮及升降台丝杠旋转，从而获得升降台的升降运动。

5. 冷却与润滑部分

（1）冷却系统　机床的冷却系统由冷却泵、出水管、回水管、开关及喷嘴等组成，冷却泵安装在机床底座的内腔里，将切削液从底座内的储液池送至出水管，然后经喷嘴喷出，对切削区进行冷却。

（2）润滑系统及方式　润滑系统由手动润滑油泵、分油器、节流阀和油管等组成。机床采用周期润滑方式，用手动润滑油泵，通过分油器对主轴套筒、纵横向导轨及三向滚珠丝杠进行润滑，以提高机床的使用寿命。

三、加工中心的分类

1. 按功能特征分类

加工中心按功能特征可分为镗铣、钻削和复合加工中心。

（1）镗铣加工中心　如图 1-7 所示，镗铣加工中心是机械加工行业应用最多的一类数控设备，有立式和卧式两种。其工艺范围主要是铣削、钻削和镗削。镗铣加工中心数控系统控制的坐标数多为 3 个，高性能的数控系统可以达到 5 个或更多。

（2）钻削加工中心　以钻削为主，刀库形式以转塔头形式为主，适用于中、小批量零件的钻孔、扩孔、铰孔、攻螺纹及连续轮廓铣削等多工序加工。钻削加工中心如图 1-8 所示。

图 1-7　镗铣加工中心

图 1-8　钻削加工中心

（3）复合加工中心　在一台设备上可以完成车、铣、镗、钻等多种工序加工的加工中心称为复合加工中心，可代替多台机床实现多工序的加工。这种方式既能减少装卸时间，提高机床生产率，减少半成品库存量，又能保证和提高几何精度。复合加工中心如图 1-9 所示。

2. 按主轴的位置不同分类

按主轴的位置不同，加工中心分为卧式、立式和五面加工中心，这是加工中心通常的分类方法。

（1）卧式加工中心　卧式加工中心如图 1-10 所示，是指主轴轴线水平设置的加工中心。卧式加工中心有固定立柱式和固定工作台式。

图 1-9　复合加工中心

图 1-10　卧式加工中心

（2）立式加工中心　立式加工中心如图 1-7 所示。立式加工中心的主轴为垂直设置，其结构多为固定立柱式，工作台为十字滑台。

（3）五面加工中心　五面加工中心如图 1-11 所示，这种加工中心具有立式和卧式加工中心的功能，在工件的一次装夹后，能完成除安装面外的所有五个面的加工。这种加工方式可以使工件的几何误差降到最低，省去了二次装夹的工装，从而提高了生产率，降低了加工成本。

3. 按支撑件的不同分类

加工中心按支撑件的不同可分为龙门式镗铣加工中心和动柱式镗铣加工中心。

（1）龙门式镗铣加工中心　如图 1-12 所示，龙门式镗铣加工中心的典型特征是具有一个龙门形的固定立柱，在龙门框架上安装有可实现 X 向、Z 向移动的主轴部件，其工作台仅实现 Y 向移动。龙门式镗铣加工中心结构刚性好。该种形式常见于大型加工中心。

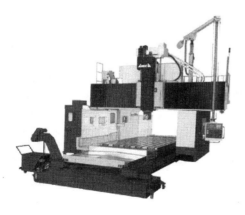

图 1-11　五面加工中心

图 1-12　龙门式镗铣加工中心

（2）动柱式镗铣加工中心　动柱式镗铣加工中心如图 1-7 所示。动柱式镗铣加工中心的主轴部件安装在加工中心的立柱上，可实现 Z 向移动，立柱安装在 T 形底座上，可实现 X 向移动。动柱式加工中心由于立柱是通过滚动导轨与底座相连的，刚性比龙门式结构差，一般不适宜重切削加工；加工过程中，立柱要完成支承工件和 X 向移动两个功能，较大的立柱质量限制了机床的机动性能。该种形式常见于中小型立式或卧式镗铣加工中心。

任务三 学习数控铣削刀具知识

一、铣削要素

如图 1-13 所示，铣削要素有铣削速度、进给量、背吃刀量与侧吃刀量。

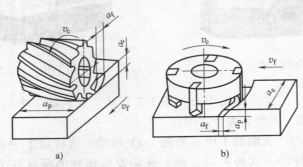

图 1-13 铣削要素
a）圆周铣 b）面铣

1. 铣削速度 v_c

铣刀旋转时的切削速度为

$$v_c = \frac{\pi d_0 n}{1000}$$

式中 d_0——铣刀直径（mm）；

n——铣刀转速（r/min）。

2. 进给量

（1）进给量 f 铣刀每转一转，与工件的相对位移，单位为 mm。

（2）每齿进给量 f_z 铣刀每转过一个刀齿，与工件的相对位移

$$f_z = \frac{f}{z}$$

式中 z——铣刀齿数。

（3）每秒进给量即进给速度 v_f 铣刀与工件的每秒钟相对位移，单位为 mm/s。

$$v_f = \frac{fn}{60} = f_z \frac{zn}{60}$$

3. 背吃刀量 a_p

指平行于铣刀轴线方向的切削层尺寸。

4. 侧吃刀量 a_e

指垂直于铣刀轴线方向的切削层尺寸。

二、认识铣刀

图 1-14 所示为数控铣床常用的铣刀。

1. 铣刀各部分的名称和作用

铣刀的几何形状如图 1-15 所示,其各部分名称和定义如下:

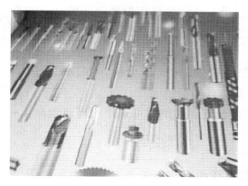

图 1-14　常用铣刀

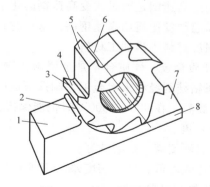

图 1-15　铣刀的组成部分
1—待加工表面　2—切屑　3—主切削刃　4—前刀面
5—主后刀面　6—铣刀棱　7—已加工表面　8—工件

1) 前刀面:刀具上切屑流过的表面。

2) 主后刀面:刀具上同前刀面相交形成主切削刃的表面。

3) 副后刀面:刀具上同前刀面相交形成副切削刃的表面。

4) 主切削刃:起始于切削刃上主偏角为零的点,并至少有一段切削刃拟用来在工件上切出过渡表面的那个整段切削刃。

5) 副切削刃:切削刃上除主切削刃以外的切削刃,也起始于主偏角为零的点,但它向背离主切削刃的方向延伸。

6) 刀尖:指主切削刃与副切削刃的连接处相当少的一部分切削刃。

2. 铣刀切削部分的常用材料

常用的铣刀材料有高速工具钢和硬质合金两种。

(1) 高速工具钢(简称高速钢、锋钢等)　有通用高速钢和特殊用途高速钢两种。高速钢具有以下特点:

1) 合金元素,如 W(钨)、Cr(铬)、Mo(钼)、V(钒)等的含量较高,淬火硬度可达到 62~70HRC,在 600℃高温下,仍能保持较高的硬度。

2) 强度和韧性好,抗振性强,能用于制造切削速度较低的刀具,即使刚性较差的机床,采用高速钢铣刀,仍能顺利切削。

3) 工艺性能好,锻造、焊接、切削加工和刃磨都比较容易,还可以制造形状较复杂的刀具。

4) 与硬质合金材料相比,仍有硬度较低、热硬性和耐磨性较差等缺点。

通用高速钢是指加工一般金属材料用的高速钢,其牌号有 W18Cr4V 和 W6Mo5Cr4V2 等。

W18Cr4V 是钨系高速钢,具有较好的综合性能。该材料常温硬度为 62~65HRC,高温硬度在 600℃时约为 51HRC,抗弯强度约为 3500MPa,磨锐性能好,所以各种通用铣刀大都采用这种牌号的高速钢材料制造。

W6Mo5Cr4V2 是钨钼系高速钢。它的抗弯强度、冲击韧度和热塑性均比 W18Cr4V 好,而磨削性能稍次于 W18Cr4V，其他性能均基本相同。由于其热塑性和韧性较好，故常用于制造热成形刀具和承受冲击力较大的铣刀。

特殊用途高速钢是通过改变高速钢的化学成分来改进其切削性能而发展起来的。它的常温硬度和高温硬度比通用高速钢高。这种材料的刀具主要用于加工耐热钢、不锈钢、高温合金和超高强度材料等难加工材料。

（2）硬质合金　硬质合金是金属碳化物 WC（碳化钨）、TiC（碳化钛）和以 Co（钴）为主的金属粘结剂经粉末冶金工艺制造而成的，其主要特点如下：

1）耐高温，在 800~1000℃ 时仍能保持良好的切削性能。切削时可选用比高速钢高 4~8 倍的切削速度。

2）常温硬度高，耐磨性好。

3）抗弯强度低，冲击韧度差，切削刃不易刃磨得很锋利。

3. 常用铣刀及其用途

铣刀是一种多刃刀具，其几何形状较复杂，种类较多。铣刀切削部分的材料一般由高速钢或硬质合金制成。

（1）面铣刀（图1-16）　主要用于铣平面，应用较多的为硬质合金面铣刀。

（2）立铣刀（图1-17）　主要用于铣台阶面、小平面和相互垂直的平面。它的圆柱切削刃起主要切削作用，端面切削刃起修光作用，故不能作轴向进给。其刀齿分为细齿与粗齿两种，用于安装的柄部有圆柱柄与莫氏锥柄两种，通常小直径为圆柱柄，大直径为锥柄。

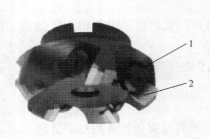

图1-16　硬质合金可转位面铣刀
1—刀盘　2—刀片

图1-17　立铣刀

（3）球头铣刀（图1-18）　用于铣削曲面。

（4）键槽铣刀（图1-19）　用于铣键槽，其外形与立铣刀相似，与立铣刀的主要区别在

图1-18　球头铣刀

图1-19　键槽铣刀
a）直柄键槽铣刀　b）半圆键槽铣刀

于其只有两个螺旋刀齿，且端面切削刃延伸至中心，故可作轴向进给，直接切入工件。

4. 铣刀的规格

为便于识别与使用各种类别的铣刀，铣刀刀体上均刻有标记，包括铣刀的规格、材料和制造厂等。铣刀的规格与尺寸已标准化，使用时可查阅有关手册。其规格与尺寸的分类为：圆柱铣刀、三面刃铣刀和锯片铣刀等，用外圆直径×宽度（厚度）（$d×L$）表示；立铣刀、面铣刀和键槽铣刀只标注外圆直径（d）。

三、选择数控铣床/加工中心刀具

应根据数控铣床/加工中心的加工能力、工件材料的性能、加工工序、切削用量，以及其他相关因素进行综合考虑来选用刀具及刀柄。

1. 铣刀刀柄的选择

铣刀刀具通过刀柄与数控铣床或加工中心主轴连接，数控铣床或加工中心刀柄一般采用7:24锥面与主轴锥孔配合定位，通过拉钉使刀柄与其尾部的拉刀机构固定连接。常用的刀柄规格有 BT30、BT40 和 BT50 等，在高速加工中心上则使用 HSK 刀柄。目前，常用的刀柄按其夹持形式及用途可分为钻夹头刀柄、侧固式刀柄、面铣刀刀柄、莫氏锥度刀柄、弹簧夹刀柄、强力夹刀柄和特殊刀柄等，各种刀柄的形状如图 1-20 所示。

a)   b)   c)   d)   e)   f)

图 1-20　常用数控铣刀刀柄

a）钻夹头刀柄　b）侧固式刀柄　c）面铣刀刀柄　d）莫氏锥度刀柄　e）弹簧夹刀柄　f）强力夹刀柄

2. 铣刀刀具的选择

由于加工性质不同，刀具的选择重点也不一样。粗加工时，要求刀具有足够的切削能力快速去除材料；而在精加工时，由于加工余量较小，主要是要保证加工精度和形状，要使用较小的刀具，保证加工到每个角落。当工件的硬度较低时，可以使用高速钢刀具；而切削高硬度材料的时候，就必须要用硬质合金刀具。在加工中要保证刀具及刀柄不会与工件相碰撞或者挤擦，避免造成刀具或工件的损坏。

生产中，平面铣削应选用不重磨硬质合金面铣刀、立铣刀或可转位面铣刀；平面零件周边轮廓的加工，常选用立铣刀；加工凸台和凹槽时，选用平底立铣刀；加工毛坯表面或粗加工时，可选用镶硬质合金波纹立铣刀；对一些立体形面和变斜角轮廓外形的加工，常选用球头铣刀、环形铣刀、锥形铣刀和盘形铣刀；当曲面形状复杂时，为了避免干涉，建议使用球头铣刀，调整好加工参数也可以达到较好的加工效果；钻孔时，要先用中心钻或球头铣刀钻中心孔，以引导钻头。可分两次钻削，先用小一点型号的钻头钻孔至所需深度，再用所需的钻头进行加工，以保证孔的精度。

在进行较深的孔加工时，特别要注意钻头的冷却和排屑问题，一般利用深孔钻削循环指令进行编程，可以工进一段后，钻头快速退出工件，进行排屑和冷却之后再工进，再进行冷却和排屑，直至孔深钻削完成。

四、数控铣床/加工中心刀具的装夹

数控铣床/加工中心的刀柄及配件如图 1-21 所示，组装数控铣床工具系统时要将拉钉旋入刀柄上端的螺纹孔中，将刀具装入对应规格的夹头中，然后再装入刀柄中。拉钉有几种规格，所选拉钉的规格要与加工中心配套。

a)   b)   c)

图 1-21   数控铣床刀柄及配件

a）刀柄   b）拉钉   c）夹头

装刀时，需把刀柄放在图 1-22 所示的锁刀座上，锁刀座上的键对准刀柄上的键槽，使刀柄无法转动，然后用图 1-23 所示的扳手锁紧螺母。

图 1-24 所示为安装好刀具和拉钉后的刀柄。

图 1-22   锁刀座   图 1-23   扳手   图 1-24   安装好刀具和
拉钉后的刀柄

任务四   学习机械加工工艺基础知识

一、生产过程

生产过程是指将原材料转变为成品的全过程。例如，制造一台机器，其生产过程应该包

括生产准备、毛坯制造、零件的机械加工及热处理、装配、质量检验及试车、涂装及包装等。显然，这里有一台机器的生产过程，也有一个零件或部件的生产过程；有一个工厂的生产过程，也有一个车间的生产过程。

二、工艺过程

工艺过程是改变生产对象的形状、尺寸、相对位置和性质等，使其成为成品或半成品的过程。工艺过程是生产过程中的主要过程，其余的劳动过程则是生产过程中的辅助过程。

三、机械加工工艺过程

机械加工工艺过程是在机械加工车间进行的那一部分工艺过程。一个零件的机械加工工艺过程通常是多种多样的，这就必须根据产品的要求和具体的生产条件进行分析、比较，选择其中最合理的一个机械加工工艺过程进行生产。

机械加工工艺过程是由一个或若干个顺序排列的工序，由安装、工位、工步、进给组成，毛坯依次通过这些顺序就成为成品。

1. 工序

工序是指一个或一组工人，在一个工作地对同一个或同时对几个工件所连续完成的那一部分工艺过程。

工序包括四个要素，即安装、工位、工步、进给，划分工序的主要依据是工作地是否变动和加工是否连续。

2. 安装

将工件在机床上或夹具中定位、夹紧的过程称为装夹。工件（或装配单元）经一次装夹所完成的那一部分工序称为安装。工件在一道工序中，可能有一次或几次安装。

3. 工位

工件经一次装夹后，工件相对刀具或设备的固定部分，先后处于不同的位置进行加工，此时一个加工位置即为一个工位。

4. 工步

在加工表面（或装配时的连接面）和加工（或装配）工具不变的情况下，所连续完成的那一部分工序称为工步。

为了提高生产率，用几把刀具同时加工几个表面，也可看做一个工步，称为复合工步。

5. 进给

在一个工步内，若被加工表面需切去的金属较厚，就可分几次切除，每切削一次称为一次进给。

四、机械加工工艺规程

1. 工艺规程的定义

将机械加工工艺过程的各项内容用文字或表格形式写成工艺文件，就是机械加工工艺规程。

2. 工艺规程的作用

工艺规程是指导工人操作和组织管理生产的主要技术文件，是工厂和车间进行设计或技术改造的重要原始资料。

工艺规程是在总结实践经验的基础上，依照科学的理论和必要的工艺试验后制订，并经逐级审批的，它反映了加工中的客观规律，有关人员必须严格执行，这是工厂生产中的工艺纪律。当然，工艺规程不是一成不变的，随着科学技术进步和生产的发展，应定期修改，使工艺规程更加完善合理。

3. 工艺规程的格式

机械加工中常用的工艺规程格式有以下几种。

（1）工艺过程卡片　该卡以工序为单位，主要列出零件加工的工艺路线，简要说明各工艺的概况，一般作为生产管理方面使用，在单件小批生产中也可用以指导生产，格式见表1-1。

（2）工艺卡片　该卡是以工序为单位，详细说明整个工艺过程的工艺文件，广泛应用于成批生产的零件和单件生产中的重要零件，格式见表1-2。

表 1-1　工艺过程卡片

工厂	工艺过程综合卡片	产品名称及型号			零件名称		零件图号			
		材料	名称		毛坯	种类	零件质量/kg		毛质量	第　页
			牌号			尺寸			净质量	共　页
			性能				每台件数		每批件数	

工序号	工序内容		加工车间	设备名称及编号	工艺装备名称及编号			技术等级	时间定额/min	
					夹具	刀具	量具		单件	准备终结

更改内容						
编制		校对		审核		会签

表 1-2　工艺卡片

工厂	机械加工工艺卡片	产品名称及型号			零件名称		零件图号			
		材料	名称		毛坯	种类	零件质量/kg		毛质量	第　页
			牌号			尺寸			净质量	共　页
			性能				每台件数		每批件数	

工序	安装	工步	工序内容	同时加工零件数	切削用量				设备名称及编号	工艺装备名称及编号			技术等级	工时定额/min	
					背吃刀量/mm	切削速度/(m·min^{-1})	每分钟转数/(r·min^{-1})或每分钟双行程数/(双行程数/min)	进给量/(mm·r^{-1})或进给速度/(m·min^{-1})		夹具	刀具	量具		单件	准备终结

更改内容						
编制		校对		审核		会签

（3）工序卡片　该卡是按每道工序编制的一种工艺文件，一般附有工序简图，并详细说明该工序中每个工步的详细内容。工序卡片主要用于大批大量生产中的所有零件，中批生产中复杂零件及单件小批生产中的关键工序，格式见表1-3。

表 1-3　工序卡片

××厂	机械加工工序卡片	产品名称及型号	零件名称	零件图号	工序名称	工序号	第　页
							共　页
			车间	工段	材料名称	材料牌号	力学性能
			同时加工件数	技术等级		单件时间/min	准备终结时间/min
工序简图			设备名称	设备编号	夹具名称	夹具编号	切削液
			更改内容				

工步号	工步内容	计算数据			进给次数/次	切削用量				工时定额/min				刀具、量具及辅助工具			
		直径或长度/mm	减小长度/mm	单边余量/mm		背吃刀量/mm	进给量/(mm·r⁻¹)或进给速度/(m·min⁻¹)	每分钟转数/(r·min⁻¹)或每分钟双行程数/(双行程数/min)	切削速度/(m·min⁻¹)	基本时间	辅助时间	服务工作地时间点	工步号	名称	规格	编号	数量
编制			校对		审核		会签										

五、加工精度

1. 加工精度的概念

加工精度是加工后零件表面的实际尺寸、形状和位置三种几何参数与图样要求的理想几何参数的符合程度。理想的几何参数，对尺寸而言就是平均尺寸；对表面几何形状而言就是绝对的圆、圆柱、平面、锥面和直线等；对表面之间的相互位置而言就是绝对的平行、垂直、同轴和对称等。零件实际几何参数与理想几何参数的偏离数值称为加工误差。

加工精度与加工误差都是评价加工表面几何参数的术语。加工精度用公差等级衡量，等级值越小，其精度越高；加工误差用数值表示，数值越大，其误差越大。加工精度高，就是加工误差小，反之亦然。

任何加工方法所得到的实际参数都不会绝对准确，从零件的功能看，只要加工误差在零件图要求的公差范围内，就认为保证了加工精度。

机器的质量取决于零件的加工质量和机器的装配质量，零件加工质量包含零件加工精度和表面质量两大部分。

加工精度包括以下三个方面的内容。

1）尺寸精度：指加工后零件的实际尺寸与零件尺寸的公差带中心的相符合程度。

2）形状精度：指加工后的零件表面的实际几何形状与理想的几何形状的相符合程度。

3）位置精度：指加工后零件有关表面之间的实际位置与理想位置的相符合程度。

2. 影响加工精度的因素

工艺系统中的各组成部分（包括机床、刀具和夹具等）的制造误差、安装误差和使用中的磨损都直接影响工件的加工精度。也就是说，在加工过程中，工艺系统会产生各种误差，从而改变刀具和工件在切削运动过程中的相互位置关系而影响零件的加工精度。这些误差与工艺系统本身的结构状态和切削过程有关。

任务五　掌握数控铣床夹具及零件装夹的知识

一、基准的概念

基准是用来确定生产对象上几何要素间的几何关系所依据的那些点、线、面。基准根据功用不同可分为设计基准和工艺基准两大类。

1. 设计基准

所谓设计基准是指设计图样上采用的基准。图 1-25 所示的钻套轴线 O-O 是各外圆表面及内孔的设计基准；端面 A 是端面 B 和端面 C 的设计基准；内孔表面 D 的轴线是 $\phi 40h6$ 外圆表面的径向圆跳动和端面 B 的轴向圆跳动的设计基准。

作为设计基准的点、线、面在工件上有时不一定具体存在，例如表面的几何中心、对称线、对称面等，而常常由某些具体表面来体现，这些具体表面称为基面。

2. 工艺基准

所谓工艺基准是在机械加工过程中用来确定加工表面加工后的尺寸、形状和位置的基准。工艺基准按不同的用途可分为工序基准、定位基准、测量基准和装配基准。

（1）工序基准　在工序图上用来确定本工序的加工表面加工后的尺寸、形状和位置的基准，称为工序基准。如图 1-26a 所示，A 为加工面，B 面轮廓线至 A 面的距离 h 为工序尺寸，位置要求为 A 面对 B 面最下方素线的平行度（没有标出则包括在 h 的尺寸公差内）。所以素线为本工序的工序基准。

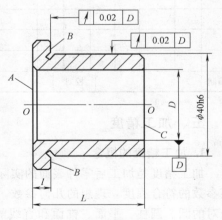

图 1-25　基准分析示例

（2）定位基准　在加工中用作定位的基准称为定位基准。例如，将图 1-25 所示的零件的内孔套在心轴上加工 $\phi 40h6$ 外圆时，内孔中心线即为定位基准。加工一个表面时，往往需要多个定位基准同时使用。如图 1-26b 所示的零件，加工 ϕE 孔时，为保证对 A 面的垂直度，要用 A 面作为定位基准；为保证 L_1、L_2 的距离尺寸，用 B、C 面作为定位基准。

作为定位基准的点、线、面在工件上也不一定存在，但必须由相应的实际表面来体现。这些实际存在的表面称为定位基面。

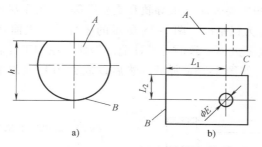

图 1-26　工序基准及工序尺寸

a）素线为工序基准　b）多个定位基准同时使用

（3）测量基准　测量时采用的基准称为测量基准。如图 1-25 所示，以内孔套在心轴上去检验 $\phi 40h6$ 外圆的径向圆跳动和端面 B 的轴向圆跳动，内孔中心线为测量基准。

（4）装配基准　装配时用来确定零件或部件在产品中相对位置时所用的基准称为装配基准。

二、定位基准的选择

定位基准有粗基准和精基准之分。在加工起始工序中，只能用毛坯上未曾加工过的表面作为定位基准，则该表面称为粗基准。利用已加工过的表面作为定位基准，则称为精基准。

1. 粗基准的选择

选择粗基准时，主要考虑两个问题：一是保证加工面与不加工面之间的相互位置精度要求；二是合理分配各加工面的加工余量。具体选择时参考下列原则。

1）对于同时具有加工表面和不加工表面的零件，为了保证不加工表面与加工表面之间的位置精度，应选择不加工表面为粗基准。如图 1-27a 所示，如果零件上有多个不加工表面，则以其中与加工表面相互位置精度要求较高的表面作为粗基准。如图 1-27b 所示，该零件有三个不加工表面，若要求表面 4 与表面 2 组成的壁厚均匀，则应选择不加工表面 2 作为粗基准来加工台阶孔。

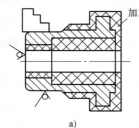 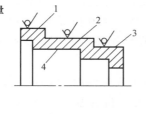 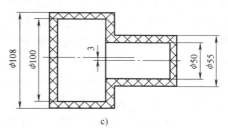

图 1-27　粗基准的选择

a）以与加工表面相互位置精度要求较高的表面作为粗基准

b）选择不加工表面 2 作为粗基准　c）选择 $\phi 55mm$ 外圆表面作为粗基准

右侧竖排：项目一　数控铣削加工工艺系统

2）对于具有较多加工表面的工件，选择粗基准时，应考虑合理分配各加工表面的加工余量。合理分配加工余量是指以下两点。

① 应保证各主要表面都有足够的加工余量。为满足这个要求，应选择毛坯余量最小的表面作为粗基准。如图 1-27c 所示的阶梯轴，应选择 $\phi55mm$ 外圆表面作为粗基准。

② 对于工件上的某些重要表面（如导轨和重要孔等），为了尽可能使其表面加工余量均匀，则应选择重要表面作为粗基准。图 1-28 所示的床身导轨表面是重要表面，要求耐磨性好，且在整个导轨面内具有大体一致的力学性能。因此，在加工导轨时，应选择导轨表面作为粗基准加工床身底面，如图 1-28a 所示，然后以底面为基准加工导轨平面，如图 1-28b 所示。

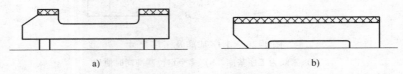

图 1-28　床身加工粗基准选择

a）导轨表面作为粗基准加工床身底面　b）以底面为基准加工导轨平面

3）粗基准应避免重复使用。在同一尺寸方向上，粗基准通常只能使用一次，以免产生较大的定位误差。如图 1-29所示的小轴加工，如重复使用 B 面加工 A 面和 C 面，则 A 面和 C 面的轴线将产生较大的同轴度误差。

4）选作粗基准的平面应平整，没有浇冒口或飞边等缺陷，以便定位可靠。

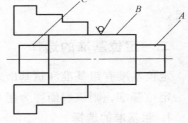

图 1-29　重复使用粗基准示例

2. 精基准的选择

精基准的选择应从保证零件加工精度出发，同时考虑装夹方便、夹具结构简单。选择精基准一般应考虑如下原则。

（1）"基准重合"原则　为了较容易地获得加工表面对其设计基准的相对位置精度要求，应选择加工表面的设计基准为其定位基准，这一原则称为基准重合原则。如果加工表面的设计基准与定位基准不重合，则会增大定位误差。

（2）"基准统一"原则　当工件以某一组精基准定位可以比较方便地加工其他表面时，应尽可能在多数工序中采用此组精基准定位，这就是"基准统一"原则。例如，轴类零件大多数工序都以中心孔为定位基准；齿轮的齿坯和齿形加工多采用齿轮内孔及端面为定位基准。采用"基准统一"原则可减少工装设计制造的费用，提高生产率，并可避免因基准转换所造成的误差。

（3）"自为基准"原则　当工件精加工或光整加工工序要求余量尽可能小而均匀时，应选择加工表面本身作为定位基准，这就是"自为基准"原则。例如，磨削床身导轨面时，就以床身导轨面作为定位基准，如图 1-30 所示。此时床脚平面只起一个支承平面的作用，并非定位基准面。此外，用浮动铰刀铰孔、用拉刀拉孔、用无心磨床磨外圆等，均为自为基准的实例。

（4）"互为基准"原则　为了获得均匀的加工余量或较高的位置精度，可采用互为基准

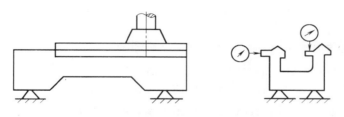

图 1-30　机床导轨面自为基准示例

反复加工的原则。例如，加工精密齿轮时，先以内孔定位加工齿形面，齿面淬硬后需进行磨齿。因齿面淬硬层较薄，所以要求磨削余量小而均匀。此时可用齿面为定位基准磨内孔，再以内孔为定位基准磨齿面，从而保证齿面的磨削余量均匀，且与齿面的相互位置精度又较易得到保证。

（5）精基准选择的其他原则　精基准选择应保证工件定位准确、夹紧可靠、操作方便。

三、数控铣床/加工中心的装夹

1. 直接将工件装夹在数控铣床/加工中心的工作台面上

对于体积较大的工件，大都将其直接压在工作台面上，用组合压板夹紧。对如图 1-31a 所示的装夹方式，只能进行非贯通的挖槽或钻孔、部分外形加工等；也可在工件下面垫上厚度适当且加工精度较高的等高垫块后再将其压紧（图 1-31b），这种装夹方法可进行贯通的挖槽或钻孔、部分外形加工等。

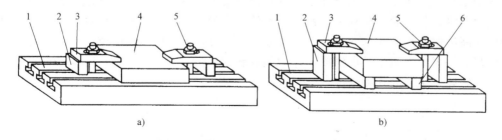

图 1-31　工件直接装夹在工作台面上的方法
1—工作台　2—支承块　3—压板　4—工件　5—双头螺柱　6—等高垫块

装夹时应注意以下几点。

1）必须将工作台面和工件底面擦干净，不能拖拉粗糙的铸件和锻件等，以免划伤台面。

2）在工件的光洁表面或材料硬度较低的表面与压板之间，必须安置垫片（如铜片或厚纸片），这样可以避免表面因受压力而损伤。

3）压板的位置要安排得妥当，要压在工件刚性最好的地方，不得与刀具发生干涉，夹紧力的大小也要适当，不然会产生变形。

4）支撑压板的支承块高度要与工件相同或略高于工件，压板螺栓必须尽量靠近工件，并且螺栓到工件的距离应小于螺栓到支承块的距离，以便增大压紧力。

5）螺母必须拧紧，否则将会因压力不够而使工件移动，以致损坏工件、机床和刀具，

项目一　数控铣削加工工艺系统

19

甚至发生意外事故。

2. 用机用平口钳安装工件

机用平口钳适用于中小尺寸和形状规则的工件安装（图1-32），它是一种通用夹具，一般有非旋转式和旋转式两种。前者刚性较好，后者底座上有一刻度盘，能够把机用平口钳转成任意角度。安装机用平口钳时必须先将底面和工作台面擦干净，利用百分表校正钳口，使钳口与相应的坐标轴平行，以保证铣削的加工精度，如图1-33所示。

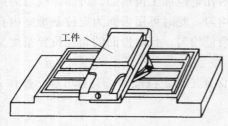

图1-32　机用平口钳装夹工件

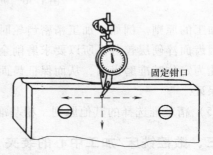

图1-33　机用平口钳的校正

数控铣床/加工中心上加工的工件多数为半成品，利用机用平口钳装夹的工件尺寸一般不超过钳口的宽度，所加工的部位不得与钳口发生干涉。机用平口钳安装好后，把工件放入钳口内，并在工件的下面垫上比工件窄、厚度适当且加工精度较高的等高垫块，然后把工件夹紧（对于高度方向尺寸较大的工件，不需要加等高垫块而直接装入机用平口钳）。为了使工件紧密地靠在垫块上，应用铜锤或木锤轻轻地敲击工件，直到用手不能轻易推动等高垫块时，最后再将工件夹紧在机用平口钳内。工件应当紧固在钳口比较中间的位置，装夹高度以铣削尺寸高出钳口平面3~5mm为宜，用机用平口钳装夹表面粗糙度值较大的工件时，应在两钳口与工件表面之间垫一层铜皮，以免损坏钳口，并能增加接触面。图1-34所示为使用机用平口钳装夹工件的几种情况。

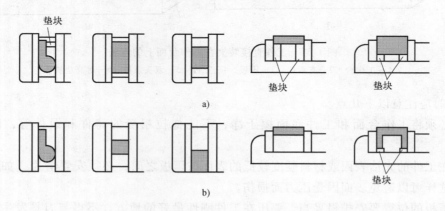

图1-34　机用平口钳的使用

a）正确的安装　b）错误的安装

不加等高垫块时，可进行高出钳口5mm以上部分的外形加工，非贯通的型腔及孔加工。加等高垫块时，可进行高出钳口5mm以上部分的外形加工，贯通的型腔及孔加工（注意不得加工到等高垫块，如有可能加工到，可考虑更窄的垫块）。

3. 弯板的使用

弯板（或称角铁）主要用来固定长度、宽度较大，而且厚度较小的工件。如图 1-35、图 1-36 所示分别为常用弯板的类型及装夹工件的方法。

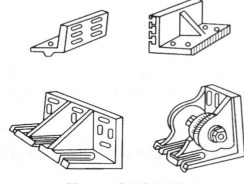

图 1-35　常用弯板的类型

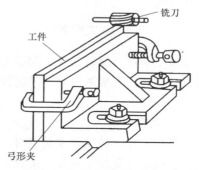

铣刀

工件

弓形夹

图 1-36　装夹工件的方法

使用弯板时应注意以下几点。

1）弯板在工作台上的固定位置必须正确，弯板的立面必须与工作台台面相垂直。多数情况下，还要求弯板立面与工作台的纵向进给方向或横向进给方向平行。

2）弯板在工作台上位置的校正方法与机用平口钳固定钳口在工作台上位置的校正方法相似。

3）工件与弯板立面的安装接触面积应尽量加大。

4）夹紧工件时，应尽可能多地使用螺栓压板或弓形夹。

4. 使用 V 形块装夹工件

常见的 V 形块有夹角为 90° 和 120° 两种槽形。无论使用哪一种槽形，在装夹轴类零件时，均应使轴的定位表面与 V 形块的 V 形面相切。

5. 工件通过托盘装夹在工作台上

如果对工件四周进行加工，因进给路径的影响，很难安排装夹工件所需的定位和夹紧装置，这时可采用托盘装夹工件的方法，工件用螺钉紧固在托盘上，找正工件，使工件在工作台上定位，在机床工作台上用压板和 T 形槽用螺栓夹紧托盘；或用机用平口钳夹紧托盘，如图 1-37 所示。这就避免了进给时刀具与夹紧装置的干涉。

6. 使用组合夹具、专用夹具等

传统组合夹具或专用夹具一般具有工件的定位和夹紧、刀具的导向和对刀等四种功能，而数控机床上由程序控制刀具的运动，不需要利用夹具限制刀具的位置，即不需要夹具的对刀和导向功能，所以数控机床所用夹具只要求具有工件的定位和夹紧功能，其所用夹具的结构一般比较简单。

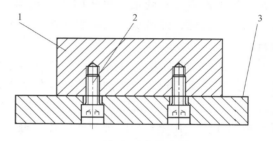

图 1-37　利用托盘装夹工件示例

1—工件　2—内六角螺钉　3—托盘

项目一　数控铣削加工工艺系统

任务六 制订数控铣削加工工艺

在进行数控铣削编程之前，必须认真制订数控铣削加工工艺。制订数控铣削加工工艺的主要工作内容有：确定加工顺序和进给路线，选择夹具、刀具及切削用量等。下面分别讨论这些问题。

一、确定加工顺序

加工顺序（又称工序）通常包括切削加工工序、热处理工序和辅助工序等，工序安排得科学与否将直接影响到零件的加工质量、生产效率和加工成本。切削加工工序通常按以下原则安排。

1. 先粗后精

当加工零件精度要求较高时，要经过粗加工、半精加工、精加工阶段，如果精度要求更高，还包括光整加工等几个阶段。

2. 基准面先行原则

用作精基准的表面应先加工。任何零件的加工过程总是先对定位基准进行粗加工和精加工，例如，轴类零件总是先加工中心孔，再以中心孔为精基准加工外圆和端面；箱体类零件总是先加工定位用的平面及两个定位孔，再以平面和定位孔为精基准加工孔系和其他平面。

3. 先面后孔

对于箱体、支架等零件，平面尺寸轮廓较大，用平面定位比较稳定，而且孔的深度尺寸又是以平面为基准的，故应先加工平面，然后加工孔。

4. 先主后次

先加工主要表面，然后加工次要表面。

二、确定加工路线

加工路线是数控机床在加工过程中，刀具中心的运动轨迹和方向。编写加工程序，主要编写刀具的运动轨迹和方向。确定加工路线时，应注意以下几点：

1）顺铣和逆铣的选择。铣削有顺铣和逆铣两种方式。当工件表面无硬皮，机床进给机构无间隙时，应选用顺铣，按照顺铣安排进给路线。因为采用顺铣加工后，零件加工质量较好，刀齿磨损小。精铣时，尤其是零件材料为铝镁合金、钛合金或耐热合金时，应尽量采用顺铣。当工件表面有硬皮，机床的进给机构有间隙时，应选用逆铣，按照逆铣安排进给路线。因为逆铣时，刀齿从已加工表面切入，不会崩刃，机床进给机构的间隙不会引起振动和爬行。

2）在保证加工精度的前提下，应尽量缩短加工路线。例如，对于平行坐标轴的矩阵孔，可采用单坐标轴方向的加工路线，如图1-38所示。

3）对多次重复的加工动作，可编写成子程序，由主程序调用。例如，图1-39所示是加工一系列孔径、孔深和孔距都相同的孔，每一个孔的加工循环动作都一样：快速趋近，工进钻孔，快速退回，然后移到另一待加工孔的位置后，重复同样的动作。这时，就可以把加工循环动作编写成子程序，不仅简化了编程，而且程序长度缩短。

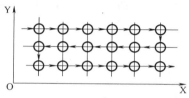

图 1-38　平行坐标轴矩阵孔的加工路线

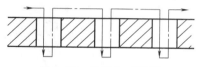

图 1-39　钻孔加工路线

4）加工位置精度要求较高的孔时，镗孔路线安排不当就有可能把某坐标轴上的传动反向间隙带入，直接影响孔的位置精度。图 1-40 所示是在一个零件上精镗 4 个孔的两种加工路线示意图。从图 1-40a 中不难看出，刀具从孔Ⅲ向孔Ⅳ运动的方向与从孔Ⅰ向孔Ⅱ运动的方向相反，X 向的反向间隙会使孔Ⅳ与孔Ⅲ间的位置误差增加，从而影响位置精度。图 1-40b 是在加工完孔Ⅲ后不直接在孔Ⅳ处定位，而是多运动了一段距离，然后折回来在孔Ⅳ处进行定位，这样孔Ⅰ、Ⅱ、Ⅲ和孔Ⅳ的定位方向是一致的，就可以避免反向间隙误差的引入，从而提高了孔Ⅲ与孔Ⅳ的孔距精度。

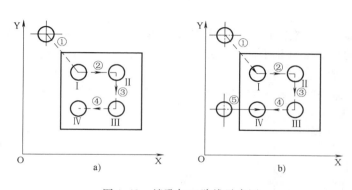

图 1-40　镗孔加工路线示意图

a）不合理的加工路线　b）合理的加工路线

5）加工平底内槽时，一般使用平底铣刀，刀具半径和端部边缘部分的圆角半径应符合内槽的图样要求。内槽的切削分两步，第一步切出空腔，第二步切轮廓。切轮廓通常又分粗加工和精加工。从内槽轮廓线向里平移铣刀半径 R 并且留出了精加工余量，由此得出的多边形是计算粗加工进给路线的依据，如图 1-41 所示。切削内腔时，环切和行切在生产中都有应用。两种进给路线都要保证切净内腔中的全部面积，不留死角，不伤轮廓，同时尽量减少重复进给的搭接量。从进给路线的长短比较，行切法要略优于环切法。但在加工小面积内槽时，环切的程序量要比行切小。

6）铣削曲面的进给路线。对于边界敞开的曲面加工，可采用如图 1-42 所示的两种进给路线。对于发动机大叶片，当采用图 1-42a 所示的加工方案时，每次沿直线加工，刀位点计算简单，程序少，加工过程符合直纹面的形成，可以准确保证素线的直线度。当采用图 1-42b 所示的加工方案时，符合这类零件数据给出情况，便于加工后检验，叶形的准确度高，但程

图 1-41　内槽加工工艺路线安排

内槽轮廓

精加工刀位多边形　粗加工刀位多边形

序较多。由于曲面零件的边界是敞开的，没有其他表面限制，所以曲面边界可以延伸，球头刀应由边界外开始加工。当边界不敞开时，确定进给路线要另行处理。

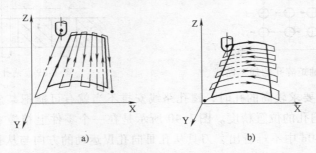

图 1-42　铣曲面的两种进给路线
a）沿直线加工　b）沿曲线加工

7）Z 向快速移动进给常采用下列进给路线。

① 铣削开口不通槽时，铣刀在 Z 向可直接快速移动到位，不需工作进给，如图 1-43a 所示。

② 铣削封闭槽（如键槽）时，铣刀需要有一切入距离 Z_a，先快速移动到距工件加工表面一切入距离 Z_a 的位置上（R 平面），然后以工作进给速度进给至铣削深度 H，如图 1-43b 所示。

③ 铣削轮廓及通槽时，铣刀应有一段切出距离 Z_0，可直接快速移动到距工件表面 Z_0 处，如图 1-43c 所示。

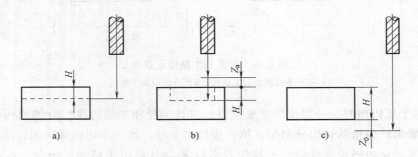

图 1-43　铣削加工时刀具 Z 向进给路线

8）进给与退刀时应注意以下几点：

① 进给与退刀的路线。铣削平面零件的轮廓时，是用铣刀的侧刃进行切削的，如果在进给切入工件时是沿非切线方向或沿 −Z 方向正给的，那么就会产生整个轮廓切削不平滑的状况。在图 1-44 中，切入处没有产生让刀，而其他位置都产生了让刀现象。为保证切削轮廓的完整平滑，应采用进给切向切入、退刀切向切出的走刀路径，也就是通常所说的走"8"字形轨迹，如图 1-45 所示。

② 在 −Z 方向进给一般采用直接进给或斜向进给的方法。直接进给主要适用于键槽铣刀的加工；而在不用键槽铣刀，直接用立铣刀的场合（如要加工某一个型腔，没有键槽铣刀，只有立铣刀时），就要用斜向进给的方法。斜向进给又分直线式与螺旋式两种，具体参见图 1-46。

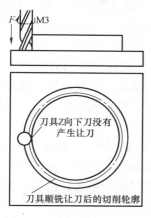

图 1-44　非切线方向或 – Z

方向进给时的轨迹

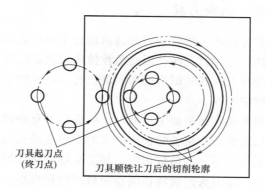

图 1-45　刀具的切向切入、切向切出

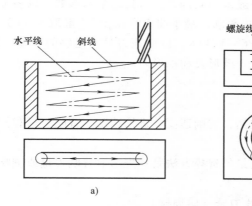

a)　　　　　　　　　　　b)

图 1-46　斜向进给方法

a）直线式斜向进给　b）螺旋式斜向进给

三、选择夹具

1. 定位基准的选择

选择定位基准时，应注意减少装夹次数，尽量做到在一次装夹中能把零件上所有要加工表面都加工出来。多选择工件上不需数控铣削的平面和孔作定位基准。对薄板件，选择的定位基准应有利于提高工件的刚性，以减小切削变形。定位基准应尽量与设计基准重合，以减少定位误差对尺寸精度的影响。

2. 确定零件的装夹方法

数控铣床加工零件时的装夹方法要考虑以下几点：

1）零件定位、夹紧的部位应不妨碍各部位的加工、刀具更换，以及重要部位的测量。尤其要避免刀具与工件、夹具及机床部件相撞。

2）夹紧力尽量通过或靠近主要支撑点或在支承点所组成的三角形内。尽量靠近切削部位并在工件刚性较好的地方，不要作用在被加工的孔径上，以减少零件变形。

项目一　数控铣削加工工艺系统

3）零件的重复装夹、定位一致性要好，以减少对刀时间，提高零件加工的一致性。

四、选择刀具

数控铣床主轴转速较普通机床的主轴转速高1~2倍，某些特殊用途的数控铣床主轴转速高达每分钟数万转，因此数控铣床刀具的强度与耐用度至关重要。一般说来，数控铣床用刀具应具有较高的耐用度和刚度，有良好的断屑性能和可调节、易更换等特点，刀具材料应有足够的韧性。

数控铣床铣削加工平面时，应选用不重磨硬质合金端铣刀或立铣刀。铣削较大平面时，一般用端铣刀。粗铣时选用较大的刀盘直径和刀头宽度可以提高加工效率，但铣削变形和接刀刀痕等应不影响精铣精度。加工余量大且不均匀时，刀盘直径要选小些；精加工时直径要选大些，使刀头的旋转切削直径最好能包容加工面的整个宽度。

加工凸台、凹槽和箱口面主要用立铣刀和镶硬质合金刀片的面铣刀。铣削时先铣槽中间部分，然后用刀具半径补偿功能铣槽的两边。

铣削平面零件的内外轮廓一般采用立铣刀。刀具的结构参数可以参考如下：

1）刀具半径 R 应小于零件内轮廓的最小曲率半径 ρ，一般取 $R = (0.8 \sim 0.9)\rho$。

2）零件的加工高度 $H \leqslant (1/6 \sim 1/4)R$，以保证刀具有足够的刚度。铣削形面和变斜角轮廓外形时常用球头刀、环形刀、鼓形刀和锥形刀。

五、确定切削用量

数控铣削加工的切削用量包括：铣削速度、进给速度、背吃刀量和侧吃刀量，如图1-13所示。

从刀具耐用度出发，切削用量的选择方法是：先选取背吃刀量或侧吃刀量，其次确定进给速度，最后确定铣削速度。

1. 背吃刀量（端铣）或侧吃刀量（圆周铣）

背吃刀量 a_p 为平行于铣刀轴线测量的切削层尺寸，单位为mm。端铣时，a_p 为切削层深度；而圆周铣削时，a_p 为被加工表面的宽度。

侧吃刀量 a_e 垂直于铣刀轴线测量的切削层尺寸，单位为mm。端铣时，a_e 为被加工表面宽度；而圆周铣削时，a_e 为切削层深度。

背吃刀量或侧吃刀量的选取主要由加工余量和对表面质量的要求决定。

1）在工件表面粗糙度值要求为 $Ra(12.5 \sim 25)\mu m$ 时，如果圆周铣削的加工余量小于5mm，端铣的加工余量小于6mm，粗铣一次进给就可以达到要求。但在余量较大，工艺系统刚性较差或机床动力不足时，可分两次进给完成。

2）在工件表面粗糙度值要求为 $Ra(3.2 \sim 12.5)\mu m$ 时，可分粗铣和半精铣两步进行。粗铣时背吃刀量或侧吃刀量选取同前。粗铣后留 $0.5 \sim 1.0mm$ 余量，在半精铣时切除。

3）在工件表面粗糙度值要求为 $Ra(0.8 \sim 3.2)\mu m$ 时，可分粗铣、半精铣、精铣三步进行。半精铣时背吃刀量或侧吃刀量取 $1.5 \sim 2mm$；精铣时圆周铣侧吃刀量取 $0.3 \sim 0.5mm$，面铣刀背吃刀量取 $0.5 \sim 1mm$。

2. 进给速度

进给速度 v_f 是单位时间内工件与铣刀沿进给方向的相对位移，单位为mm/min。它与铣

刀转速 n、铣刀齿数 z 及每齿进给量 f_z（单位为 mm/z）的关系为

$$v_f = f_z z n$$

每齿进给量的选取主要取决于工件材料的力学性能、刀具材料、工件表面粗糙度等因素。工件材料的强度和硬度越高，f_z 越小，反之则越大。硬质合金铣刀的每齿进给量高于同类高速钢铣刀。工件表面粗糙度要求越高，f_z 就越小。每齿进给量的确定可参考表1-4。工件刚性差或刀具强度低时，应取小值。

表 1-4　铣刀每齿进给量

工件材料	每齿进给量 f_z/(mm·z^{-1})			
	粗　铣		精　铣	
	高速钢铣刀	硬质合金铣刀	高速钢铣刀	硬质合金铣刀
钢	0.10～0.15	0.10～0.25	0.02～0.05	0.10～0.15
铸铁	0.12～0.20	0.15～0.30		

3. 铣削速度

确定铣削速度之前，首先应确定铣刀的寿命。但是影响寿命的因素太多，如铣刀的类型、结构、几何参数、工件材料的性能、毛坯状态、加工要求、铣削方式甚至机床状态等，因此表1-5中数据仅供参考。

表 1-5　常见工件材料铣削速度参考值

工件材料	硬度/HBW	铣削速度 v_c/(m·min^{-1})		工件材料	硬度/HBW	铣削速度 v_c/(m·min^{-1})	
		硬质合金铣刀	高速钢铣刀			硬质合金铣刀	高速钢铣刀
低、中碳钢	<220	80～150	21～40	工具钢	200～250	45～83	12～23
	225～290	60～115	15～36	灰铸铁	100～140	110～115	24～36
	300～425	40～75	9～20		150～225	60～110	15～21
高碳钢	<220	60～130	18～36		230～290	45～90	9～18
	225～325	53～105	14～24		300～320	21～30	5～10
	325～375	36～48	9～12	可锻铸铁	110～160	100～200	42～50
	375～425	35～45	6～10		160～200	83～120	24～36
合金钢	<220	55～120	15～35		200～240	72～110	15～24
	225～325	40～80	10～24		240～280	40～60	9～21
	325～425	30～60	5～9	铝镁合金	95～100	360～600	180～300

注：1. 粗铣时切削负荷大，v_c 应取小值；精铣时，为减小表面粗糙度值，v_c 取大值。
　　2. 采用可转位硬质合金铣刀时，v_c 可取较大值。
　　3. 铣刀结构及几何参数等改进后，v_c 可超过表列之值。
　　4. 实际铣削后，如发现铣刀寿命太低，应适当降低 v_c。
　　5. v_c 的单位如为 m/s 时，表列值除以60即可。

当背吃刀量 a_p 和进给量确定后，应根据铣刀寿命和机床刚度，选取尽可能大的切削速度，表1-5中的数据可供参考。但是如前所述，由于影响因素太多，所确定的切削速度 v_c，只能作为实用中的初值。操作者应在具体生产条件下，细心体察、分析、试验，找到切削用量的最佳组合数值。

经验积累

1. 选择机床时，要有成本意识。根据零件的尺寸和精度要求合理选择数控铣床和加工中心，充分发挥数控机床的工作效率。

2. 在加工零件之前要对零件进行准确定位，并要确认夹紧。

3. 加工工艺非常重要，在编程之前要正确制订加工工艺，制订加工工艺时，最重要的工作是进行工艺分析。

4. 机用平口钳装在机床上，钳口方向与 X 轴方向一致。

5. 把工件装夹在机用平口钳上，工件长度方向与 X 轴方向一致，工件底面用等高垫铁垫起，并使工件加工部位最低处高于钳口顶面。

6. 数控铣刀装夹要点如下：

1）数控铣刀安装时，应使刀柄圆柱面与筒夹夹紧面完全接触。

2）卸下刀具时，应在卸刀器上进行。

3）安装刀具时，检查锥柄面和主轴孔内是否有杂物，如果有杂物，需要用棉纱擦净后，再装入机床。

项目总结

本项目系统地介绍了与数控铣削加工工艺系统相关的知识和技能，包括铣削加工和数控铣床/加工中心的基础知识、数控铣床/加工中心夹具知识、机械加工工艺知识和数控铣削加工工艺的制订方法。通过本项目的学习，读者已经初步掌握了数控铣削加工工艺系统的知识，为下一步学习数控编程和加工打下了良好的基础。在后面项目的学习过程中，读者还可结合本项目的内容进行更深入的学习。

思考与训练

一、判断题

1. 数控机床工作时，数控装置发出的控制信号可直接驱动各轴的伺服电动机。
（　　）

2. 工件被夹紧后，其位置不能动了，故所有的自由度都被限制了。（　　）

3. 只有当工件的六个自由度全部被限制，才能保证加工精度。（　　）

4. 基准是用来确定生产对象上几何要素间的几何关系所依据的点、线、面。（　　）

5. 机械加工工序卡片是用来具体指导工人操作的。（　　）

6. 刀具材料的种类有工具钢、硬质合金、陶瓷、人造金刚石等。（　　）

7. 工件的转速很高，切削速度就一定很大。（　　）

8. 切削用量的大小主要影响生产率的高低。（　　）

9. 成形面只能用成形铣刀加工。（　　）

10. 铣削采用多刃刀具，切削速度高，故铣削加工的生产效率高。　　　　（　　　）

11. 铣削时，刀具无论正转或反转，工件都会被切下切屑。　　　　　　（　　　）

12. 圆周铣顺铣具有能压紧工件，使铣削平稳、铣刀后刀面的挤压及摩擦小等优点，所以刀具磨损慢，工件加工表面质量好。　　　　　　　　　　　　（　　　）

13. 由于立铣刀只有圆柱面切削刃承担切削工作，其端面切削刃只起修光作用，所以用立铣刀铣削封闭槽时，应预钻落刀孔。　　　　　　　　　　　　（　　　）

14. 对所有表面需要加工的零件，应选择加工余量最大的表面作粗基准。（　　　）

15. 拟定工艺路线的主要内容有定位基准的选择、表面加工方法的选择、加工顺序的安排、加工设备和工艺装备的选择等内容。　　　　　　　　　　　（　　　）

二、单项选择题

1. 当铣削一整圆外形时，为保证不产生切入、切出的刀痕，刀具切入、切出时应采用（　　　）。

A. 法向切入、切出方式　　　　　　　　B. 切向切入、切出方式

C. 任意方向切入、切出方式　　　　　　D. 切入、切出时应降低进给速度

2. 在数控机床的组成中，其核心部分是（　　　）。

A. 输入装置　　　B. CNC 装置　　　C. 伺服装置　　　D. 机电接口电路

3. 加工批量小、形状复杂的零件，选用（　　　）。

A. 通用铣床　　　B．通用车床　　　C．数控机床　　　D. 刨床

4. 将合理的加工过程以图表文字的形式写下来，作为生产加工的依据，称为（　　　）。

A. 工艺卡片　　　B. 加工工艺　　　C. 工艺规程　　　D. 工艺流程

5. 选择切削用量时，通常的选择次序是（　　　）。

A. 切削速度——背吃刀量——进给量

B. 背吃刀量——进给量——切削速度

C. 进给量——切削速度——背吃刀量

D. 切削速度——进给量——背吃刀量

6. 在加工表面和加工工具不变的情况下，所连续完成的那一部分工序内容，称为（　　　）。

A. 生产工艺过程　　B. 工序　　　　C. 工步　　　　　D. 生产过程

7. 将工件的加工分散在较多的工序内进行，每道工序的加工内容很少，这样的原则称为（　　　）。

A. 工序分散原则　　B. 工步分散原则　　C. 分散加工原则　　D. 过程分散原则

8. 刀具的选择主要取决于工件的结构、工件的材料、工序的加工方法和（　　　）。

A. 设备

B. 加工余量

C. 加工精度

D. 工件被加工表面的粗糙度

9. 在加工内圆弧面时，刀具半径的选择应该是（　　　）圆弧半径。

A. 大于　　　　　B. 小于　　　　　C. 等于　　　　　D. 大于或等于

10. 数控精铣时，一般应选用（　　　）。

A. 较大的吃刀量、较低的主轴转速、较高的进给速度

B. 较小的吃刀量、较低的主轴转速、较高的进给速度

C. 较小的吃刀量、较高的主轴转速、较低的进给速度

D. 较大的吃刀量、较高的主轴转速、较低的进给速度

11. 在铣削一个凹槽的拐角时，很容易产生过切。为避免这种现象的产生，通常采取的措施是（　　　）。

A. 降低进给速度　　　　　　　　　　B. 提高主轴转速

C. 更换直径大的铣刀　　　　　　　　D. 提高进给速度

12. 铣削加工时，铣削速度由（　　　）决定。

A. 进给量　　　　　　　　　　　　　B. 刀具直径

C. 刀具直径和主轴转速　　　　　　　D. 背吃刀量

13. 周铣加工具有硬皮的铸件、锻件毛坯时，不宜采用（　　　）方式。

A. 顺铣　　　　　B. 逆铣　　　　　C. 对称铣　　　　　D. 端面铣

14. 在如图 1-47 所示的孔系加工中，对加工路线描述正确的是（　　　）。

A. 图 a 满足加工路线最短的原则　　　B. 图 b 满足加工精度最高的原则

C. 图 a 易引入反向间隙误差　　　　　D. 以上说法均正确

15. 零件如图 1-48 所示，欲镗两个 $\phi 47H7$ 孔并精铣上平面。毛坯余量为 5mm，未钻底孔，底面作为基准面加工。按基本工序安排原则，最佳的工序安排是（　　　）。

A. 粗铣平面→精铣平面→粗钻孔 1→粗镗孔 1→精镗孔 1→粗钻孔 2→粗镗孔 2→精镗孔 2

B. 粗钻孔 1→粗镗孔 1→精镗孔 1→粗钻孔 2→粗镗孔 2→精镗孔 2→粗铣平面→精铣平面

C. 粗铣平面→粗钻孔 1 和 2→粗镗孔 1 和 2→精铣平面→精镗孔 1 和 2

D. 粗钻孔 1→粗镗孔 1→精镗孔 1→粗铣平面→精铣平面→粗钻孔 2→粗镗孔 2→精镗孔 2

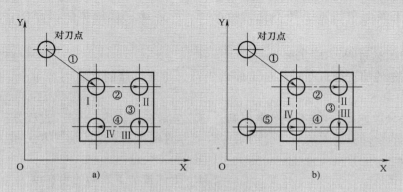

图 1-47　孔系加工路线方案比较

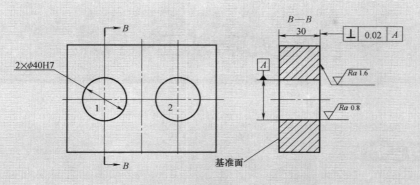

图 1-48　选择题第 15 题图样

三、简答题

1. 数控铣削加工的主要对象有哪些？

2. 什么是生产过程、工艺过程？

3. 粗基准、精基准选择的原则有哪些？

4. 影响零件加工精度的主要因素有哪些？

5. 确定切削用量的原则是什么？

6. 如何选择数控铣削的刀具？

7. 确定数控铣削进给路线时应考虑哪些方面？

8. 数控铣削加工工艺的制订主要包括哪些方面？

9. 加工如图 1-49 所示的具有三个台阶的槽腔零件。试编制槽腔的数控铣削加工工艺（其余表面已加工）。

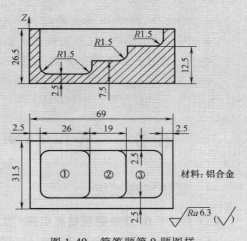

图 1-49　简答题第 9 题图样

项目一　数控铣削加工工艺系统

项目二 操作数控铣床/加工中心

▶ 学习目标

❖ 了解 FANUC、SINUMERIK 和华中 HNC—21M 系统数控铣床/加工中心操作面板的组成
❖ 学会 FANUC 系统数控铣床/加工中心的操作方法
❖ 学会 SINUMERIK 系统数控铣床/加工中心的操作方法
❖ 学会华中 HNC—21M 系统数控铣床/加工中心的操作方法
❖ 学会对刀和加工中心刀具长度补偿设定方法
❖ 掌握数控铣床/加工中心的操作规程，能维护数控铣床/加工中心

任务一　操作 FANUC 系统数控铣床/加工中心

一、认识机床面板

1. FANUC 0i 系统数控铣床机床/加工中心面板总览

FANUC 数控系统有多种系列型号，如 F3、F6、F17、F0 等，系列型号不同，数控系统操作面板有一些差异，目前在我国应用相对新的型号是 FANUC 0i 系列。FANUC 0i M 是可用于数控铣床和加工中心的数控系统。

FANUC 0i 系统数控铣床/加工中心的机床面板如图 2-1 所示。该面板由两大部分组成：LCD/MDI 单元和机床操作面板。LCD/MDI 单元也称作数控系统操作面板。LCD 是"液晶显示"的英文缩写，MDI 是"手动数据输入"的英文缩写。LCD/MDI 单元的作用是：手动输入程序、手动输入数控系统控制指令、显示数控系统的输出结果。机床操作面板的作用是：通过输入指令控制机床动作。

2. 数控系统操作面板（LCD/MDI 单元）的组成及操作

FAUNC 0i 系统的数控系统操作面板由屏幕和键盘组成，如图 2-1 所示。操作面板的右侧是 MDI 键盘，MDI 键盘上的键按其用途不同可分为功能键、数据输入键和程序编辑键等，MDI 键盘上各种键的位置如图 2-2 所示。操作面板左侧是显示器，设在显示器下面的一行键，称为软键。软键的用途是可以变化的，在不同的界面下随屏幕最下一行的软键功能提示，而有不同的用途。

（1）MDI 键盘上各种键的分类、用途和英文标识　数控系统操作面板（MDI）上各键

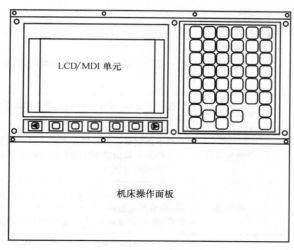

图 2-1　数控铣床/加工中心的 LCD/MDI 单元及机床操作面板

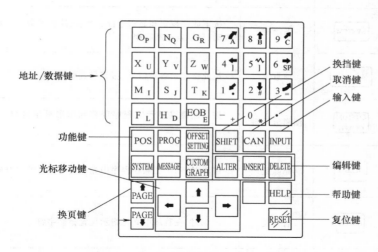

图 2-2　MDI 操作面板上键的位置分布

的用途见表 2-1。说明见下文。

表 2-1　数控系统操作面板（LCD/MDI）上键的用途

键的标识字符	名称	用　途
RESET	复位键	用于使 CNC 复位或取消报警等
HELP	帮助键	当对 MDI 键的操作不明白时按下这个键可以获得帮助（帮助功能）
SHIFT	换档键	在键盘上有些键具有两个功能，按下换档键可以在这两个功能之间进行切换
INPUT	输入键	当按下一个字母键或者数字键时，再按下该键，数据被输入到缓存区，并且显示在屏幕上。要将输入缓存区的数据拷贝到偏置寄存器中，必须按下 INPUT 键。这个键与软键上的［INPUT］键是等效的

（续）

键的标识字符	名称	用　途
← → ↓ ↑	光标移动键	光标移动键有四个。按下此键时,光标按所示方向移动
↑PAGE PAGE↓	页面变换键	按下此键时,可在屏幕上选择不同的页面(依据箭头方向,前一页、后一页)
功能键,切换不同功能的显示界面　　POS	位置显示键	按下此键显示刀具位置界面。可以用机床坐标系、工件坐标系、增量坐标及刀具运动中距指定位置剩下的移动量等四种不同的方式显示刀具当前位置
PROG	程序键	按下此键在编辑方式下,显示在内存中的程序,可进行程序的编辑、检索和通信;在 MDI 方式下,可显示 MDI 数据,执行 MDI 输入的程序;在自动方式下,显示运行的程序和指令值进行监控
OFFSET SETTING	偏置键	按下此键显示偏置/设置 SETFING 界面,如刀具偏置量设置和宏程序变量的设置界面,工件坐标系设定界面和刀具磨损补偿值设定界面等
SYSTEM	系统键	按下此键设定和显示运行参数表,这些参数供维修使用,一般禁止改动;显示自诊断数据
MESSAGE	信息键	按此键显示各种信息(报警号页面等)
CUSTOM GRAPH	图形显示键	按下此键以显示宏程序屏幕和图形显示屏幕(刀具路径图形的显示)
程序编辑键　　DELETE	删除键	编辑时,用于删除在程序中光标指示位置的字符或程序
ALTER	替换键	编辑时,在程序中光标指示位置替换字符
INSERT	插入键	编辑时,在程序中光标指示位置插入字符
EOB E	段结束符	按此键则一个程序段结束
CAN	取消键	按下此键删除最后一个进入输入缓存区的字符或符号。例如,输入缓存区字符显示为: > N001X100Z _ ,当按 CAN 键时,Z 被取消并且屏幕上显示: >N001X100 _
N Q 4↑ 总共 24 个	地址和数字键	输入数字、字母或其他字符
[　　]	软键	软键功能是可变的,根据不同的界面,软键有不同的功能,软键功能的提示显示在屏幕的底端

PROJECT 2

1）功能键。数控系统具有的操作功能可分为六大类，它们是：刀具位置显示操作；数控程序编辑、运行控制；各种偏置量的设置；系统参数设定；报警等信息和各种图形显示。使系统执行某一类功能，需要在相应的显示屏幕中操作，功能键是用来选择六类不同功能的屏幕界面。使用功能键可以打开所需要的某功能界面。

2）软键。分布在显示屏下方有七个按键，称为软键。软键用于在一个功能键所能显示的诸多界面中，切换界面，或选择操作。根据软键的用途，把中间五个软键分为两类，用于切换界面的称为"章节选择软键"，用于选择操作的称为"操作选择软键"，如图2-3所示。

这五个软键用途是可变的，在按下不同的功能键后，它们各有不同的当前用途，依据CRT显示界面最下方显示的五个软键菜单提示，可以分别确定其当前用途。

处于七个软键两端的两个键是用于扩展软键菜单的，分别称为"菜单返回键"和"菜单继续键"，如图2-4所示。虽然屏幕上只有五个软键菜单位置，按菜单返回键和菜单继续键，可以依次显示更多的软键菜单。

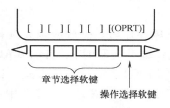

图2-3　章节选择软键及操作选择软键

图2-4　菜单返回键和菜单继续键

（2）功能键及软键的操作　数控系统的显示界面非常多，为方便检索界面，把显示界面按功能分类，用功能键切换不同功能的显示界面，在同一种功能界面下，用软键选择并切换到所需要的屏幕界面。

屏幕上界面切换操作步骤如下：

1）按下MDI面板上的某功能键，属于该功能涵盖的软键提示在屏幕最下一行显示出来。

2）按下其中一个章节选择软键（图2-3），则该软键所规定的界面显示在屏幕上，如果有某个章节选择软键提示没有显示出来，按下菜单继续键（图2-4），可以扩展显示菜单，显示出下一个软键菜单。

3）当所选界面在屏幕上显示后，按下操作选择软键（图2-3），以显示要进行操作的数据。

4）为了重新显示屏幕上的软键提示行，按下菜单返回键（图2-4）。

3. 机床操作面板的组成及操作

机床操作面板上配置了操作机床所用的各种开关。开关的形式可分为按键、旋转开关等，包括机床操作方式选择按键、进给轴及运动方向按键、程序检查用按键、进给倍率选择旋转开关和主轴倍率选择旋转开关等。为方便使用，面板上的按键依据其用途，涂有标识符号，可以采用标准符号标识、英文字符标识，或中文标识。

生产厂家不同，机床的类型不同，其机床面板上开关的配置不相同，开关的功能及排列顺序有所差异。某数控铣床操作面板配置如图2-5所示。该面板上按键采用了标准符号标识和中文标识。表2-2、表2-3和表2-4中列出面板上按键的标识符号及其英文标识字符，说明了每个按键的用途。

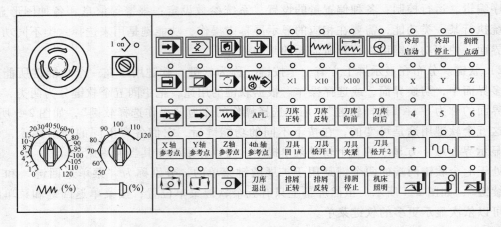

图 2-5　机床操作面板

（1）操作方式选择键（MODE SELECT）　操作者对机床操作时，一般应该先选择操作机床的操作方式。FANUC系统把机床的操作分为九种方式：编辑（EDIT）、自动（AUTO）、手动数据输入（MDI）、手轮（HANDLE）、手动连续进给（JOG）、增量进给方式、回参考点（ZERO）和手动示教（TEACH），此外还有直接数控工作方式（DNC）。表2-2中所列的键用于选择操作方式。

（2）用于程序检查的键　数控程序编辑完成后，进行加工之前应该进行程序运行检查，检查、验证程序中的刀具轨迹是否正确。程序检查是防止刀具碰撞、避免事故的有效措施。为了提高效率，检查程序可以通过在机床上快速运行刀具轨迹（即空运行、进给速度倍率等），或者在屏幕界面上图形模拟运行刀具轨迹（即图形模拟、机床锁住等），观察屏幕显示的刀具位置坐标的变化来实现。表2-3中所列的键适用于在实际加工之前检查程序，检查机床运行加工程序的效果。

用于程序检查的功能有：机床锁住、辅助功能锁住、进给速度倍率、快速移动倍率、空运行和单段运行等。表2-4为机床操作面板上其他键的标识及用途说明。

表 2-2　操作方式选择键及其用途

键的标准符号	英文标识字符	名　称	用　途
	EDIT	编辑方式	用于检索、检查、编辑加工程序
	AUTO	自动运行方式	程序存到CNC存储器后，机床可以按程序指令运行,该运行操作称为自动运行(或存储器运行)方式 程序选择:通常一个程序用于一种工件,如果存储器中有几个程序,则通过程序号选择所用的加工程序
	MDI	手动数据输入方式	从MDI键盘上输入一组程序指令,机床根据输入的程序指令运行,这种操作称为MDI运行方式。一般在手动输入原点偏置、刀具偏置等机床数据时也采用MDI方式
	HANDLE	手动进给方式	手轮进给:摇转手轮,刀具按手轮转过的角度移动相应的距离

（续）

键的标准符号	英文标识字符	名　称	用　途
JOG	JOG	手动连续 进给方式	用机床操作面板上的按键使刀具沿任何一轴移动。刀具可按以下方法移动：①手动连续进给：当一个按钮被按下时刀具连续运动，抬起按键进给运动停止；②手动增量进给：每按一次按键，刀具移动一个固定距离（其固定距离由进给当量选择键确定，见表2-4）
ZERO RETURN	ZERO RETURN	手动返回参考点 （回零方式）	CNC机床上确定机床位置的基准点称为参考点，在这一点上进行换刀和设定机床坐标系。通常机床上电后要返回机床参考点，手动返回参考点就是用操作面板上的开关或者按钮将刀具移动到参考点。也可以用程序指令将刀具移动到参考点，称为自动返回参考点
TEACH	TEACH	示教方式	结合手动操作，编制程序。TEACH IN JOG手动进给示教和TEACH IN HANDLE手轮示教方式是通过手动操作获得的刀具沿X、Y、Z轴的位置，并将其存储到内存中作为创建程序的位置坐标。除了X、Y、Z外，地址O、N、G、R、F、C、M、S、T、P、Q和EOB也可以用与EDIT方式同样的方法存储到内存
DNC	DNC	计算机直接 运行方式	DNC运行方式是加工程序不存到CNC的存储器中，而是从数控装置的外部输入，数控系统从外部设备直接读取程序并运行。当程序太大，不需存到CNC的存储器中时，这种方式很适用

表2-3　用于程序检查的键及其用途

按键符号	英文标识字符	名　称	用　途
DRY RUN	DRY RUN	空运行	将工件卸下，只检查刀具的运动轨迹。在自动运行期间按下空运行开关，刀具按参数中指定的快速速度进给运动，也可以通过操作面板上的快速速率调整开关选择刀具快速运动的速度
SINGLE BLOCK	SINGLE BLOCK	单段运行	按下单程序段开关进入单程序段工作方式，在单程序段方式中按下循环启动按钮，刀具在执行完程序中的一段程序后停止，通过单段方式一段一段地执行程序，仔细检查程序
MC LOCK	MC LOCK	机床锁住	在自动方式下，按下的机床锁住开关，刀具不再移动，但是显示界面上可以显示刀具的运动位置，沿每一轴运动的位移在变化，就像刀具在运动一样
OPT STOP	OPT STOP	选择停止	按下选择停止开关，程序中的M01指令使程序暂停，否则M01不起作用
BLOCK SKIP	BLOCK SKIP	可选程序段跳过	按下跳过程序段开关，程序运行中跳过开头标有"/"，结束标有"；"的程序段
STOP	STOP	程序停止	程序停止（只用于输出）。按此开关，在运行程序过程中，程序中的M00指令停止运行时，该按键显示灯亮
		程序重启动	由于刀具破损等原因，程序自动运行停止后，按此键程序可以从指定的程序段重新开始运行

项目二　操作数控铣床／加工中心

37

表2-4 其他键的标识及用途

按键符号	英文标识字符	名 称	用 途
	CYCLE START	循环启动	按下循环启动按键，程序开始自动运行。当一个加工过程完成后自动运行停止
	FEED HOLD	进给暂停	在程序运行中按下进给暂停按键，自动运行暂停，可在程序中指定程序停止或者中止程序命令。程序暂停后，按下循环启动按钮，程序可以从停止处继续运行
×1 ×10 ×100 ×1000		进给当量选择	使用手轮方式时，选择手轮进给当量，即手轮每转一格，直线进给运动的距离可以选择：$1\mu m$、$10\mu m$、$100\mu m$ 或 $1000\mu m$；使用手动增量进给方式时，选择手动增量进给当量，即每按一次键，进给运动的距离可以选择：$1\mu m$、$10\mu m$、$100\mu m$ 或 $1000\mu m$
X Y Z 4 5 6		手动进给轴	手动进给轴选择，在手动进给方式或手动增量进给方式下，该键用于选择进给运动轴，即 X、Y、Z 轴及第 4、5、6 轴等
+ −		进给运动方向	使用手动进给方式或增量进给方式时，在选定了手动进给轴后，该键用于选择进给运动方向
	RAPID	快速进给	在手动进给方式下按下此开关，执行手动快速进给
	SPINDLE CW	手动主轴正转	按键使主轴顺时针方向旋转
	SPINDLE CCW	手动主轴反转	按键使主轴逆时针方向旋转
	SPINDLE STOP	手动主轴停	按键使主轴停止旋转
	ON OFF	数据保护键	数据保护键用于保护零件程序、刀具补偿量、设置数据和用户宏程序等 "1"：ON 接通，保护数据 "0"：OFF 断开，可以写入数据
		进给速度倍率调整	进给倍率用于在操作面板上调整程序中指定的进给速度，例如，程序中指定的进给速度是 100mm/min，当进给倍率选定为 20% 时，刀具实际的进给速度为 20mm/min。此键用于改变程序中指定的进给速度，进行试切削，以便检查程序
		主轴转速调整	进给倍率用于在操作面板上调整程序中指定的主轴转速。例如，程序中指定的主轴转速是 1000r/min，当进给倍率选定为 50% 时，主轴实际的转速为 500r/min。此键用于调整主轴转速，进行试切削，以便检查程序
	E-STOP	紧急停止	进给停，断电。用于发生意外紧急情况时的处理

二、数控铣床/加工中心的手动操作

1. 手动返回参考点

参考点又称为机械零点,是机床上的一个固定点,数控系统根据这个点的位置建立机床坐标系。装备了绝对编码器的机床能够记忆这个位置,而装备相对编码器的机床,不具备记忆零点位置的能力,需要通过执行返回参考点操作建立机床坐标系,即机床通电后刀具的位置是随机的,LCD 显示的坐标值也是随机的,必须进行手动返回参考点操作,系统才能捕捉到刀具的位置,建立机床坐标系。

通常数控铣床的参考点设在各坐标轴正向运动的极限位置;加工中心的参考点设在自动换刀点位置。手动返回参考点是利用操作面板上的开关和按键,将刀具移动到机床参考点。操作步骤见表 2-5。

表 2-5　手动返回参考点的操作步骤

顺序	按键操作	说　明
1	🔘	在机床操作面板上(图 2-5)按下参考点返回键 🔘 ,进入返回参考点方式,然后分别按下各轴进给方向键,可使各轴分别移动到参考点位置。为防止碰撞,应先操作 Z 轴回参考点,然后操作其他轴回参考点
2	RAPID TRAVERSE OVERRIDE(%)　F0　25　50　100	为降低移动速度,按下快速移动倍率选择开关,选择快速移动速度,当刀具已经回到参考点,参考点返回完毕指示灯亮
3	Z	按 Z 键
4	➕	按键 ➕ ,则 Z 轴向正方向移动,同时 Z 轴回零指示灯闪烁
5	○ Z轴参考点	Z 轴移动到参考点时,指示灯停止闪烁,同时 Z 轴回零指示灯 ○ Z轴参考点 亮,表明 Z 轴回到参数点,这时 Z 轴机械坐标值为 0
6	○ X轴参考点　○ Y轴参考点　○ 4th轴参考点	同上述 3～5 步骤,分别操作 X 轴、Y 轴,使 X 轴、Y 轴、第 4 轴回到参数点,回零指示灯 ○ X轴参考点 、 ○ Y轴参考点 、 ○ 4th轴参考点 亮,这时,X、Y、第 4 轴机械坐标值为 0

注:各机床操作面板有所不同,以上只是一种示例,实际操作请见机床操作说明书。

>> **提示**　　数控铣床和加工中心在开机后必须首先进行"返回参考点"操作,否则机床不能正常运行程序。

2. 手动连续进给操作

本操作是用手动按键的方法使 X、Y、Z 之中任一坐标轴按调定速度进给或快速进给。在 JOG 方式中持续按下操作面板上的进给轴及其方向选择开关，会使刀具沿着所选轴的所选方向连续移动。JOG 进给速度可以通过倍率旋钮进行调整。

如果同时按下快速移动开关会使刀具以快速移动速度移动。此时，JOG 进给倍率旋钮无效，该功能称为手动快速移动。

手动操作一次只能移动一个轴，操作步骤见表 2-6。

表 2-6　手动连续进给（JOG）步骤

顺序	按键操作	说　明
1		在机床操作面板上(图 2-5)选择操作方式,按下手动连续 JOG 键,选择手动连续方式
2	X Y Z / 4 5 6	通过进给轴选择开关选择使刀具移动的轴,可以是 X、Y、Z 和第 4 轴等。按下该开关时刀具以参数第 1423 号指定的速度移动,释放开关移动停止
	+ －	通过进给方向选择按键 + 、 － ,选择使刀具移动的运动方向
3		可以通过手动操作进给速度的倍率旋钮,调整进给速度
4		按下进给轴和方向选择开关的同时按下快速移动键,刀具以快移速度移动,在快速移动过程中快速移动倍率开关有效

注：各机床操作面板有所不同，以上只是一种示例，实际操作请见机床操作说明书。

3. 手动增量（INS）进给

增量进给运动是指每按一次按钮，刀具移动一段预定的距离（即一步）。

增量进给操作步骤见表 2-7。

表 2-7　手动增量进给（INS）步骤

顺序	按键操作	说　明
1		在机床操作面板上(图 2-5)选择操作方式,按下手动连续 INS 键,选择手动增量进给方式
2	×1 ×10 / ×100 ×1000	用设定倍率开关,选择每步移动的距离(可以是 1、10、100 或 1000 倍),也称选择手动增量进给当量。每按一次键,进给运动的距离可以选择 $1\mu m$、$10\mu m$、$100\mu m$ 或 $1000\mu m$

（续）

顺序	按 键 操 作	说　明
3	X Y Z 4 5 6	按下进给轴和方向选择开关,机床沿选择的轴和方向移动,每按下一次开关,就移动一步,其进给速度与手动连续进给速度一样
	+ −	通过进给方向选择按键 + 、− ,选择使刀具移动的运动方向
4	20 30 40 50 60 70 15 80 10 85 8 90 6 95 4 100 2 105 1 110 0 120 ⋀⋀⋀ (%)	可以通过手动操作进给速度的倍率旋钮,调整进给速度

注：各机床操作面板有所不同,以上只是一种示例,实际操作请见机床操作说明书。

4. 手摇脉冲发生器（HANDLE）进给操作

手摇脉冲发生器又称为手轮。摇动手轮,使 X、Y、Z 等任一坐标轴移动。操作步骤见表 2-8。

表 2-8　手轮进给操作步骤

顺序	按　键	说　明
1	⊙	在机床操作面板上(图 2-5)按手轮方式选择开关(HANDLE) ⊙ ,选择手轮方式
2	软键〔轴选择开关〕	用软键〔轴选择开关〕选择移动轴。使用手摇轮时每次只能单轴运动,〔轴选择开关〕用来选择用手轮运动的轴,即 X、Y 或 Z 轴
3	×1 ×10 ×100 ×1000	选择移动增量。通过倍率选择,手摇轮旋转一格,轴向移动位移可为 0.001mm、0.01mm、0.1mm 和 1mm
4	手摇脉冲发生器	旋转手轮,以手轮转向对应的方向移动刀具,手轮旋转 360° 刀具移动的距离相当于 100 个刻度的对应值。手轮顺时针(W)旋转,所移动轴向该轴的"+"坐标方向移动,手摇轮逆时针(CCW)旋转,则移动轴向"−"坐标方向移动

注：1. 在较大的倍率比, 如"100"下旋转手轮可能会使刀具移动太快,进给速度被限制在快速移动速度值。请按 5r/s 以下的速度旋转手轮,如果手轮旋转的速度超过了 5r/s,刀具有可能在手轮停止旋转后还不能停止下来或者刀具移动的距离与手轮旋转的刻度不符。
2. 各机床操作面板有所不同,以上只是一种示例,实际操作请见机床操作说明书。

5. 主轴手动操作

1）将方式选择置于手动操作模式（含 HANDLE、JOG、ZERO）。

2）可由下列三个按键控制主轴运转。

主轴正转按键：主轴正转,同时按键内的灯会亮。

主轴反转按键：主轴反转,同时按键内的灯会亮。

主轴停止按键：手动模式时按此键,主轴停止转动,任何时候只要主轴没有转动,这个

项目二　操作数控铣床/加工中心

按键内的灯就会亮，表示主轴在停止状态。

6. 安全操作

安全操作包括急停、超程等各类报警处理。

（1）报警　数控系统对其软、硬件及故障具有自诊断能力，该功能用于监视整个加工过程是否正常，如果工作不正常，系统将及时报警。报警形式常见有机床自锁（驱动电源切断）、屏幕显示出错信息、报警灯亮和蜂鸣器鸣叫。

（2）急停处理　当加工过程出现异常情况时，按下机床操作面板上的"急停"按钮，机床的各运动部件在移动中紧急停止，数控系统复位。急停按钮按下后会被锁住，不能弹起，通常旋转该按钮，即可解锁。急停操作切断了电动机的电流，在急停按钮解锁之前必须排除故障的原因。

排除故障后要恢复机床工作，由于数控系统已经复位，所以必须首先进行手动返回参考点操作，重新建立坐标系。如果在换刀动作中按下了急停按钮，还必须用 MDI 方式把换刀机构调整好。急停处理过程见表2-9。

表2-9　操作中的急停处理过程

顺序	按键	说明
1		出现异常情况时,按机床操作面板上的"急停"按钮。各运动部件在移动中紧急停止,数控系统复位
2		排除引起急停的故障
3		手动返回参考点操作,重新建立坐标系。如果在换刀动作中按下了急停按钮,还必须用 MDI 方式把换刀机构调整好

机床在运行时按下"进给保持"按钮，也可以使机床停止，此时数控系统自动保存各种现场信息，因此，再按下"循环启动"键时，系统将从断点处继续执行程序，无需进行返回参考点操作。

（3）超程处理　在手动、自动加工过程中，若机床移动部件（如刀具主轴、工作台）试图移动到由机床限位开关设定的行程终点以外时，刀具会由于限位开关的动作而减速，并最后停止，界面显示出信息"OVER TRAVEL"（超程）。超程时系统报警、机床锁住和超程报警灯亮，屏幕上方报警行出现超程报警内容（如：X 向超过行程极限）。限位超程处理按表2-10所示步骤操作。

表2-10　超程处理操作步骤

顺序	按键	说明
1		将操作模式置于手轮进给方式(HANDLE)
2		用手摇轮使超程轴反向移动适当距离(大于10mm)
3	RESET	按"RESET"键,使数控系统复位
4		超程轴原点复位,恢复坐标系

三、用 MDI 键盘创建数控加工程序

在数控机床/加工中心上创建程序的方法有：用 MDI 键盘，在示教方式中编程，通过图形会话功能编程和用自动编程。

下面讲述使用 MDI 面板创建程序，以及自动插入程序段顺序号的操作。

1. 用 MDI 键盘创建程序的步骤

可以通过前面讲过的程序编辑功能，在 EDIT 方式中创建程序。

通过键盘手动创建程序步骤见表 2-11。

表 2-11　用 MDI 键盘创建程序

步　骤	按 键 操 作	说　明
1	⬦	进入编辑（EDIT）方式
2	PROG	进入编辑状态
3	O	输入程序号（程序号在缓冲区,显示在缓冲区一栏中）
4	INSERT	插入程序号
5	编辑程度（见下文）	使用数控系统的程序编辑功能,编辑、创建程序

2. 加入自动插入程序段顺序号

在 EDIT 方式中，通过 MDI 面板创建的程序，可以自动插入程序段顺序号，在参数 No. 3216 中设置顺序号的增量，每当一段程序输入完成，按下 "EOB" 键，会自动地按增量值产生新的程序段号。加入自动插入顺序号功能的步骤如下：

1）在设置（SETTING）数据屏幕界面上（图 2-6）设定在程序编辑中能自动插入顺序号的功能，即设置插入顺序号功能 SEQUENCE NO 为 "1"。SEQUENCE NO 表示在 EDIT 方式中编辑程序时是否自动插入顺序号，其中，"0" 表示不自动插入顺序号，"1" 则表示自动插入顺序号。

2）进入 EDIT 方式。

3）按下键 "PROG"，显示程序屏幕。

4）搜索将要编辑的程序号，并且将光标移动到要插入顺序号段程序的结束处（；），当程序号被注册后，并通过键输入了 EOB （；），顺序号就会从 0 开始自动加入。如果要修改初始值，则根据下面的第 10）步操作，然后跳到第 7）步。

5）按下地址键，并输入 N 的初始值。

6）按下 "INSERT" 键。

7）输入程序段的每一个字。

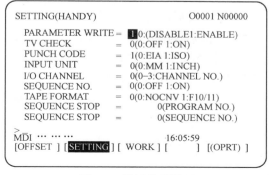

图 2-6　设置数据界面

8）按下"EOB"键。

9）按下"INSERT"键，段结束符号（；）被注册到内存中，并自动插入顺序号。例如，如果 N 的初始值为 10，并且顺序号增量为 2，则插入 N12，并且光标在字符输入处显示，如图 2-7 所示。

10）在上面的例子中，如果在另一个程序段中不需要 N12，则在 N12 显示后，按下"DELETE"键可删除 N12。要在下一个程序段中插入 N100 而不是 N12，在显示 N12 后输入 N100，再按下"ALTER"键，则 N100 被注册，并将初始值改为 100。

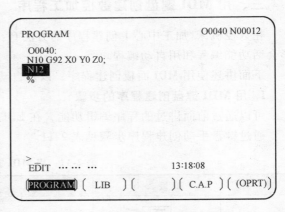

```
PROGRAM                              O0040 N00012

 O0040:
N10 G92 X0 Y0 Z0;
N12
%




>
 EDIT  … … …                       13:18:08
(PROGRAM) ( LIB ) (        ) ( C.A.P ) ( (OPRT))
```

图 2-7　自动插入顺序号功能

四、编辑程序

1. 程序号检索

当内存中存有多个程序时可以检索出其中的一个程序，有以下两种方式。

方式 1：

1）选择 EDIT 或 MEMORY 方式。

2）按下键"PROG"键，显示程序屏幕。

3）输入地址"O"。

4）输入要检索的程序号。

5）按下软键［O SRH］。

6）检索结束后检索到的程序号，显示在屏幕的右上角。如果没有找到该程序，就会出现 P/S 报警 No.71。

方式 2：

1）选择 EDIT 或 MEMORY 方式。

2）按下"PROG"键，显示程序屏幕。

3）按下软键［O SRH］，此时检索程序目录中的下个程序。

2. 顺序号检索

顺序号检索通常用于在一个程序中检索某个程序段，以便从该段开始执行程序。

例如，检索程序 O0002 中的顺序号 02346，如图 2-8 所示。顺序号检索的步骤为：

1）选择 MEMORY 方式。

2）按下"PROG"键。

3）如果程序包含有要检索的顺序号，执行下面 4）到 7）的操作。

4）输入地址"N"。

5）输入要检索的顺序号 02346。

6）按下软键［N SRH］。

7）检索完成后找到的顺序号显示在屏幕的右上角。

如果在当前程序中没有找到指定的顺序号，则出现 P/S No. 060 报警。

3. 程序的删除

存储到内存中的程序可以被删除，或者一次删除所有的程序，同时也可以通过指定一个范围删除多个程序。

（1）删除一个程序　可以删除存储在内存中的一个程序，步骤如下：

1）选择 EDIT 方式。

2）按下"PROG"键，显示程序屏幕。

3）键入地址"O"，程序号显示在缓冲区一栏中。

4）键入要删除的程序号。程序号显示在缓冲区一栏中。

5）按下"DELETE"键，输入程序号的程序被删除。

（2）删除所有程序　可以删除存储到内存中的所有程序。

1）选择 EDIT 方式。

2）按下"PROG"键，显示程序屏幕。

3）键入地址"O"。

4）键入"－9999"。

5）按下"DELETE"键，所有的程序都被删除。

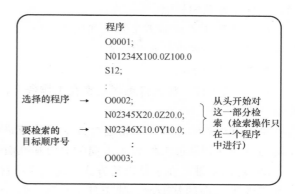

图 2-8　检索顺序号

五、对刀操作

将工件装夹到数控铣床/加工中心工作台上之后，首先必须对刀，才能开始加工。对刀操作就是设定刀具上某一点在工件坐标系中坐标值的过程。对于圆柱形铣刀，一般是指切削刃底平面的中心；对于球头铣刀，也可以指球头的球心。实际上，对刀的过程就是在机床坐标系中建立工件坐标系的过程。

对刀之前，应先将工件毛坯准确定位装夹在工作台上。对于较小的零件，一般安装在平口钳或专用夹具上；对于较大的零件，一般直接安装在工作台上。安装时要使零件的基准方向和 X、Y、Z 轴的方向相一致，并且切削时刀具不会碰到夹具或工作台，然后将零件夹紧。

常用的对刀方法是手工对刀法，一般使用刀具、标准心棒或百分表（千分表）等工具，更方便的方法是使用光电对刀仪。

> **》 提示**
>
> 立铣刀对刀时，以前端面的中心作为刀位点。

1. 用 G92 指令建立工件坐标系的对刀方法

G92 指令的功能是设定工件坐标系，执行 G92 指令时，系统将指令后的 X、Y、Z 的值设定为刀具当前位置在工件坐标系中的坐标，即通过设定刀具相对于工件坐标系原点的值来确定工件坐标系的原点。

（1）方形工件的对刀步骤　如图2-9所示，通过对刀将图中所示方形工件的X、Y、Z的零点设定成工件坐标系的原点。

操作步骤如下：

1）安装工件，将工件毛坯装夹在工作台上，用手动方式分别回X轴、Y轴和Z轴到机床参考点。

采用点动进给方式、手轮进给方式或快速进给方式，分别移动X轴、Y轴和Z轴，将主轴刀具先移到靠近工件的X方向的对刀基准面——工件毛坯的右侧面。

2）启动主轴，在手轮进给方式下转动手摇脉冲发生器慢慢移动机床X轴，使刀具侧面接触工件X方向的基准面，使工件上出现一极微小的切痕，即刀具正好碰到工件侧面，如图2-10所示。

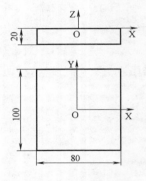

图2-9　方形工件图

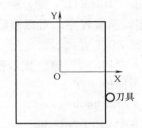

图2-10　X方向对刀时的刀具位置

设工件长宽的实际尺寸为80mm×100mm，使用的刀具直径为8mm，这时刀具中心坐标相对于工件X轴零点的位置可以计算得到：80mm/2 + 8mm/2 = 44mm。

3）停止主轴，将机床工作方式转换成手动数据输入方式，按下"程序"键，进入手动数据输入方式下的程序输入状态，输入G92，按下"INPUT"键；再输入此时刀具中心的X坐标值X44，按下"INPUT"键。此时已将刀具中心相对于工件坐标系原点的X坐标值输入。

按下"循环启动"按钮，执行G92 X44这一程序，这时X坐标已设定好，如果按下"位置"键，屏幕上显示的X坐标值为输入的坐标值，即当前刀具中心在工件坐标系内的坐标值。

4）按照上述步骤同样再对Y轴进行操作，使刀具侧面和工件的前侧面（即靠近操作者的工件侧面）正好相接触，这时刀具中心相对于工件Y轴零点的坐标为：−100mm/2 +（−8mm/2）= −54mm。在手动数据输入方式下输入G92和Y−54，并按下"输入"键，这时刀具的Y坐标已设定好。

5）然后对Z轴进行同样操作，此时刀具中心相对于工件坐标系原点的Z坐标值为Z = 0mm，输入G92和Z0，按下"输入"键，这时Z坐标也已设定好。实际上工件坐标系的零点已设定到图2-9所示的位置上。

（2）圆形工件的对刀操作　如果工件为圆形，则以圆周作为对刀基准。用上述对刀的方法找基准面比较困难，一般使用百分表来进行对刀。如图2-11所示，通过对刀设定图中所示的工件坐标系原点。

操作步骤如下：

1）安装工件，将工件毛坯装夹在工件台夹具上。用手动方式分别回 X 轴、Y 轴和 Z 轴到机床参考点。

2）对 X 轴和 Y 轴的原点。将百分表的安装杆装在刀柄上，或卸下刀柄，将百分表的磁性座吸在主轴套筒上，移动工作台使主轴中心轴线（即刀具中心）大约移到工件的中心，调节磁性座上伸缩杆的长度和角度，使百分表的触头接触工件的外圆周，用手慢慢转动主轴，使百分表的触头沿着工件的外圆周面移动，观察百分表指针的偏移情况，慢慢移动工作台的 X 轴和 Y 轴，反复多次后，待转动主轴时百分表的指针基本指在同一个位置，这时主轴的中心就是 X 轴和 Y 轴的原点。

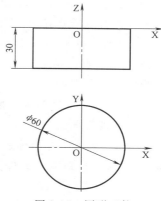

图 2-11　圆形工件

3）将机床工作方式转换成手动数据输入方式，输入并执行程序 G92 X0 Y0，这时刀具中心（主轴中心）X 轴坐标和 Y 轴坐标已设定好，此时都为零。

4）卸下百分表座，装上铣刀，用上述方法设定 Z 轴的坐标值。

应当注意的是：由于刀具的实际直径可能要比其标称直径小，对刀时要按刀具的实际直径来计算。工件上的对刀基准面要选择工件上的重要基准面。如果欲选择的基准面不允许产生切痕，可在刀具和基准面之间加上一块厚度准确的薄垫片。

>> **提示** │ 用 G92 的方式建立工件坐标系后，如果关机，建立的工件坐标系将丢失，重新开机后必须再次对刀，建立工件坐标系。

2. 自动设置工件坐标系操作

执行手动参考点返回时，系统会自动设定坐标系。操作方法是：事先在参数 1250 号中存储参考点在工件坐标系中的坐标值 α、β、和 γ，当执行参考点返回时，刀具到达参考点后，刀具位置（刀具夹头的基准点或者刀具上的刀尖）的坐标为 X = α，Y = β，Z = γ。所以在手动返回参考点后就确定了工件的坐标系，这相当于参考点返回后，同时执行了下面的指令：

G92　Xα　Yβ　Zγ；

3. 用 G54 ~ G59 指令设置工件坐标系操作

在工件坐标系设定界面下将工件零点相对于机床零点的偏移量存入到 G54 ~ G59 的数据区。当数控程序运行时，可以用编程的指令（G54 ~ G59）选择工件零点偏移量，从而用指令 G54 ~ G59 设置了工件坐标系。使用 LCD/MDI 面板可以打开工件坐标系设定界面，按下 OFFSET 功能键后，切换屏幕界面可以显示每一个工件坐标系的工件零点偏移值（6 个标准工件坐标系 G54 ~ G59 和 48 个附加工件坐标系 G54.1P1 ~ G54.1P48），并且可以在这个界面上设定、更改工件原点偏移值。

（1）显示和设定工件原点偏移值　步骤如下：

1）按下 "OFFSET" 功能键。

项目二　操作数控铣床／加工中心

2）按下章节选择软键［WORK］，显示工件坐标系设定屏幕界面，如图2-12所示。

3）显示工件原点偏移值的屏幕，包括两页或者更多页，通过以下两种方式之一，显示想要的屏幕界面。

方式1：按下"PAGE"换页键，切换界面，找出所要界面。

方式2：输入工件坐标系号（0：外部工件原点偏移；1到6：工件坐标系G54到G59；P1到P48：工件坐标系G54.1 P1到G54.1 P48），或按下操作选择软键［NO. SRH］，可以找到所要的界面。

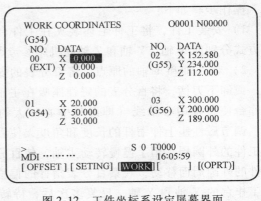

```
WORK COORDINATES              O0001 N00000
(G54)
NO.  DATA              NO.  DATA
00   X  0.000          02   X 152.580
(EXT) Y  0.000        (G55) Y 234.000
     Z  0.000               Z 112.000


01   X 20.000          03   X 300.000
(G54) Y 50.000        (G56) Y 200.000
     Z 30.000               Z 189.000

>_                              S 0 T0000
MDI ········              16:05:59
[ OFFSET ] [ SETING] [WORK][        ] [(OPRT)]
```

图2-12　工件坐标系设定屏幕界面

4）关掉数据保护键，使得数据可以写入。

5）将光标移动到想要改变的工件原点偏移指令上。

6）通过数字键输入工件原点偏移数值，然后按下［INPUT］软键，输入的数据就被指定为工件原点偏移值。或者通过输入一个数值并按下［+INPUT］软键，输入的数值可以累加到以前的数值上。

7）重复第5）步和第6）步，改变其他的偏移值。

8）打开数据保护键禁止写入。

（2）直接输入工件原点偏移测量值　如果实际加工时的工件坐标系与编程的工件坐标系有差值，则应该测量出这个差值，并进行补偿，这就是工件原点偏移测量值的直接输入。首先测量出工件坐标系原点的偏移值；然后在屏幕上输入这个偏移值，以使指令值与实际尺寸相符；最后选择新的坐标系使编程的坐标系与实际坐标系一致。例如，工件形状如图2-13所示，原编程原点位于O点，实际加工时工件原点位于O'，将工件原点偏移测量值的直接输入的操作步骤如下。

1）手动移动基准刀具，使其与工件表面A接触。

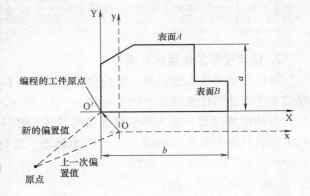

图2-13　工件原点偏移测量值的直接输入

操作方法：将装夹在主轴（Z轴）上的基准刀具移动到工件的一侧并相距一定距离，此时基准刀具端面高度保持在工件上表面以下5～10mm。手轮进给慢速沿Y轴移动，使基准刀具靠近工件，同时凭手感用塞尺确认基准刀具与工件表面接触。采用塞尺的目的是避免基准刀具与工件碰撞，影响测量的准确性。之后记下塞尺厚度。如果采用寻边器，使寻边器与工件表面接触，操作简单，容易保证精度。

2）使Y轴坐标值保持不变，同时将刀具退回。

3）测量表面A与编程的工件原点之间的距离a（含塞尺厚度）。

4）按下"OFFSET"功能键，打开偏移界面。

5）按下［WORK］软键，切换界面，以显示工件原点偏移量的设定界面，如图2-14所示。

6）将光标移到设置的工件原点偏移量上。

7）按下欲设定偏移到轴的地址键（例如：按下Y键）。

8）键入值 a，然后按下［MEASUR］键，则工件Y轴原点偏移值被直接输入。

```
WORKCOORDINATES              O1234N56789
(G54)
   NO.      DATA          NO.      DATA
   00    X  0.000         02   X   0.000
  (EXT)  Y  0.000        (G55) Y   0.000
         Z  0.000              Z   0.000


   01    X  0.000         03   X   0.000
  (G54)  Y  0.000        (G56) Y   0.000
         Z  0.000              Z   0.000

>Z100                                S 0 T0000
MDI ··· ··· ···                      16：05：59
[NO.SRH] [MEASUR] [       ] [+INPUT] [INPUT]
```

图2-14　工件原点偏移量的设定界面

9）手动移动刀具，使其与工件的 B 面接触。

10）使X坐标值不变，将刀具退回。

同理，可以测量X轴零点偏移值，即用上述1）步到3）步的方法测量X轴方向的 b 值，然后在屏幕上输入X轴的距离 b，方法同第7）和8）步，则工件X轴原点偏移值被直接输入。

注意：在进行上述操作时，不能同时输入两个或更多轴的偏移量，并且在程序执行时，此功能不能使用。

（3）注意事项

1）这种设定偏移值的方法设定工件坐标系后，其坐标系偏移值不会因机床断电而消失。

2）如果要使用这个坐标系进行加工，只要使用G54指令选择这个坐标系即可。使用G55、G56、G57、G58和G59指令可以分别选择第2、第3、第4、第5和第6工件坐标系。

3）可以在NO.00处设定6个坐标系的外部总偏移值。

4）当第1工件坐标系有偏移值时，如果回机床参考点，屏幕显示机床参考点在第1工件坐标系内的坐标值。如果有外部总偏移值，外部总偏移值也包含在显示的坐标值内。

5）偏移值设定后，如果再用G92指令，偏移值将被忽略。

六、设定和显示刀具偏置补偿值

刀具偏置量包括刀具长度偏置值和刀具半径补偿值，在程序中由D代码或H代码指定，D代码或H代码的值可以显示在刀具补偿界面上，并在该界面上设定刀补值。设定和显示刀具偏置值的步骤如下：

1）按下"OFFSET"功能键。

2）按下章节选择软键［OFFSET］，或者多次按下"OFFSET"功能键，直到显示刀具补偿屏幕，如图2-15所示。

3）通过页面键和光标键将光标移到要设定和改变补偿值的位置，或者输入补偿号码，在这个号码中设定或者改变补偿值，并按下软键［NO.SRH］。

4）如果是设定补偿值，输入一个值并按下软键［INPUT］；如果是修改补偿值，输入一个将要加到当前补偿值的值（负值将减小当前的值），并按下软键［+INPUT］，或者输入一个新值并按下软键［INPUT］。

七、检查数控程序

在实际加工之前需要检查加工程序，以确认加工程序中，进给路线是否合理，加工中是否有干涉、过切；切削用量选择是否恰当；程序编写是否正确；刀具的选用是否合适；对刀及刀补、坐标原点的设置是否正确等。可以用机床的下述功能检查加工程序，即机床锁住和辅助功能锁住、进给速度倍率、快速移动倍率、空运行、单程序段运行。

```
OFFSET                    O0001 N00000
  NO.    GEOM(H)  WEAR(H)  GEOM(D)  WEAR(D)
  001             0.000    0.000    0.000
  002    -1.000   0.000    0.000    0.000
  003             0.000    0.000    0.000
  004    20.000   0.000    0.000    0.000
  005             0.000    0.000    0.000
  006             0.000    0.000    0.000
  007             0.000    0.000    0.000
  008             0.000    0.000    0.000
ACTUAL POSITION(RELATIVE)
    X    0.000         Y      0.000
    Z    0.000
>
MDI**** *** ***              16:05:59
[ OFFSET ] [SETING] [WORK] [      ] [(OPRT)]
```

图 2-15　设定和显示刀具补偿界面

1. 机床锁住和辅助功能锁住

机床的锁住功能是刀具不动，而在界面上显示程序中刀具位置的运行状态，其操作方法是：按下机床操作面板上的机床锁住开关，此时按下循环启动开关，刀具不再移动，但是界面上仍像刀具在运动一样，显示程序运行状态。

有两种类型的机床锁住：所有轴的锁住（停止沿所有轴的运动）和指定轴的锁住（这种锁住仅停止沿指定轴的运动）。此外，辅助功能的锁住是禁止执行 M、S 和 T 指令，它和机床锁住功能一起使用，用于检查程序是否编制正确。

> **≫ 提示**　使用"机床锁住"功能检验程序时，刀具不动而工件坐标发生变化。检验结束后要重新对刀。

2. 空运行

空运行是刀具按参数指定的速度移动，而与程序中指令的进给速度无关。该功能用来在机床不装工件时检查程序中的刀具运动轨迹。操作步骤是：在自动运行期间按下机床操作面板上的空运行开关，刀具按参数中指定的速度移动，快速移动开关也可以用来更改机床的移动速度。

3. 单程序段运行

单程序段运行的工作方式是按下循环启动按钮后，刀具在执行完程序中的一段即停止。通过单段方式一段一段地执行程序，可用于检查程序。执行单段方式的操作步骤如下：

1）按下机床操作面板上的"单段程序执行"开关，程序在执行完当前段后停止。

2）按下"循环启动"按钮，执行下一段程序，刀具在该段程序执行完毕后停止。

> **≫ 提示**　在程序试运行时，常使用"单程序段"功能，以防止程序出错时打刀甚至撞坏机床。

八、试切削

检查完程序后，正式加工前，应进行首件试切，只有试切合格，才能说明程序正确，对刀无误。首件试切时，如程序用 G92 指令设置坐标系，需将刀具位置移动到相应的起刀点位置；如用 G54～G59 指令设定坐标系，需要将刀具移到不会发生碰撞的位置。

一般用单程序段运行工作方式进行试切。将工作方式选择为"单段"方式，同时将进给倍率调低，然后按下循环启动键，系统执行单程序段运行工作方式。加工时，每加工一个程序段，机床停止进给后，都要看下一段要执行的程序，确认无误后再按下循环启动键，执行下一程序段。要时刻注意刀具的加工状况，观察刀具、工件有无松动，是否有异常的噪声、振动、发热等，观察是否会发生碰撞。加工时，一只手要放在急停按钮附近，一旦出现紧急情况，随时按下按钮。

整个工件加工完毕后，检查工件尺寸，如有错误或超差，应分析检查编程、补偿值设定、对刀等工作环节，有针对性地调整。例如，加工某零件槽后，发现槽深均浅 0.1mm，应是对刀、设置刀补或设定工件坐标系的偏差，此时可将刀补 Z 轴值减少 0.1mm 或将工件坐标系原点位置向 Z 轴的负向移动 0.1mm 即可，而不需重新对刀。通常在重新调整后，再加工一遍即可合格。首件加工完毕后，即可进行正式加工。

九、运行数控程序

对工件的加工需要采用自动运行。用程序使数控机床运行称为自动运行。自动运行方式有三种：

1）MDI 运行：执行由 MDI 面板输入的程序，并运行。
2）存储器运行：执行存储在 CNC 存储器中的程序，并运行。
3）DNC 运行：从输入/输出设备读入程序，使系统运行。

1. MDI（手动数据输入）**运行**

在屏幕上，用 MDI 键盘输入一组程序指令，机床可以根据输入的程序运行，这种操作称为 MDI 运行方式。MDI（Manual Data Input）即手动数据输入。该功能是在 MDI 屏幕界面上（此界面为程序暂存区）手动输入一个指令或几个程序段，然后按下循环启动键，则立刻运行所输入的程序。

2. 存储器运行（也称自动运行）

程序存到 CNC 存储器中，机床可以按程序指令运行，该操作称为存储器运行方式，打开程序界面选择了其中的一个程序，按下机床操作面板上的循环启动键，启动运行程序，并且循环启动 LED 点亮。在自动运行中按下机床操作面板上的进给暂停键，自动运行被暂时中止，当再次按下循环启动键后自动运行又重新进行。当按下"RESET"键后，自动运行被终止，并且进入复位状态。存储器运行操作步骤见表 2-12。

3. 联机自动加工（DNC 运行）

数控系统经阅读机接口或 RS-232 接口读入外设上的数控程序，同时进行数控加工，称为 DNC 运行程序。根据数控系统硬件配置，可以选择不同的外部输入/输出设备存储文件程序，如便携式磁盘机、磁带机或者 FA 卡等，还可经计算机通信传输程序，进行数控加工。在加工中可以指定自动运行程序的顺序及重复运行程序的次数。

表 2-12　存储器运行（自动运行）操作步骤

顺序	按　键	说　明
1	➡	在机床操作面板上（图 2-5）选择操作方式，按自动运行选择键 ➡
2		从存储的程序中选择一个程序，其步骤如下
	POS	①按此键以显示程序屏幕界面
	O	②按下地址键，键入程序号地址
	数字键	③使用数字键输入程序号
	软键：[O SRH]	④按下[O SRH]软键，检索出所需程序
3	▐	按下操作面板上的循环启动键 ▐ ，启动自动运行，同时循环启动 LED 闪亮，当自动运行结束时指示灯熄灭
4	O	①中途停止存储器运行 按下机床操作面板上的进给暂停按钮 O ，进给暂停指示灯 LED 亮，并且循环启动指示灯熄灭，机床响应如下：当机床移动时进给减速直到停止；当程序在换刀状态时，停刀；当执行 M、S 或 T 时执行完毕后运行停止。当进给暂停指示灯亮时，按下机床操作面板上的循环启动按钮 ▐ ，重新启动机床的自动运行
	RESET	②终止取消存储器运行 按下 MDI 面板上的 RESET 键，自动运行被终止并进入复位状态，当在机床移动过程中执行复位操作时，机床会减速直到停止

　　DNC 运行方式中，程序并不存到 CNC 的存储器中，而是从外部的输入/输出设备读取程序，并运行机床，这种操作被称为 DNC 运行方式。当程序太大，不需存到 CNC 的存储器中时，这种方式很有用。操作步骤见表 2-13。

表 2-13　联机自动加工（DNC 运行）操作步骤

顺序	按　键	说　明
1		选用一台计算机，安装专用程序传输软件，根据数控系统对数控程序传输的具体要求，设置传输参数
2		通过 RS-232 串行端口将计算机和数控系统连接起来
3	⬇	将操作方式置于 DNC 操作方式。方式选择置于 DNC 方式，即按键 ⬇ ，选择 DNC 运行方式
4		在计算机上选择要传输的加工程序
5	▐	按下操作面板上的循环启动键 ▐ ，启动自动运行，同时循环启动 LED 闪亮，当自动运行结束时指示灯熄灭

　　在 DNC 运行时，当前正在执行的程序显示在程序检查屏幕界面和程序屏幕界面上，被显示的程序段的数量取决于正在执行的程序，程序段中的注释也一起显示。

任务二 操作 SINUMERIK 802D sl 数控铣床/加工中心

一、认识机床操作面板的组成及功能

SINUMERIK 802D sl 数控铣床/加工中心的机床操作面板如图 2-16 所示。

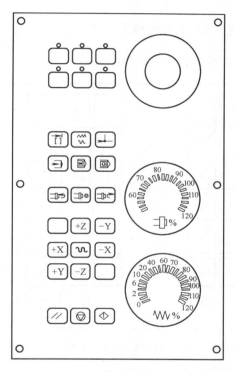

图 2-16　SINUMERIK 802D sl 数控铣床/加工中心的机床操作面板

各键的功能说明如下：

	带发光二极管的"用户定义"键		"主轴反转"键
	无发光二极管的"用户定义"键		"快速运行"键
	"增量选择，手轮运行"键	+X　−X	"X 轴点动"键
	"手动点动"运行方式键	+Y　−Y	"Y 轴点动"键
	"回参考点"键	+Z　−Z	"Z 轴点动"键
	"自动"运行方式键		"复位"键
	"单程序段"运行方式键		"数控停止"键
	"手动数据输入"键		"数控启动"键

"主轴正转"键　　　　　　　　　 "主轴速度倍率修调"旋钮

"主轴停"键　　　　　　　　　　　"进给速度倍率修调"旋钮

二、认识数控系统操作面板的组成及功能

SINUMERIK 802D sl 数控系统操作面板如图 2-17 所示。

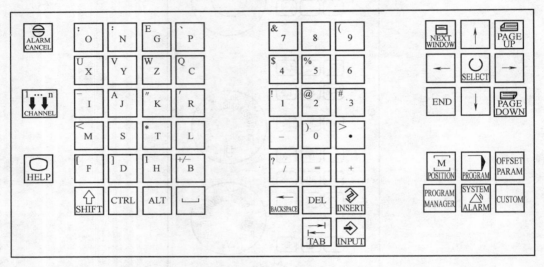

图 2-17　SINUMERIK 802D sl 数控系统操作面板

各键的功能说明如下：

"报警应答"键		"加工操作区域"键
"通道转换"键		"程序操作区域"键
"信息"键		"参数操作区域"键
"上挡"键		"程序管理操作区域"键
"控制"键		"报警/系统操作区域"键
"改变"键		未使用
"空格"键		未使用
"删除"键		"翻页"键

DEL	"删除"键	←↑→↓	"光标移动"键
INSERT	"插入"键	SELECT	"选择/转换"键
TAB	"制表"键		
END	"结束"键	)0 ~ (9	数字键,"上挡"键转换对应字符
INPUT	回车/输入	AJ ~ WZ	字母键,"上挡"键转换对应字符

三、认识 SINUMERIK 802D sl 系统显示屏幕的划分及其功能

显示屏幕可划分为以下几个区域:状态区、应用区、说明区及软键区,如图 2-18 所示。

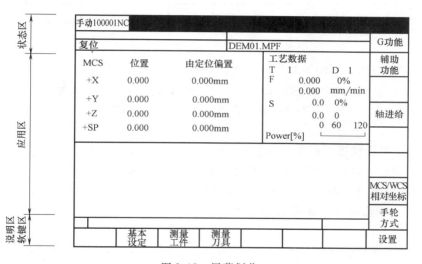

图 2-18 屏幕划分

标准软键含义如下:

《返回   关闭该屏幕格式

×中止   中断输入,退出该窗口

√接收   中断输入,进行计算

√确认   中断输入,接收输入的值

四、SINUMERIK 802D sl 数控铣床/加工中心的操作方法

1. 开机和回参考点

SINUMERIK 802D sl 系统数控铣床/加工中心通电以后,必须执行回参考点操作,否则机床无法自动运行。回参考点的操作步骤如下:

1）接通 CNC 和机床驱动电源，系统启动以后进入"加工"操作区的 JOG 运行方式，出现"回参考点"窗口，如图 2-19 所示。

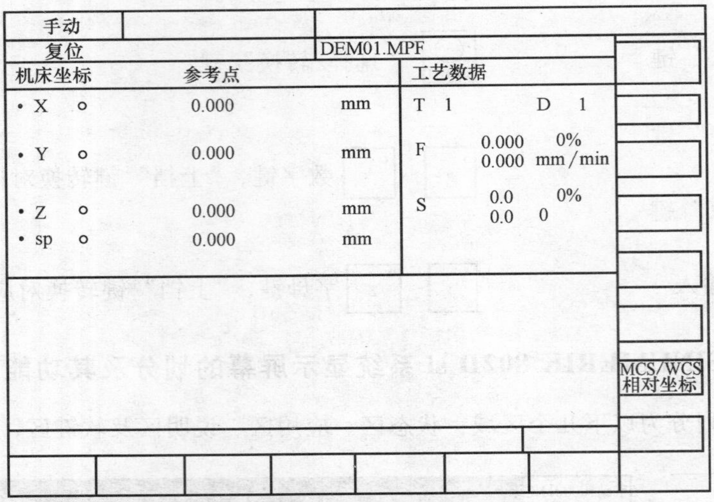

手动			
复位		DEM01.MPF	
机床坐标	参考点	工艺数据	
• X ○	0.000　mm	T 1　　　　D 1	
• Y ○	0.000　mm	F　　0.000　0% 　　0.000　mm/min	
• Z ○	0.000　mm	S　　0.0　0% 　　0.0　0	
• sp ○	0.000　mm		
			MCS/WCS 相对坐标

图 2-19　JOG 方式"回参考点"窗口

2）用机床控制面板上的回参考点键启动"回参考点"操作。

在"回参考点"窗口中（图 2-19），显示该坐标轴是否已经回参考点。

3）分别按 +X、+Y、+Z 键使机床回零，如果选择了错误的回参考点方向，则不会产生运动。

必须给每个坐标轴逐一回参考点。

选择另一种运行方式（如 MDA，AUTO 或 JOG）可以结束"回参考点"功能。

注意："回参考点"操作只能在 JOG 方式下才可以进行。

2. "加工"操作区——JOG 运行方式

操作步骤如下：

1）通过按机床控制面板上的手动运行方式键（即 JOG 键），选择 JOG 手动运行方式。

2）按下相应的方向键 X、Y 或 Z，可以使坐标轴运行。

只要相应的键一直按着，坐标轴就一直连续不断地以设定的进给速度运行。如果设定数据中此值为"零"，则按照机床参数数据中存储的数值运行。松开按键，坐标轴就停止运行。

需要时可以通过倍率开关调节速度。如果同时按下相应的坐标轴键和"快进"键，则坐标轴以快进速度运行。

选择"增量选择"键，以步进增量方式运行时，坐标轴以选择的步进增量运行，步进量的大小在屏幕上显示。再按一次点动键就可以结束步进增量方式。

在"JOG"状态图上显示位置、进给值、主轴值和刀具值，如图 2-20 所示。

窗口中各键含义如下：

测量工件　　确定零点偏置

测量刀具　　测量刀具偏置

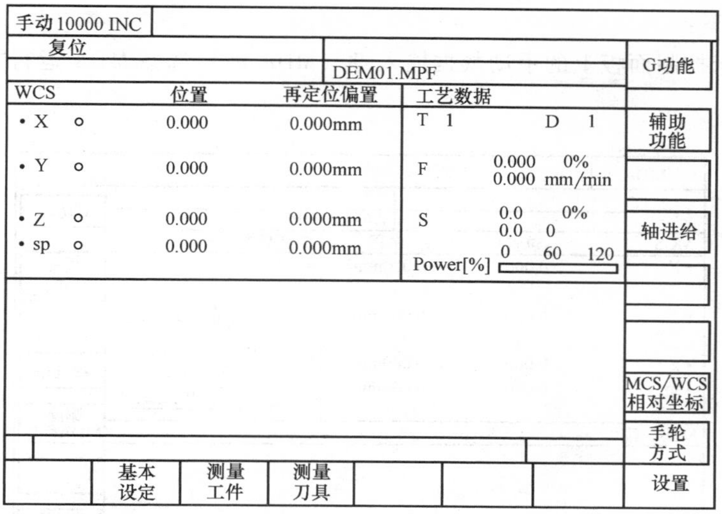

手动 10000 INC					
复位					G功能
			DEM01.MPF		
WCS	位置	再定位偏置	工艺数据		辅助功能
• X ○	0.000	0.000mm	T 1	D 1	
• Y ○	0.000	0.000mm	F	0.000 0% 0.000 mm/min	
• Z ○	0.000	0.000mm	S	0.0 0% 0.0 0	轴进给
• sp ○	0.000	0.000mm	Power[%]	0 60 120	
					MCS/WCS 相对坐标
					手轮方式
	基本 设定	测量 工件	测量 刀具		设置

图 2-20 "JOG" 窗口

设置 在该屏幕格式下，可以设置带有安全距离的退回平面，以及在 MDA 方式下自动执行零件程序时主轴的旋转方向。此外还可以在此屏幕下设定 JOG 进给率和增量值，如图 2-21 所示

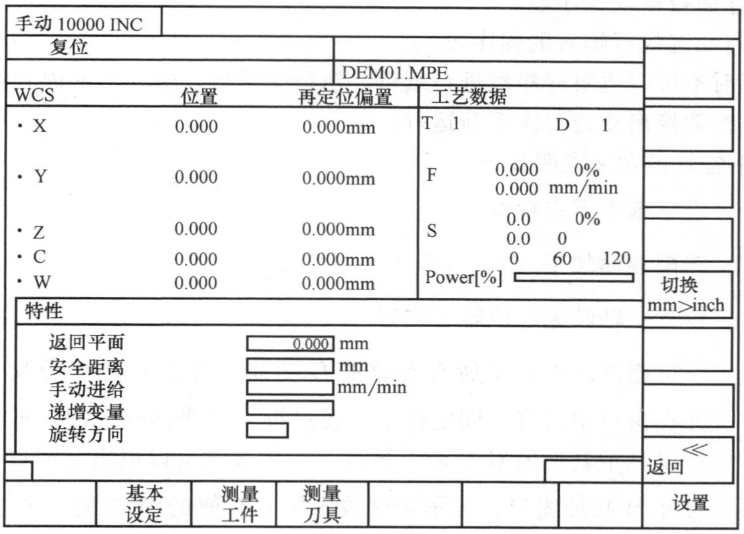

手动 10000 INC					
复位					
			DEM01.MPE		
WCS	位置	再定位偏置	工艺数据		
• X	0.000	0.000mm	T 1	D 1	
• Y	0.000	0.000mm	F	0.000 0% 0.000 mm/min	
• Z	0.000	0.000mm	S	0.0 0% 0.0 0	
• C	0.000	0.000mm			
• W	0.000	0.000mm	Power[%]	0 60 120	切换 mm>inch
特性					
返回平面		0.000 mm			
安全距离		mm			
手动进给		mm/min			
递增变量					
旋转方向					《 返回
	基本 设定	测量 工件	测量 刀具		设置

图 2-21 设置状态

窗口中按键含义如下：

切换 mm＞inch 用此功能可以在米制和英制尺寸之间进行转换

3. MDA 手动输入方式

在 MDA 运行方式下可以编制一个零件程序段来执行。

注意：此运行方式中所有的安全锁定功能与自动运行方式一样，其他相应的前提条件也与自动运行方式一样。

项目二 操作数控铣床／加工中心

57

操作步骤如下：

1）通过机床控制面板上的手动数据输入键（MDA 键）选择 MDA 运行方式，如图 2-22 所示。

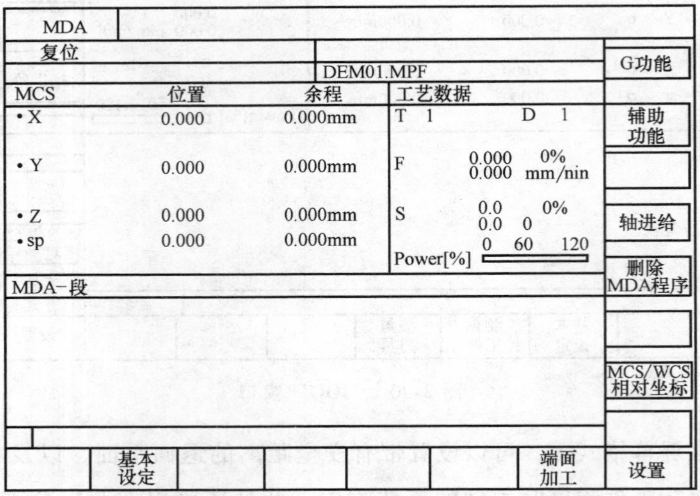

MDA				
复位				G功能
		DEM01.MPF		
MCS	位置	余程	工艺数据	
• X	0.000	0.000mm	T 1 D 1	辅助功能
• Y	0.000	0.000mm	F 0.000 0% 0.000 mm/nin	
• Z	0.000	0.000mm	S 0.0 0% 0.0 0	轴进给
• sp	0.000	0.000mm	0 60 120 Power[%]	删除MDA程序
MDA-段				
				MCS/WCS相对坐标
	基本设定		端面加工	设置

图 2-22　MDA 窗口

2）通过操作面板输入程序段。

3）按数控启动键执行输入的程序段。

在程序执行时不可以再对程序段进行编辑。执行完毕后，输入区的内容仍保留，这样该程序段可以通过按数控启动键再次重新运行。

MDA 窗口中各软键含义说明如下：

| 基本设定 | 设定基本零点偏置

| 端面加工 | 铣削端面加工

| 设置 | 设置主轴转速、旋转方向等

| G 功能 | G 功能窗口中显示所有有效的 G 功能，每个 G 功能分配在一功能组下，并在窗口中占有一固定位置。通过按下"光标向上键"或"光标向下键"可以显示其他的 G 功能。再按下一次该键可以退出此窗口

| 辅助功能 | 打开 M 功能窗口，显示程序段中所有有效的 M 功能。再按下一次该键可以退出此窗口

| 轴进给 | 按此键出现轴进给率窗口。再按下一次该键可以退出此窗口

| 删除 MDA 程序 | 用此功能可以删除在程序窗口显示的所有程序段

| MCS/WCS 相对坐标 | 实际值的显示与所选的坐标系有关

4. 程序输入

（1）操作步骤

1）选择"程序"操作区。

2）按下数控控制面板上的 PROGRAM MANAGER 键，打开"程序管理器"，以列表形式显示零件程序及目录。程序管理窗口如图 2-23 所示。

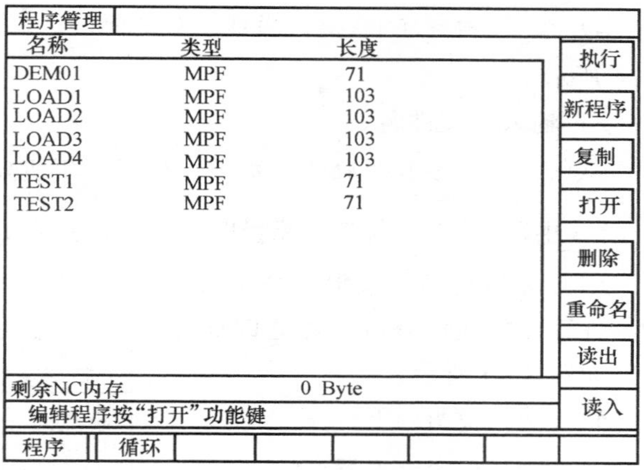

3）在程序目录中用光标移动键选择零件程序。为了更快地查找到程序，输入程序名的第一个字母。控制系统自动把光标定位到含有该字母的程序前。

（2）程序管理窗口中各软键的含义　各软键含义如下：

程序　按下程序键显示零件程序目录

执行　按下此键选择待执行的零件程序，按下数控启动键时启动执行该程序

新程序　操作此键可以输入新的程序

复制　操作此键可以把所选择的程序拷贝到另一个程序中

打开　按下此键打开待执行的程序

删除　用此键可删除光标定位的程序，并提示对该选择进行确认。按下确认键执行消除功能，按下返回键取消并返回

重命名　操作此键出现一窗口，在此窗口可以更改光标所定位的程序名称。输入新的程序名后按下确认键，完成名称更改，用返回键取消此功能

读出　按下此键，通过 RS232 接口，把零件程序送到计算机中保存

读入　按下此键，通过 RS232 接口装载零件程序。接口的设定请参照"系统"操作区域。零件程序必须以文本的形式进行传送

循环　按下此键显示标准循环目录。只有当用户具有确定的权限时才可以使用此键

（3）输入新程序——"程序"操作区　操作步骤如下：

1）按下 PROGRAM MANAGER 键，选择"程序"操作区，显示 NC 中已经存在的程序目录。

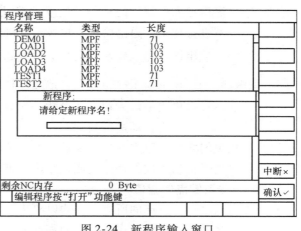

图 2-23　程序管理窗口

图 2-24　新程序输入窗口

2）按下 新程序 软键，出现一对话窗口，在其中输入新的主程序和子程序名称，如图 2-24 所示。

3）输入新文件名。

√确认 按下"确认"键接收输入，生成新程序文件，可以对新程序进行编辑

×中断 用中断键中断程序的编制，并关闭此窗口

（4）零件程序的编辑 在编辑功能下，零件程序不在执行状态时，也可以进行编辑。对零件程序的任何修改，可立即被存储，如图 2-25 所示。

软键功能说明如下：

编辑 程序编辑器

执行 使用此键，执行所选择的文件

标记程序段 按此键，选择一个文本程序段，直至当前光标位置

复制程序段 用此键拷贝一程序段到剪贴板

粘贴程序段 用此键把剪贴板上的文本粘贴到当前的光标位置

删除程序段 按此键，删除所选择的文本程序段

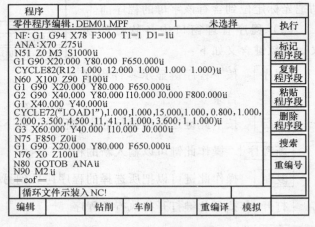

图 2-25 程序编辑器窗口

搜索 用"搜索"键和"搜索下一个"键在所显示的程序中查找一字符串。在输入窗口键入所搜索的字符，按下"确认"键启动搜索过程。按下"返回"键则不进行搜索，退出窗口。再按下此键继续搜索所要查询的目标文件

重编号 使用该功能，替换当前光标位置到程序结束处之间的程序段号

重编译 在重新编译循环时，把光标移到程序中，调用循环的程序段。在其屏幕格式中输入相应的参数，如果所设定的参数不在有效范围之内，则该功能会自动进行判别，并且恢复使用原来的缺省值

屏幕格式关闭之后，原来的参数就被所修改的参数取代。

注意：仅仅是自动生成的程序块或程序段才可以重新进行编译。

5. 输入/修改零点偏置值

在回参考点之后，机床的所有坐标均以机床零点为基准，而工件的加工程序则以工件零点为基准，这之间的差值就可作为设定的零点偏移量输入。

（1）计算零点偏置值 选择零点偏置（如 G54~G59）窗口，确定待求零点偏置的坐标轴，如图 2-26 所示。

计算零点偏置值的操作步骤：

1）按下 测量工件 软键。控制系统转换到"加工"操作区，出现对话框用于测量零点偏置。所对应的坐标轴以背景为黑色的软键显示。

2）移动刀具，使其与工件相接触。在工件坐标系"设定 Z 位置"区域，输入所接触的工件边沿的位置值。

在确定 X 和 Z 方向的偏置时，必须考虑刀具正、负移动的方向，如图 2-27 所示。

3）按下 计算 软键进行零点偏置的计算，结果显示在零点偏置栏。

图 2-26　计算零点偏置值

（2）输入或修改零点偏置值的操作步骤

1）按下"参数操作区域"键 OFFSET PARAM 。

2）按下 零点偏移 软键，屏幕上显示出可设定零点偏置的情况，包括已编程的零点偏置值、有效的比例系数状态显示、"镜像有效"，以及所有的零点偏置，如图 2-28 所示。

图 2-27　确定零点偏置

a）确定 X 方向零点偏置　b）确定 Z 方向零点偏置

3）按下 ← ↑ ↓ → 方向键，把光标移动到待修改的地方。

4）输入零点偏置的数值。

6. 编程设定数据

利用设定数据键可以设定运行状态，并在需要时进行修改。

操作步骤如下：

1）按下"参数操作区域"键 OFFSET PARAM 和 零点偏移 软键选择设定数据。

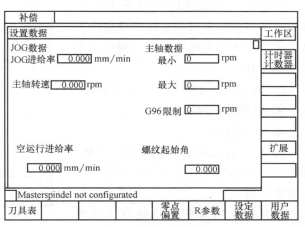

图 2-28　零点偏置窗口

2）按下"设定数据"键 设定数据 ，进入下一级菜单，在此菜单中可以对系统的各个参数进行设定，如图2-29所示。

各种数据设定情况如下：

1）JOG—进给率。在JOG状态下的进给率设定，如果该进给率为零，则系统使用机床参数中存储的数值。

2）主轴转速。设定主轴转速最小值和最大值。对主轴转速的限制（G26最大/G25最小）只可以在机床数据所规定的极限范围内进行。

3）可编程主轴极限值。在恒定切削速度（G96）时，可编程的最大速度（LIMS）。

4）空运行进给率。在自动方式

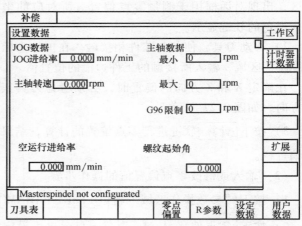

图2-29 设定数据窗口

中若选择空运行进给功能，则程序不按编程的进给率执行，而是执行参数设定值的进给率，即在此输入的进给率。

7. 输入刀具参数及刀具补偿

在CNC进行工作之前，必须在NC上进行参数设置，修改某些机床、刀具的调整数据，例如：

1）输入刀具参数及刀具补偿参数。

2）输入、修改零点偏置。

3）输入设定数据。

刀具参数包括刀具几何参数、磨损量参数和刀具型号参数。

不同类型的刀具均有一个确定的参数数值，每把刀具有一个刀具号（T—号），如图2-30和图2-31所示。

（1）输入刀具补偿参数的操作步骤

1）按下 OFFSET PARAM 键，打开刀具补偿参数窗口，显示所使用的刀具清单。可通过光标键和翻页键选出所要求的刀具。

2）通过以下步骤输入补偿参数：

① 把光标移到输入区定位。

② 输入数值。

③ 按下输入键确认或者移动光标。对于一些特殊刀具可以使用扩展键，填入全套参数。

刀具补偿窗口中各软键含义说明如下：

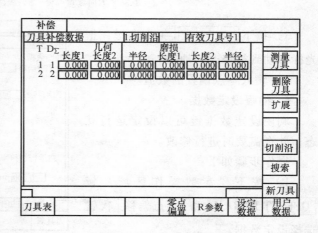

图2-30 刀具补偿窗口

测量刀具	手动确定刀具补偿
	参数

删除刀具	清除所有刀具补偿
	参数

扩展	按下此键显示刀具的所
	有参数

切削沿	刀具切削时所处的
	位置

F—刀架参考点
M—机床零点
W—工件零点

图 2-31　计算钻头的长度补偿

搜索	输入待查找的刀具号，

按下确认键，如果所查找的刀具存在，则光标会自动移动到相应的行

新刀具	使用此键建立一把新刀具的刀具补偿

注意：最多可以建立 32 把刀具。

（2）确定刀具补偿值　利用此功能可以计算刀具未知的几何长度。前提条件是换入该刀具。在 JOG 方式下移动该刀具，使刀尖到达一个已知坐标值的机床位置，这可能是一个已知位置的工件。输入参考点坐标 X_0、Y_0 或 Z_0。

应当注意的是：铣刀要计算长度和半径。

如图 2-31 所示，利用 F 点的实际位置（机床坐标）和参考点，系统可以在所预选的坐标轴方向计算出刀具补偿值长度或刀具半径。可以使用一个已经计算出的零点偏置（G54～G59）作为已知的机床坐标，使刀具运行到工件零点。如果刀具已经位于工件零点，则偏移值为零。

确定刀具补偿值的操作步骤如下：

1）按下　测量刀具　软键，打开刀具补偿值窗口，自动进入位置操作区，如图 2-32 所示。

图 2-32　测量刀具

a）"对刀"窗口，长度测量　b）刀具直径测量

2）在 X_0、Y_0 或 Z_0 处登记一个刀具当前所在位置的数值，该值可以是当前的机床坐标

值，也可以是一个零点偏置值。如果使用了其他数值，则补偿值以此位置为准。

3）按下软键 设置长度 或者 设置直径 ，系统根据所选择的坐标轴计算出它们相应的几何长度或直径。所计算出的补偿值被存储。

8. 模拟图形

如当前为自动运行方式，并且已经选择了待加工的程序，可通过模拟功能，使编程的刀具轨迹通过图形来表示。

操作步骤如下：

1）按下 模拟 键，屏幕显示初始状态，如图 2-33 所示。

2）按下数控启动键，模拟所选择的零件程序的刀具轨迹。

模拟初始状态窗口中各软键的含义说明如下：

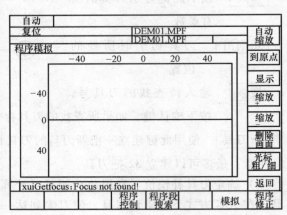

图 2-33 模拟初始状态窗口

自动缩放 操作此键可以自动缩放所记录的刀具轨迹

到原点 按此键，可以恢复到图形的基本设定

显示 按此键，可以显示整个工件

缩放 + 按此键，可以放大显示图形

缩放 - 按此键，可以缩小显示图形

删除画面 按此键，可以擦除显示的图形

光标粗/细 按此键，可以调整光标的步距大小

9. CNC 自动加工

在启动程序之前必须调整好系统数据和机床，安装、校正、夹紧零件毛坯，同时还必须注意机床生产厂家的安全说明。

操作步骤：

1）按下 自动方式 键，选择自动工作方式。

2）按下 PROGRAM MANAGER 键，显示出系统中所有的程序。

3）按下 ← ↑ ↓ → 键，把光标移动到要执行的程序上。

4）按下 执行 键，选择待加工的程序，被选择的程序名显示在屏幕区"程序名"下。

5）如果有必要，还可以确定程序的运行状态，此时应按下 程序控制 键，将出现如图 2-34 所示窗口。

6）按下 数控启动 键，执行零件程序。

程序控制窗口中各软键功能说明如下：

自动					
复位 SKP DRY ROV M01 PRT SBL					程序测试
			DEM01.MPF		
MCS	位置	余程	工艺数据		空运行进给
• X	0.000	0.000mm	T　1　　　　D　1		
• Y	0.000	0.000mm	F　　0.000　　0% 0.000 mm/min		有条件停止
• Z	0.000	0.000mm	S　　0.0　　0%		跳过
• Sp	0.000	0.000mm	0.0　　0		
			Power[%]　　0　60　120		单程序段
段显示			DEM01.MPF		
ANF:G1 G94 X78 F3000 T1=1 D1=1					ROV 有效
ANA:X70 Z75					
NS1 Z0 N3 S1000					
G1 G90 X20.000 Y80.000 F650.000					
CYCLE82(R12,1.000,12.000,1.000,1.000,1.000)					
N60 X100 Z90 F1000					
G1 G90 X20.000 Y80.000 F650.000					
		循环时间:0000H33M195			返回 《
		程序控制	程序段搜索	模拟	程序修正

图 2-34　程序控制窗口

程序测试　在程序测试方式下，所有到进给轴和主轴的给定值被禁止输出，此时给定值区域显示当前运行数值

空运行进给　进给轴以空运行数据中的设定参数运行。执行空运行时，进给速度编程指令无效

有条件停止　程序执行有 M01 指令的程序段时，停止运行

跳过　程序运行到前面有斜线标志的程序段时，跳过不予执行（例如"/N100"）

单程序段　此功能生效时，零件程序逐段运行，每个程序段逐段解码，在程序段结束时有一暂停。但是，没有空运行进给的螺纹程序段例外，螺纹程序段运行结束后才会产生一暂停。单段功能只有处于程序复位状态时才可以选择

ROV 有效　按 快速修调 键时，修调开关对于快速进给也生效

＜＜返回　退出当前正在执行的窗口

10. 执行外部程序，DNC 自动加工

当铣削三维立体零件时，程序是通过 CAD/CAM 软件自动生成的，故非常长，系统的内存有限，无法装载程序用 CNC 来加工。这样的一个外部程序可由 RS232 接口输入控制系统，当按下"NC 启动"键后，立即执行该程序，且一边传送一边执行加工程序，这种方法称为 DNC 直接数控加工。

当缓冲存储器中的内容被处理后，程序被自动再装入。程序可以由外部计算机，如一台装有 PCIN 数据传送软件的计算机执行该任务。

（1）执行外部程序的前提条件

1）控制系统处于复位状态。

2）有关 RS232 接口的参数设定要正确，而且此时该接口不可用于其他工作（如数据输

入、数据输出）。

3）外部程序开头必须改成系统能接受的如下格式（输入以下两行内容不允许有空格）：

% __ N __程序名 MPF

；$ PATH = / __ N __ MPF __ DIR

（2）DNC 自动加工的操作步骤

1）按下 外部程序 键。

2）在外部计算机上使用 PCIN，并在数据输出栏接通程序输出。此时程序被传送到缓冲存储器，并被自动选择且显示在程序选择栏中。为有助于程序执行，最好等到缓冲存储器装满为止。

3）用 NC 启动 键开始执行该程序，该程序被一段一段装入系统进行加工，直至全部结束。

在 DNC 运行方式下，无论是程序运行结束还是按下 复位 键，程序都自动从控制系统退出。

注意：在"系统/数据 I/O"区有错误提示，操作者可以看到多种传送错误。对于外部读入的程序，不可以进行程序段搜索。

任务三　操作华中 HNC-21M 系统数控铣床/加工中心

一、华中 HNC-21M 数控铣床/加工中心操作面板的功能说明

华中世纪星 HNC-21M 系统数控铣床/加工中心的操作面板如图 2-35a 所示，面板的上半部分为数控系统操作面板，下半部分为机床操作面板。

1. 数控系统操作面板的说明

1）F1～F10：功能键，其功能与显示屏上显示的功能相对应，具体情况见下文的说明。

2）MDI 键盘：用于通过面板输入程序，以及工件坐标系零点偏置和刀补等的输入，其部分按键的功能在图 2-35b 的右侧有说明。

2. 机床操作面板的说明

机床操作面板上各按键的功能见表 2-14。

二、华中 HNC-21M 系统软件操作界面板的组成及功能说明

华中 HNC-21M 数控系统软件操作界面如图 2-36 所示，由如下几个部分组成（下面的序号和图 2-36 中序号对应）。

1）图形显示窗口。可以根据需要，用功能键 F9 设置窗口的显示内容。

2）菜单命令条。可通过菜单命令条中的功能键 F1～F10 来完成系统功能的操作。

3）运行程序索引。自动加工中的程序名和当前程序段行号。

4）工件指令坐标。选定坐标系下的坐标值，坐标系可在机床坐标系/工件坐标系/相对坐标系之间切换。显示值可在指令位置/实际位置/剩余进给/跟踪误差/负载电流/补偿值之间切换。

5）工件坐标零点。工件坐标系零点在机床坐标系下的坐标。

6）倍率修调。主轴修调：当前主轴修调倍率。进给修调：当前进给修调倍率。快速修调：当前快进修调倍率。

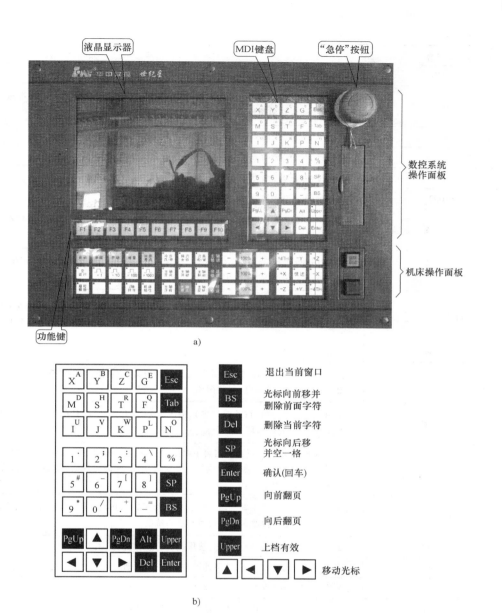

图 2-35 华中世纪星 HNC-21M 系统数控铣床/加工中心的操作面板

a) 操作面板 b) MDI 键盘功能说明

表 2-14 机床操作面板上各按键的功能

按键名称	功　　能
自动	自动运行方式
单段	单程序段执行方式
手动	手动进给方式
增量	增量（步进）进给方式

（续）

按键名称	功　　能
回零	返回机床参考点(即回零)方式
空运行	当空运行开关为 ON 时,运行程序时坐标轴以 G00 速度移动。空运行不做实际切削,目的是确认切削路径
×1	在增量(步进)进给方式下,每一次的移动量为 0.001mm
×10	在增量(步进)进给方式下,每一次的移动量为 0.01mm
×100	在增量(步进)进给方式下,每一次的移动量为 0.1mm
×1000	在增量(步进)进给方式下,每一次的移动量为 1mm
超程解除	当某轴出现超程,要退出超程状态时,应一直按压着"超程解除"键,然后在手动方式下,使该轴向相反方向退出超程状态
Z 轴锁住	在自动运行开始前,按压"Z 轴锁住"按键(指示灯亮),再按"循环启动"键,Z 轴锁住,Z 轴坐标位置信息变化,但 Z 轴不运动,因而主轴不运动
机床锁住	在自动/MDI/手动运行前,按下此键(灯亮),伺服轴不进给,但坐标轴位置显示信息仍更新,M、S、T 功能仍有效。机床锁住用于校验程序,在自动运行过程中无效
冷却开停	切削液的启动和停止
换刀允许	在手动方式下,按压此键(指示灯亮),允许刀具松/紧操作,再次按压又为不允许刀具松/紧操作(指示灯灭),如此循环
刀具松/紧	在"换刀允许"有效时(指示灯亮),按压此键,松开刀具(默认值为夹紧),再次按压又为夹紧刀具,如此循环
主轴定向	如果机床上有换刀机构,就需要主轴定向功能,在手动方式下,当"主轴制动"无效(指示灯灭)时,按压此键,立即执行主轴定向功能,定向完成后,按键指示灯亮,主轴准确停止在某一固定位置
主轴冲动	在手动方式下,当"主轴制动"无效(指示灯灭)时,按压此键(指示灯亮),主电动机以机床参数设定的转速和时间转动一定的角度
主轴制动	在手动方式下,主轴停止状态,按压此键(指示灯亮),主电动机被锁定在当前位置
主轴正转	手动/手轮/增量方式下,按下此键,主轴正向转动
主轴停止	手动/手轮/增量方式下,按下此键,主轴停止转动
主轴反转	手动/手轮/增量方式下,按下此键,主轴反向转动
主轴修调	用于改变主轴转速的倍率,按"+"倍率逐渐增大,按"-"倍率逐渐减小
快速修调	用于改变坐标轴快速移动速度的倍率,按"+"倍率逐渐增大,按"-"倍率逐渐减小
进给修调	在自动运行中,改变进给速度的倍率,按"+"倍率逐渐增大,按"-"倍率逐渐减小
X+、X-、Y+、Y-、Z+、Z-	坐标轴选择键,在手动和增量方式下,按下这些键则相应的坐标轴朝正方向或负方向运动
快进	同时按下该键和坐标轴选择键,则某坐标轴将快速运动
4TH+、4TH-	坐标轴选择键。在手动和增量方式下,按下该键则第 4 轴朝正方向或负方向运动
循环启动	自动运行的启动
进给保持	自动运行中刀具减速停止

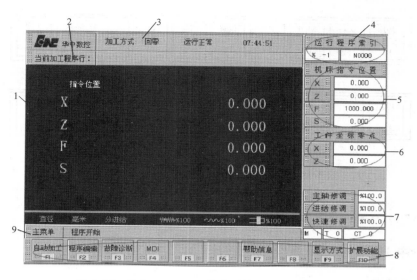

图 2-36　华中 HNC-21M 数控系统的软件操作界面

7）辅助机能。自动加工中的 M、S、T 代码。

8）当前加工程序行。当前正在或将要加工的程序段。

9）当前加工方式、系统运行状态及当前时间。加工方式：系统工作方式根据机床控制面板上相应按键的状态可在自动（运行）、单段（运行）、手动（运行）、增量（运行）、回零、急停、复位等之间切换。运行状态：系统工作状态在"运行正常"和"出错"之间切换。系统时钟：当前的系统时间。

三、华中 HNC-21M 数控系统功能菜单结构

操作界面中最重要的项目是菜单命令条。系统功能的操作主要通过菜单命令条中的功能键 F1 ~ F10 来完成。由于每个功能包括不同的操作，菜单采用层次结构，即在主菜单下选择一个菜单项后，数控装置会显示该功能下的子菜单，用户可根据该子菜单的内容选择所需的操作，如图 2-37 所示。

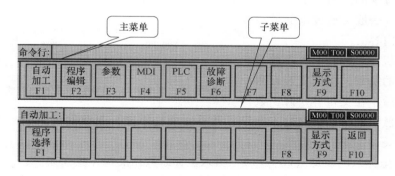

图 2-37　菜单层次

当要返回主菜单时，按子菜单下的 F10 键即可。HNC-21M 数控系统的主菜单和扩展菜单分别如图 2-38 所示。

程序 F1	运行控制 F2	MDI F3	刀具补偿 F4	设置 F5	故障诊断 F6	DNC通信 F7		显示切换 F9	扩展菜单 F10

a)

PLC F1		参数 F3	版本信息 F4		注册 F6	帮助信息 F7		显示切换 F9	主菜单 F10

b)

图 2-38　HNC-21M 数控系统的主菜单和扩展菜单

a）主菜单　b）扩展菜单

华中 HNC-21M 数控系统的功能菜单结构如图 2-39 所示。

四、华中 HNC—21M 系统数控铣床/加工中心的操作方法

1. 工作参数设置

控制数控机床各轴手动回参考点，建立机床坐标系只是自动运行和 MDI 运行的前提。

由于零件程序一般是以工件坐标系为基准编制的，且在加工过程中需要进行刀具补偿（对铣床来说是半径和长度补偿，对车床来说是刀尖圆弧半径和几何磨损补偿）。因此，为避免刀具与工件的碰撞或加工零件报废，确保零件加工的正确性，在加工前务必正确输入工件坐标系及刀具补偿数据。

此外，必要的工作参数（如串口参数）设置，也是数控机床特定时正确加工所必不可少的。而为了更好地观察加工过程，一般可通过改变显示参数选择显示内容。

正确设置机床参数和系统参数是数控机床工作的基础，但在安装、测试完数控系统后，在交付客户时，数控机床中一般已设置好这些参数。操作者无需（最好不要）更改这些参数，但有个别参数与机床操作有关，需要用户设置。

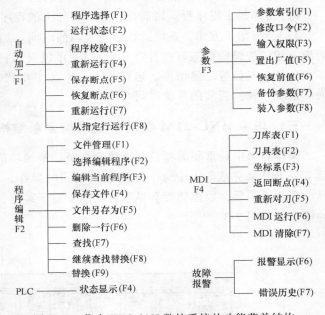

图 2-39　华中 HNC-21M 数控系统的功能菜单结构

（1）工件坐标系的设定（F5→F1）　输入坐标系数据的操作步骤如下：

1）在主菜单（图 2-38）下按下"F5"键，进入设置功能子菜单，如图 2-40 所示。

2）在图 2-40 所示的子菜单下按下"F1"键，进入坐标系手动数据输入方式，图形显示窗口首先显示 G54 坐标系数据，如图 2-41 所示。

3）按下 PgDn/PgUp 或直接按下"F1"～"F8"键，选择要输入的数据类型，即 G54、

设置:							M00 T00S 0
坐标系设定 F1	图形参数 F2	设置显示 F3		网络 F5	串口参数 F6		显示切换 F9	返回 F10

图 2-40　设置功能子菜单

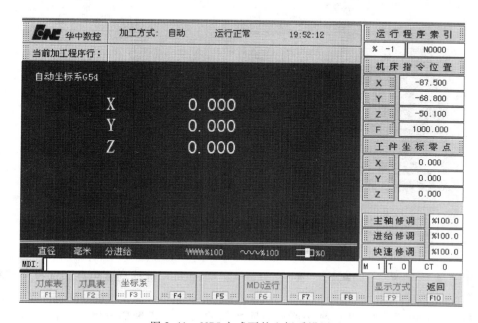

图 2-41　MDI 方式下的坐标系设置

G55、G56、G57、G58、G59 坐标系，以及当前工件坐标系的偏置值（坐标系零点相对于机床零点的值），或当前相对值零点。

4）在命令行输入所需数据，如在图 2-41 所示情况下输入"X200 Y300"，并按下"Enter"键，将 G54 坐标系的 X 及 Y 偏置分别设为"200"、"300"。

若输入正确，图形显示窗口相应位置将显示修改过的值，否则原值不变。

>> **提示**　　在编辑的过程中，没按下"Enter"键进行确认之前，可按下"Esc"键退出编辑，但输入的数据将丢失，数控系统将保持原值不变。

（2）铣刀的刀具补偿值设置　在主菜单（图 2-38）下按下"F4"键进入刀具补偿功能子菜单，命令行与菜单条的显示如图 2-42 所示。

图 2-42　刀具补偿功能子菜单

1）刀库数据设置（F4→F1）。输入刀库数据的操作步骤如下：

① 在刀具补偿功能子菜单下（图2-42）按下"F1"键，进行刀库数据设置，图形显示窗口将出现刀库数据栏，如图2-43所示。

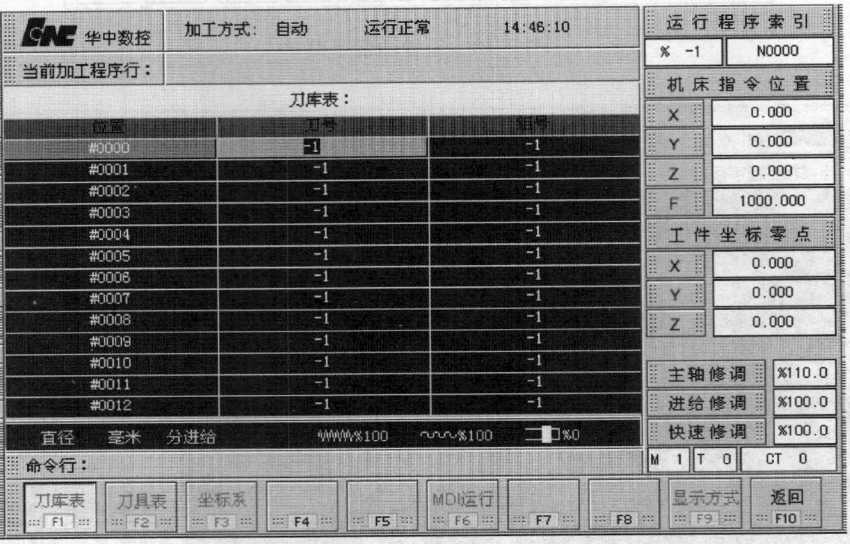

图2-43　刀库数据（刀库表的修改）

② 用"▲"、"▼"、"►"、"◄"、"PgUp"、"PgDn"键移动蓝色亮条选择要编辑的选项。

③ 按下"Enter"键，蓝色亮条所指刀库数据的颜色和背景都发生变化，表示选中，同时有一光标在闪烁。

④ 用"►"、"◄"、"BS"、"Del"键进行编辑、修改。

⑤ 修改完毕，按下"Enter"键确认。若输入正确，图形显示窗口相应位置将显示修改过的值，否则原值不变。

2）刀具数据设置（F4→F2）。输入刀具数据的操作步骤如下：

① 在刀具补偿功能子菜单下（图2-42）按下"F2"键，进行刀具数据设置，图形显示窗口将出现刀具数据栏，如图2-44所示。

② 用"▲"、"▼"、"►"、"◄"、"PgUp"、"PgDn"键移动蓝色亮条选择要编辑的选项。

③ 按下"Enter"键，蓝色亮条所指刀具数据的颜色和背景都发生变化，表示选中，同时有一光标在闪烁。

④ 用"►"、"◄"、"BS"、"Del"键进行编辑、修改。

⑤ 修改完毕，按下"Enter"键确认。若输入正确，图形显示窗口相应位置将显示修改过的值，否则保持原值不变。

2. 程序输入与校验

在数控系统主菜单（图2-38）下，按下"F1"键进入程序功能子菜单，命令行与菜单条的显示如图2-45所示。

在程序功能子菜单（图2-45）下，可以对零件程序进行编辑与校验等操作。

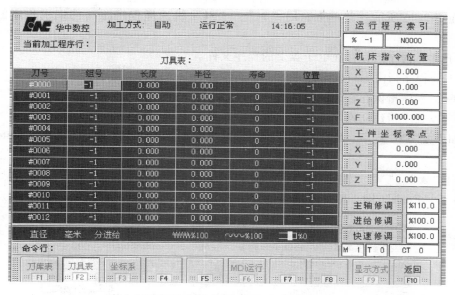

图 2-44　刀具数据的输入与修改

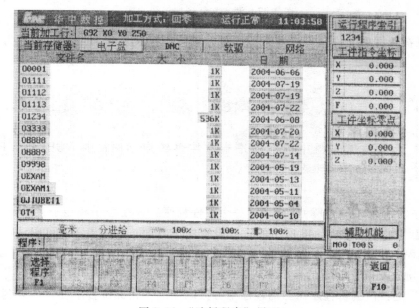

图 2-45　程序功能子菜单

（1）零件程序的输入

1）选择待编辑的程序（F1→F1）。选择程序的操作方法如下：

① 在图 2-45 所示的菜单下按下"F1"键，将弹出如图 2-46 所示的"选择程序"界面。

图 2-46　"选择程序"界面

② 在图 2-46 所示的菜单下，用"▶"、"◀"键选择程序源（待编辑程序的来源），其中：

"电子盘"程序指保存在电子盘上的程序文件。

"DNC"程序指由串口发送过来的程序文件。

"软驱"程序指保存在软驱上的程序文件。

"网络"程序指建立网络连接后，由网络路径映射的程序文件。

③ 如果是 DNC 程序、软驱程序或网络程序，根据菜单命令条提示，按下"Enter"键建立连接。

④ 用"▲"、"▼"键选中程序源上的一个程序文件。

⑤按下"Enter"键，即可将该程序文件选中并调入加工缓冲区，如图 2-47 所示。

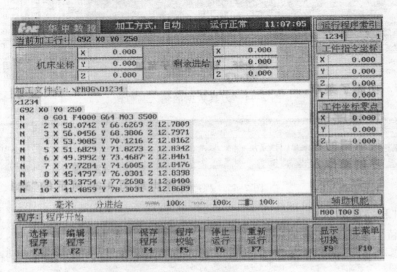

图 2-47 调入文件到加工缓冲区

⑥ 如果被选程序文件是只读 G 代码文件，则该程序文件编辑后只能另存为其他名字的程序文件。

>> 提示

1）任何一个程序，其文件名必须以字母"O"加上后面若干位数字、字母或符号构成。

2）电子盘中的程序是指数控系统启动时，由 NCBIOS. CFG 设置的 PROGPATH 目录中的程序。

2）程序的编辑（F1→F2）。当选择一个零件程序后，在程序功能子菜单（图 2-45）下按"F2"键，将弹出如图 2-48 所示的"编辑程序"界面，在此界面下可以编辑当前程序。编辑过程中用到的主要快捷键的功能如下。

"Del"键：删除光标后的一个字符，光标位置不变，余下的字符左移一个字符位置。

"PgUp"键：使编辑程序向当前程序上方滚动一屏，光标位置不变，如果到了程序的第一页，则光标移到文件首行的第一个字符处。

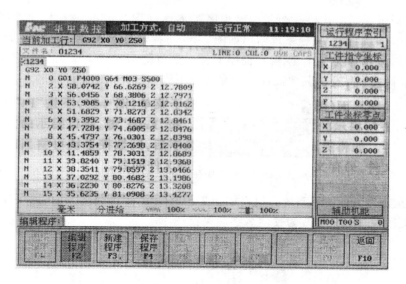

图 2-48 "编辑程序"界面

"PgDn"键：使编辑程序向当前程序下方滚动一屏，光标位置不变，如果到了程序的最后一页，则光标移到文件末行的第一个字符处。

"BS"键：删除光标前的一个字符，光标向前移动一个字符位置，余下的字符左移一个字符位置。

"◄"键：使光标左移一个字符位置。

"►"键：使光标右移一个字符位置。

"▲"键：使光标向上移一行。

"▼"键：使光标向下移一行。

（2）零件程序的管理

1）新建程序（F1→F2→F3）。在指定磁盘或目录下建立一个新文件，但新文件不能和已存在的文件同名。

在编辑程序界面（图 2-48）下按下"F3"键，进入如图 2-49 所示的"新建程序"界面，数控系统提示"输入新建文件名"，光标在"输入新建文件名"栏闪烁，输入文件名，并按下"Enter"键确认后，就可编辑新建文件。

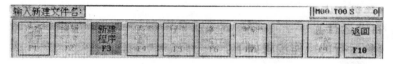

图 2-49 "新建程序"界面

>> 提示

系统设置保存程序文件的缺省目录为程序目录（Prog）。

2）保存程序（F1→F4）。在"编辑程序"界面（图 2-48）或在程序功能子菜单（图 2-45）下按下"F4"键，数控系统给出如图 2-50 所提示的"保存程序"界面。按下"Enter"键，将以提示的文件名保存当前程序文件。如将提示文件名改为其他名字，则数控系统可将当前编辑程序另存为其他文件，另存文件不能和已存在的文件同名。

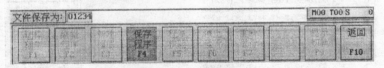

图 2-50　"保存程序"界面

如果存盘操作不成功，系统会给出如图 2-51 所示的提示信息，此时该程序文件是可读文件，不能更改保存，只能改为其他名字后保存。

图 2-51　不能保存程序提示

3）删除程序文件。删除程序文件的操作步骤如下。

① 在选择程序菜单中用"▲"、"▼"键移动光标选中要删除的程序文件。

② 按下"Del"键，数控系统弹出如图 2-52 所示对话框，系统提示是否要删除选中的程序文件，按下"Y"键将选中的程序文件从当前存储器上删除，按"N"键则取消删除操作。

>> 提示

因删除的程序文件不可恢复，所以在删除操作前应确认。

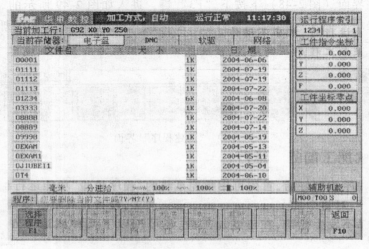

图 2-52　确认是否删除文件

（3）零件程序的校验（F1→F5）　程序校验用于对调入加工缓冲区的程序文件进行校验，并提示可能的错误。

以前未在机床上运行的新程序在调入后最好先进行校验运行，正确无误后再启动，然后自动运行。

程序校验运行的操作步骤如下。

1）按调入待编辑程序的方法，调入要校验的加工程序。

2）按下机床控制面板上的"自动"或"单段"键进入程序运行方式。

3）在程序菜单下，按下"F5"键，此时软件操作界面的工作方式显示改为"自动校验"，如图2-53所示。

4）按下机床控制面板上的"循环启动"键，程序校验开始。

5）校验完后，若程序正确，光标将返回到程序的第一行，且软件操作界面的工作方式显示改为"自动"或"单段"；若程序有错，命令行将提示程序的哪一行有错。

3. 程序运行与控制

（1）正式加工前的试运行　在零件程序编制好后，首先可用数控系统的

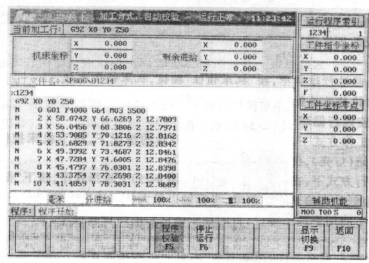

图2-53　"自动校验"界面

"程序校验"功能运行程序，在机床不动的情况下，对整个加工过程进行图形模拟加工，检查刀具轨迹是否正确。

为了确保不发生差错，在正式加工前，还可用以下几种试运行方法来检验程序。

1）机床锁定循环。按下机床控制面板上的"机床锁住"按钮（灯亮），机床处于锁住状态。

在自动工作方式下，在程序功能子菜单（图2-45）下选择程序，按下"循环启动"键，伺服轴将不进给（有的机床还有锁住M、S、T等功能），但显示屏上的坐标轴位置信息按程序变化。通过观察机床坐标位置数据和报警显示来判断程序是否有语法、格式或数据错误。

>> **提示**　1）在自动运行过程中，按下"机床锁住"键，机床锁住无效。
2）每次执行机床锁定循环功能后，须再次进行回参考点操作。

2）单段运行。在自动加工试切时，出于安全考虑，可选择单段执行加工程序的功能。按下机床控制面板上的"单段"按钮（灯亮），机床处于单段运行方式。

在程序功能子菜单（图2-45）下，选择程序，每按一次"循环启动"键，仅执行一个

程序段的动作，可使加工程序逐段执行。

3）机床空运行循环。在自动工作方式下，在不安装工件或刀具的情况下，按下机床控制面板上的"空运行"按钮（灯亮），机床处于空运行方式。

在空运行方式下，在程序功能子菜单（图2-45）下选择程序，按下"循环启动"键，程序中编制的进给速率被忽略，坐标轴以最大快移速度移动。

空运行不能用于加工零件，目的在于确认切削路径及程序。

>> 提示
1）在实际切削时，应关闭空运行功能，否则可能会造成危险。
2）空运行功能对螺纹切削无效。

（2）零件程序的自动运行　如程序无误，取消空运行及机床锁定，机床重新回零后，可进行零件程序的自动运行。

在系统的主菜单操作界面下，按下"F2"键进入程序"运行控制"子菜单，命令行与菜单条的显示如图2-54所示。在运行控制子菜单下，可以对程序文件进行运行控制操作。

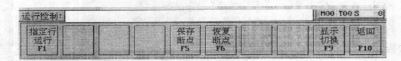

图2-54　程序运行子菜单

1）自动运行启动方法如下：
① 按下机床控制面板上的"自动"键（指示灯亮）进入程序运行方式。
② 在程序功能子菜单（图2-45）下选择运行程序。
③ 按下机床控制面板上的"循环启动"键（指示灯亮），机床开始自动运行调入的零件加工程序。

2）自动运行的暂停。在程序运行的过程中，若需要暂停运行，只需按下机床控制面板上的"进给保持"键（指示灯亮），系统将处于进给暂停状态。

在自动运行暂停状态下，按下"循环启动"键，系统将重新启动，从暂停前的状态继续运行。

3）中止运行。在程序运行的过程中，需要中止运行，可按下述步骤操作。
① 在程序运行的任何位置，按下机床控制面板上的"进给保持"键（指示灯亮），系统处于进给保持状态。
② 按下机床控制面板上的"手动"键，将机床的M、S功能关掉。
③ 此时如要退出，可按下机床控制面板上的"急停"键，中止程序的运行。
④ 此时如要中止当前程序的运行，又不退出，可按下"程序"功能下的"F6"键（停止运行），弹出如图2-55所示对话框。

按下"N"键则暂停程序运行，并保留当前运行程序的模态信息（暂停运行后，可按"循环启动"键从暂停处重新启动运行）；按下"Y"键则停止程序运行，并卸载当前运行

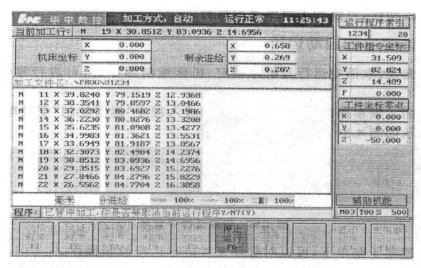

图 2-55　程序运行的过程中暂停运行

程序的模态信息（停止运行后，只有选择程序并重新启动运行）。

4）重新运行（F1→F7）。在当前加工程序中止自动运行后，希望程序重新开始运行时，可按下述步骤操作。

在程序菜单下，按下 "F7" 键（重新运行），系统出现如图 2-56 所示的提示。

图 2-56　自动方式下重新运行程序

按下 "N" 键取消重新运行；按下 "Y" 键则光标将返回到程序的第一行，再按下机床控制面板上的 "循环启动" 键，从程序的首行开始重新运行当前加工程序。

（3）MDI 运行　在图 2-38 所示的主操作界面下，按 "F3" 键进入 MDI 功能子菜单。命令行与菜单条的显示如图 2-57 所示。

图 2-57　MDI 功能子菜单

在 MDI 功能子菜单下，数控系统进入 MDI 运行方式，命令行的底色变成了白色，并伴有光标闪烁，如图 2-58 所示。这时可以从 MDI 键盘输入并执行一个 G 代码指令段，即 "MDI 运行"。

>> 提示｜　在自动运行过程中，不能进入 MDI 运行方式，但可在 "进给保持" 后进入。

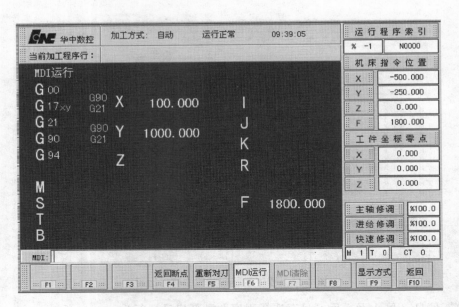

图 2-58　MDI 运行

4. 对刀和坐标系的建立（G54、G92）

（1）对刀　试切对刀的方法和前面 FANUC 系统机床一样。

（2）建立工件坐标系　建立工件坐标系的方法如下：

1）使用 G54 设定工件坐标系。假定通过试切法测得工件坐标系各轴原点在机械坐标系下的值为 X_0、Y_0、Z_0。在 HNC-21M 数控系统的软件操作界面中，依次按下"F5"→"F1"，输入 X_0、Y_0、Z_0 到 G54 坐标系即可。假设 $X_0 = 0$，$Y_0 = 100$，$Z_0 = 200$，则显示结果如图 2-59 所示。

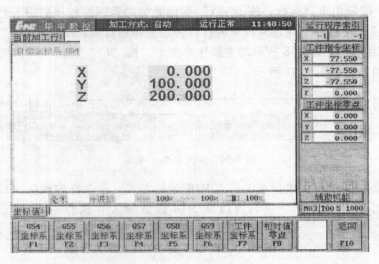

图 2-59　工件坐标系设置

2）使用 G92 建立工件坐系。使用 G92 可通过设置当前点（对刀点）在工件坐标系中的坐标来建立工件坐标系，对于粗铣平面，用 G92 比较方便。

任务四　使用对刀工具对刀

一、常用对刀工具

1. 寻边器

寻边器主要用于确定工件坐标系原点在机床坐标系中的 X、Y 值，也可以测量工件的简单尺寸。

寻边器有偏心式和光电式等类型（图 2-60），其中以光电式寻边器较为常用。光电式寻边器的测头一般为 10mm 的钢球，用弹簧拉紧在光电式寻边器的测杆上，碰到工件时可以退让，并将电路导通，发出光信号，通过光电式寻边器的指示和机床坐标位置即可得到被测表面的坐标位置，具体使用方法见对刀实例。

图 2-60　寻边器

a）偏心式寻边器　b）光电式寻边器

2. Z 轴设定器

Z 轴设定器主要用于确定工件坐标系原点在机床坐标系的 Z 轴坐标，或者说是确定刀具在机床坐标系中的高度（图 2-61）。

Z 轴设定器有光电式和指针式等类型，通过光电指示或指针判断刀具与对刀器是否接触，对刀精度一般可达 0.005mm。Z 轴设定器带有磁性表座，可以牢固地附着在工件或夹具上，其高度一般为 50mm 或 100mm，如图 2-62 所示。

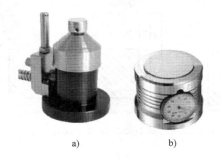

图 2-61　Z 轴设定器

a）光电式　b）指针式

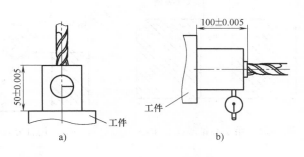

图 2-62　Z 轴设定器的使用

a）立式对刀　b）卧式对刀

项目二　操作数控铣床／加工中心

二、各种对刀方法的使用

数控铣床的对刀内容包括基准刀具的对刀和各个刀具相对偏差的测定两部分。对刀时，先从某零件加工所用到的众多刀具中选取一把作为基准刀具，进行对刀操作，再分别测出其他各个刀具与基准刀具刀位点的位置偏差值，如长度、直径等。这样就不必对每把刀具都进行对刀操作。如果某零件的加工仅需一把刀具就可以，则只对该刀具进行对刀操作即可。如果所要换的刀具是加工暂停时临时手工换上的，则该刀具的对刀也只需要测定出它与基准刀具刀位点的相对偏差，再将偏差值存入刀具数据库即可。有关多把刀具的偏差设定及意义，将在刀具补偿内容中说明，下面仅对基准刀具的对刀操作进行说明。

当工件以及基准刀具（或对刀工具）都安装好后，可按下述步骤进行对刀操作：先将方式开关置于"回参考点"位置，分别按下 +X、+Y、+Z 方向键，使机床进行回参考点操作，此时屏幕将显示对刀参照点在机床坐标系中的坐标，若机床原点与参考点重合，则坐标显示为 (0, 0, 0)。

1. 以毛坯孔或外形的对称中心为对刀位置点

（1）以定心锥轴找小孔中心 如图 2-63 所示，根据孔径大小选用相应的定心锥轴，手动操作使锥轴逐渐靠近基准孔的中心，手压移动 Z 轴，使其能在孔中上下轻松移动，此时机床坐标系中的 X、Y 坐标值，即为所找孔中心的位置。

（2）用百分表找孔中心 如图 2-64 所示，用磁性表座将百分表固定在机床主轴端面上，手动或低速旋转主轴。然后手动操作使旋转的表头依 X、Y、Z 轴的顺序逐渐靠近被测表面，用步进移动方式，逐步降低步进增量倍率，调整移动 X、Y 的位置，使得表头旋转一周时，其指针的跳动量在允许的对刀误差内（如 0.02mm），此时机床坐标系中的 X、Y 坐标值，即为所找孔中心的位置。

（3）用寻边器找毛坯对称中心 将寻边器和普通刀具一样装夹在主轴上，其柄部和触头之间有一个固定的电位差，当触头与金属工件接触时，即通过床身形成回路电流，寻边器上的指示灯就被点亮。逐步降低步进增量，使触头与工件表面处于极限接触（进一步即点亮，退一步则熄灭），即认为定位到工件表面的位置处。

如图 2-65 所示，将寻边器先后定位到工件正对的两侧表面，记下对应的 X_1、X_2、Y_1、Y_2 坐标值，则对称中心在机床坐标系中的坐标应是 $((X_1 + X_2)/2, (Y_1 + Y_2)/2)$。

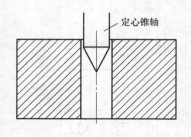

图 2-63 用定心锥轴找孔中心

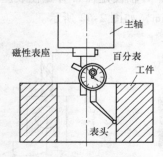

图 2-64 用百分表找孔中心

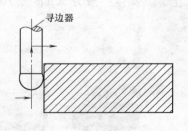

图 2-65 寻边器找对称中心

2. 以毛坯相互垂直的基准边线的交点为对刀位置点

如图 2-66 所示，使用寻边器或直接用刀具对刀。

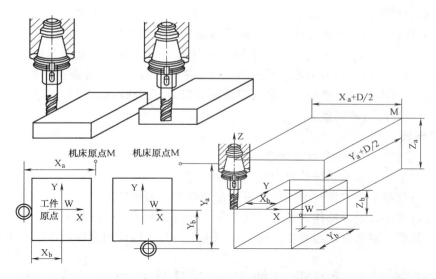

图 2-66 对刀操作时的坐标位置关系

1）按下 X、Y 轴移动方向键，令刀具或寻边器移到工件左（或右）侧空位的上方。再让刀具下行，最后调整移动 X 轴，使刀具圆周切削刃接触工件的左（或右）侧面，记下此时刀具在机床坐标系中的 X 坐标 X_a。然后按 X 轴移动方向键使刀具离开工件左（或右）侧面。

2）用同样的方法调整移动到刀具圆周切削刃接触工件的前（或后）侧面，记下此时的 Y 坐标 Y_a。最后让刀具离开工件的前（或后）侧面，并将刀具回升到远离工件的位置。

3）如果已知刀具或寻边器的直径为 D，则基准边线交点处的坐标计算如下：如以工件左侧对刀，应为 ($X_a + D/2$，$Y_a + D/2$)；如以工件右侧对刀，应为 ($X_a + D/2$，$Y_a + D/2$)。注意，图中的 X_a、Y_a 均为负值。

3. 刀具 Z 向对刀

当对刀工具中心（即主轴中心）在 X、Y 方向上的对刀完成后，可取下对刀工具，换上基准刀具，进行 Z 向对刀操作。Z 向对刀点通常都是以工件的上、下表面为基准的，这可利用 Z 轴设定器进行精确对刀，其原理与寻边器相同。如图 2-67 所示，若以工件上表面（$Z = 0$）为工件零点，则当刀具下表面与 Z 轴设定器接触致指示灯亮时，刀具在工件坐标系中的坐标应为 $Z = 100$，即可使用 "G92 Z100" 来建立以工件上表面为 $Z = 0$ 的工件坐标系。

如图 2-66 所示，假定编程原点（或工件原点）预设定在距对刀具的基准表面距离分别为 X_b、Y_b、Z_b 的位置处，若将刀具刀位点置于对刀基准面的交汇处，则此时刀具刀位点在工件坐标系中的坐标为 (X_b，Y_b，Z_b)，如前所述，其在机床坐标系中的坐标应为 ($X_a + D/2$，$Y_a + D/2$，Z_a)。此时若用 MDI 执行 G92 Xx_b Yy_b Zz_b，即可建立起所需的工件坐标系。

另外，也可先将刀具移到某一位置，记下此时屏幕上显示的该位置在机床坐标系中的坐标值，然后换算出此位置刀具刀位点

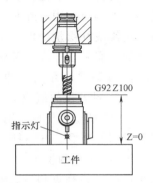

图 2-67 Z 向对刀设定

在工件坐标系中的坐标，再将所算出的 X、Y、Z 坐标值填入程序中 G92 指令内，在保持当前刀具位置不移动的情况下去运行程序，同样可达到对刀的目的。

实际操作中，当需要用多把刀具加工同一工件时，常常是在不装刀具的情况下进行对刀。这时常以刀座底面中心为基准刀具的刀位点先进行对刀，然后分别测出各刀具实际刀位点相对于刀座底面中心的位置偏差，填入刀具数据库即可，执行程序时由刀具补偿指令功能来实现各刀具位置的自动调整。

4. 注意事项

在对刀操作过程中需注意以下问题：

1）根据加工要求采用正确的对刀工具，控制对刀误差。

2）在对刀过程中，可通过改变微调进给量来提高对刀精度。

3）对刀时需小心谨慎操作，尤其要注意移动方向，避免发生碰撞危险。

4）对刀数据一定要存入与程序对应的存储地址，防止因调用错误而产生严重后果。

任务五　学习设定加工中心刀具长度补偿的方法

设定加工中心刀具长度补偿的常用方法有如下三种：

1）预先设定刀具长度法——基于外部加工刀具的测量装置（对刀仪）。

2）接触式测量法——基于机上的测量。

3）基准刀法——基于基准刀具的长度。

每种方法都有优点，这些方法的应用和操作并不直接与编程相关，CNC 程序员要仔细斟酌选择哪种方法。

一、预先设定刀具长度

在离机的地方而不是在机床调试中预先设置切削刀具长度，这是设置刀具长度的最原始的方法。这一方法的好处是减少了设置中的非生产时间。同样它也有缺点，离开机床预先设置刀具长度，需要一个名为刀具预调装置的对刀仪。

1. 机外对刀仪

机外对刀仪可用来测量刀具的长度、直径和刀具形状、角度。刀库中存放的刀具其主要参数都要有准确的值，这些参数值在编制加工程序时都要加以考虑。使用中因刀具损坏需要更换新刀具时，用机外对刀仪可以测出新刀具的主要参数值，以便掌握与原刀具的偏差，然后通过修改补偿量确保其正常加工。此外，用机外对刀仪还可测量刀具切削刃的角度和形状等参数，有利于提高加工质量。

如图 2-68 所示为一种光学对刀仪的外观及测量刀具的情况。

（1）对刀仪的组成

1）刀柄定位机构。对刀仪的刀柄定位机构与标准刀柄相对应，它是测量的基准，所以要有很高的精度，并与加工中心的定位基准要求接近，以保证测量与使用的一致性。

2）测头与测量机构。测头有接触式和非接触式两种。接触式测头直接接触切削刃的主要测量点（最高点和最大外径点）。非接触式（图 2-69）测头主要用光学的方法，把刀尖投影到光屏上进行测量。测量机构提供切削刃的切削点处的 Z 轴和 X 轴（半径）尺寸值，即

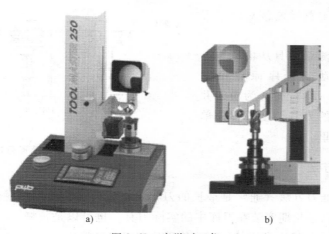

图 2-68　光学对刀仪

a）光学对刀仪外观　　b）用光学对刀仪测量刀具

刀具的轴向尺寸和径向尺寸。测量的读数方式有机械式、数显等。

3）数据处理装置。

（2）使用对刀仪应注意的问题

1）使用前要用标准对刀心轴进行校准。每台对刀仪都随机带有一件标准的对刀心轴。要妥善保护，使其不锈蚀或受外力变形。每次使用前要对 Z 轴和 X 轴尺寸进行校准和标定。

2）静态测量的刀具尺寸与实际加工出的尺寸之间有一差值。影响这一差值的因素很多，因此对刀时要考虑一个修正量，这要由操作者的经验来预选，一般要偏大 0.01～0.05mm。

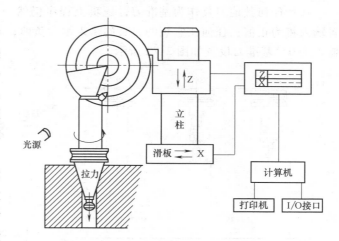

图 2-69　机外对刀仪示意图

2. 预先设定刀具长度的方法

使用刀具预调装置，操作人员将测量值输入偏置寄存器中，当加工工件时，不需要在机床上进行刀具长度检测。

在刀具长度测量中，刀具切削刃距测量基准线的距离可以精确确定。如图 2-70 所示，每一尺寸都以 H 偏置的形式输入到刀具长度偏置显示屏上。例如，设置刀具长度的偏置值为 20，该刀具的偏置号为 H02，操作人员在偏置显示屏上的 02 号里输入测量长度 20：

01……

02　20

03……

二、用接触法测量刀具长度

使用接触测量法测量刀具长度是一种常用方法。如图 2-71 所示，为方便起见，每一刀具指定的刀具长度偏置号通常对应于刀具编号。

设置过程是使测量刀具从机床原点位置（原点）运动到程序原点位置（Z0）的距离。这一距离通常为负，并被输入到控制系统的刀具长度偏置菜单下相应的 H 偏置号里。

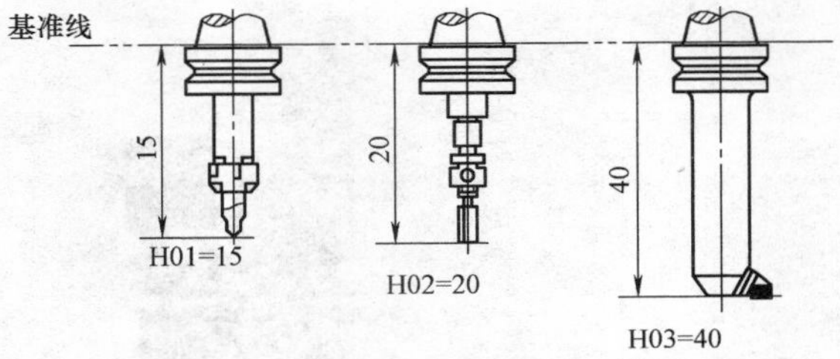

图 2-70 预先设置刀具长度

三、基准刀方法

使用特殊的基准刀方法（通常是最长的刀）可以显著加快使用接触测量法时的刀具测量速度。基准刀可以是长期安装在刀库中的实际刀具，也可以是长杆。在 Z 轴行程范围内，这一"基准刀"的伸长量通常比任何可能使用的期望刀具都长。

基准刀并不一定是最长的刀。严格地说，最长刀具的概念只是为了安全，意味着其他所有刀具都比它短。

选择任何其他刀具作为基准刀，逻辑上程序仍然一样。任何比基准刀长的刀具的 H 偏置输入将为正值；任何比它短的刀具的输入则为负值；与基准刀完全一样长短的刀具的偏置输入为 0。基准刀设置如图 2-72 所示。

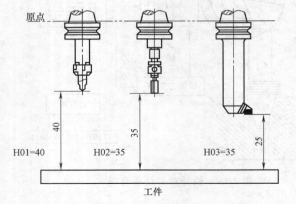

图 2-71 接触测量法

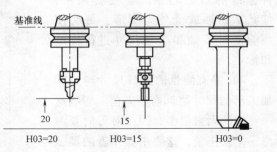

图 2-72 基准刀设置

任务六 设定加工中心刀具长度补偿训练

本任务要求按照下面操作方法在 FANUC 系统加工中心上设定刀具长度补偿。

一、刀具长度补偿的测量方法

1）"方式选择"旋至"手摇"或"JOG"方式。

2）安装基准刀具。

3）Z 向对刀。用手动操作移动基准刀具，使其与工件上的一个指定点接触。

4）按下"POS"键若干次，直到显示具有相对坐标的位置画面，如图 2-73 所示。

5）按下地址键"Z"，按下软键"起源"，将相对坐标系中闪亮的 Z 轴的相对位置坐标值复位为"0"。

6）按下"OFFSET SETTING"键若干次，出现如图 2-74a 所示的刀具补偿画面。

7）按下屏幕下方右侧扩展软键"▶"，出现如图 2-74b 所示的画面。

8）安装要测量的刀具，手动操作移动对刀，使其与基准刀同一对刀点位置接触。两刀的长度差显示在屏幕画面的相对坐标系中。

```
现在位置   （相对坐标）        O0020    N0020
  X          278.312

  Y         -220.610

  Z         -290.911

JOG   F    600           加工部件数16
运转时间 80H21M          切削时间 0H15M35S
  ACT:F    0MM/分
MDI STOP  *** ***              S  0L  0%
                               10:25:29
[预定]  [起源]  [坐标系]  [元件:0]  [运转:0]
```

图 2-73　位置画面

9）按下"光标移动"键，将光标移至需要设定刀补的相应位置。

10）按下地址键"Z"。

11）按下软键"C·输入"，Z 轴的相对坐标被输入，并被显示为刀具长度偏置补偿。

```
刀具补正                   O0020    N0020
番号   形状(H)  磨损(H)  形状(D)  磨损(D)
001    0.000    0.000    0.000    0.000
002    0.000    0.000    0.000    0.000
003    0.000    0.000    0.000    0.000
004    0.000    0.000    0.000    0.000
005    0.000    0.000    0.000    0.000
006    0.000    0.000    0.000    0.000
007    0.000    0.000    0.000    0.000
008    0.000    0.000    0.000    0.000
现在位置   （相对坐标）
  X     -402.944        Y      -5.909
  Z       61.113
) _                            S  0L  0%
MDI STOP  *** ***        10:22:29
[捕正]  [SETTING] [坐标系] [  ]  [(操作)]
```
a)

```
刀具补正                   O0020    N0020
番号   形状(H)  磨损(H)  形状(D)  磨损(D)
001    0.000    0.000    0.000    0.000
002    0.000    0.000    0.000    0.000
003    0.000    0.000    0.000    0.000
004    0.000    0.000    0.000    0.000
005    0.000    0.000    0.000    0.000
006    0.000    0.000    0.000    0.000
007    0.000    0.000    0.000    0.000
008    0.000    0.000    0.000    0.000
现在位置   （相对坐标）
  X     -402.944        Y      -5.909
  Z       61.113
) _                            S  0L  0%
MDI STOP  *** ***        10:22:29
[NO检索]  [SETTING] [C输入]   [+输入]   [-输入]
```
b)

图 2-74　刀具补偿画面

a）刀具补偿画面一　b）刀具补偿画面二

二、设定加工中心刀具长度补偿

如图 2-75 所示，工件原点在工件中心上表面，加工用的 3 把刀具直径分别为：$\phi10mm$、$\phi16mm$、$\phi20mm$ 立铣刀，长度分别为 L_1、L_2、L_3，现选择 $\phi10mm$ 刀具为基准刀，则 $\Delta L_1 = L_2 - L_1$、$\Delta L_2 = L_3 - L_1$，分别为 $\phi16mm$ 和 $\phi20mm$ 立铣刀的长度补偿值，对刀并设定刀补。

具体操作步骤如下：

1）安装 $\phi10mm$ 立铣刀（基准刀）。

2）刀具接触工件一侧。

3）按下"POS"键若干次，直至画面显示"现在位置（相对坐标）"。

4）输入"X"，按下"起源"键，X 坐标显示为"0"。

5）Z 向移动刀具至安全高度。

6）刀具接触工件另一侧。

7）Z向移动刀具至安全高度，记下 X 坐标值，移动工作台至 X/2 坐标值处。

8）输入该点机械坐标值为 G54 原点 X 值。

9）同样方式在 Y 轴方向对刀，输入 Y 轴 G54 原点值。

10）Z 向移动刀具至安全高度。

11）使刀具接触工件上表面。

12）按下"POS"键，直至画面显示"现在位置（相对坐标）"。

13）输入"Z"，按下"起源"键，Z 坐标显示为"0"。

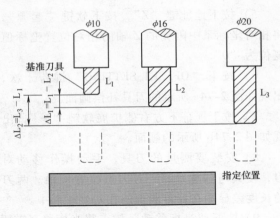

图 2-75 设定刀具长度补偿示意图

14）输入该点机械坐标值为 G54 原点 Z 值。

15）Z 向移动刀具至安全高度。

16）安装 ϕ16mm 立铣刀。

17）使刀具接触工件上表面。

18）按下"POS"键，直至画面显示"现在位置（相对坐标）"。

19）按下屏幕下方右侧扩展软键"▶"，出现"刀具补正"画面。

20）按下"光标移动"键，将光标移至需要设定刀补的相应位置。

21）按下地址键"Z"。

22）按下"C·输入"对应的软键，Z 轴的相对坐标被输入，并被显示为 ϕ16mm 立铣刀长度偏置补偿。

23）Z 向移动刀具至安全高度。

24）安装 ϕ20mm 立铣刀。

25）重复第 16）~22）步骤。

26）在 MDI 方式下，采用刀具长度补偿 G43 指令编程，验证对刀准确性。

注意：Z 向对刀时，3 把刀在工件上表面的接触点应一致。

经验积累

1. 数控铣床（或加工中心）回零前，要先分别移动 X 轴、Y 轴、Z 轴，再回零，目的是消除丝杠间隙，提高机床加工精度。

2. 数控铣床（或加工中心）回零时，应先回 Z 轴，再回 X 轴、Y 轴，以避免主轴与工作台或夹具发生干涉。

3. 对刀时，主轴应处于转动状态，且背吃刀量不能太大，否则会崩刀。试切工件时，应注意背吃刀量，切勿发生试切后毛坯尺寸比要加工的工件尺寸还小的情况。

4. 对刀时，最好用手轮方式，且手轮倍率应小于"×100"。如果在手动方式下对刀，则应将进给倍率调小至适当值，否则容易崩刀。

5. 通过手动或手轮方式试切工件时，要注意控制移动速度。刀具越靠近工件，其移动速度应越慢，以免撞刀。

6. 加工零件的过程中一定要提高警惕，将手放在"急停"按钮上，如遇到紧急情况，迅速按下"急停"按钮，防止发生意外事故。

7. 未详读操作手册或未明确了解所有按钮功能及机器功能特性前，禁止单独操作机床，需有教师在一旁指导。

项目总结

本项目介绍了 FANUC 系统、SINUMERIK 802D sl 系统和华中 HNC—21M 系统数控铣床/加工中心的操作方法，重点介绍了对刀的方法和加工中心刀具长度补偿设定的方法。数控铣床和加工中心是昂贵的设备，在操作数控铣床/加工中心时要小心谨慎。在"自动"方式下，不要随便按下"循环启动"键，这样会启动机床中的某一个程序，很可能会发生事故。

思考与训练

一、判断题

1. 对数控铣床/加工中心进行"回零"操作前，机床各轴的位置要距离原点100mm以上。（　　　）

2. 如中途停止或结束 MDI 运行，只有按下 MDI 面板上的"RESET"键才能停止 MDI 运行。（　　　）

3. 如在存储器中删除一个程序，只要在程序画面中键入要删除的程序号 O×××××，按下"DELETE"键，即可完成。（　　　）

4. "JOG"工作方式运行时，其速度不可以通过修调开关调节。（　　　）

5. 机床在开车后应空转一段时间，在达到或接近热平衡后再进行加工。（　　　）

6. 使用 G54 指令对刀后，如果刀具和毛坯都没有变化，关机后重新开机加工时不需要再对刀。（　　　）

7. 只要通过图形模拟加工，就可安全进行工件首件的自动加工。（　　　）

8. 机床空运行时，刀具不运动。（　　　）

二、单项选择题

1. 数控铣床/加工中心启动前，必须检查机床的（　　　），观察是否正常，然后才能启动机床。

    A. 外部设施　　　　B. 电器设备　　　　C. 刀架部分　　　　D. 润滑状况

2. 数控机床开机后，（　　　）回参考点（回零）操作。

    A. 不必进行　　　　B. 必须进行　　　　C. 可进行　　　　D. 其他操作后进行

项目二　操作数控铣床/加工中心

3. 数控铣床/加工中心加工过程中，按下"紧急停止"按钮后，应（ ）。

   A. 排除故障后接着走　　B. 手动返回参考点　　C. 重新装夹工件　　D. 重新上刀

4. 数控铣床/加工中心的"MDI"表示（ ）。

   A. 自动循环加工　　　　B. 手动数据输入　　　C. 手动进给方式　　D. 点动

5. 手动连续进给便于操作者（ ）。

   A. 远距离快速移动工作台　　　　　　　　B. 手动加工工件

   C. 回参考点　　　　　　　　　　　　　　D. 润滑机床

6. MDI方式中建立的程序（ ）储存。

   A. 能　　　　　　　　B. 有时能　　　　　C. 有时不能　　　　D. 不能

7. FANUC系统中，当系统出现报警，可以通过（ ）键来消除报警。

   A. HELP　　　　　　B. INPUT　　　　　C. SHIFT　　　　　D. RESET

8. FANUC系统中，进入图形显示画面的功能键是（ ）。

   A. PROG　　　　　　B. CUSTOM GRAPH　C. SYSTEM　　　　D. MESSAGE

9. FANUC系统中，显示刀偏/设定画面的功能键是（ ）。

   A. PROG　　　　　　B. OFFSET SETTING　C. SYSTEM　　　　D. MESSAGE

10. FANUC系统中，显示程序画面的功能键是（ ）。

   A. PROG　　　　　　B. POS　　　　　　C. SYSTEM　　　　D. MESSAGE

11. FANUC系统中，显示位置画面的功能键是（ ）。

   A. PROG　　　　　　B. POS　　　　　　C. SYSTEM　　　　D. MESSAGE

12. 所谓"刀位点"是指刀具的（ ）。

   A. 对刀点　　　　　　　　　　　　　　　B. 换刀点

   C. 装夹基准点　　　　　　　　　　　　　D. 定位基准点

13. 数控铣床/加工中心中，使用手轮要在（ ）模式下进行。

   A. EDIT　　　　　　　B. AUTO　　　　　C. JOG　　　　　　D. HANDLE

14. 数控机床上的（ ）过程，实际上就是将编程时用的刀具参考位置（标准刀具的刀尖或转塔中心等）与加工中实际使用刀具的刀尖位置之间的差值设定为刀偏量，直接输入到刀偏存储器。

   A. 对刀　　　　　　　B. 半径偏置

   C. 原点偏置　　　　　D. 坐标系偏置

15. 对刀块高"100"，对刀后机械坐标"-350"，则G54设定Z坐标为（ ）。

   A. -450　　　　　　B. -500　　　　　　C. -600　　　　　　D. -350

三、简答题

1. 在开启数控机床前后，必须要进行哪些检查？

2. 数控机床为什么会产生超程？如何解除超程？

3. 数控铣床/加工中心加工零件时为什么需要对刀？常用什么方法对刀？

4. 数控铣床/加工中心的"机床锁住"按钮和"进给保持"按钮的作用是什么？两者有什么区别？

项目三 加工回形槽零件

学习目标

❖ 掌握数控铣床编程的基础知识
❖ 学会下列指令的用法：G54、G00、G01、M03、M04、M05、M02、M30
❖ 能编程并加工回形槽零件
❖ 掌握面铣刀和键槽铣刀的用法

　　本项目要求运用数控铣床加工如图 3-1 所示的回形槽零件，毛坯为 100mm × 100mm × 15mm 的方料，材料为工程塑料，要求编程并加工零件；要求加工毛坯上表面。

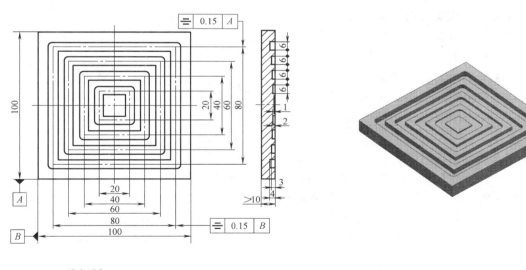

技术要求

1. 去毛刺。
2. 未注公差为 GB/T 1804－m。

a)

b)

图 3-1　回形槽零件

a) 零件图　b) 实体图

任务一　学习数控铣床编程基础知识

一、数控铣床坐标系统

数控机床的加工是由数控程序控制的，在数控程序中，记录数控加工中刀具的运动要借助于坐标系。为统一数控程序中对刀具运动的描述，最终实现对记录程序数据的互换，使数控系统开放化，数控机床的坐标轴和运动方向的规定均已标准化，我国已有相应的国家标准，与 ISO 国际标准等效，其基本规定如下。

1. 刀具相对工件运动的原则

机床上实际的进给运动部件相对于地面来说，可以是刀具运动，也可以是工件运动。为统一对刀具运动的描述，标准规定数控机床的坐标系是刀具运动、工件静止（固定），即刀具相对工件的运动。由于工件是静止的，数控程序中，记录的进给路线是刀具运动的路线，只要依据零件图样就可以进行编制记录刀具运动的数控程序。

2. 标准坐标系的规定

数控机床坐标系采用右手迪卡儿直角坐标系，其直线运动坐标轴用 X、Y、Z 表示，三轴间的位置关系如图 3-2 所示，伸出右手，大拇指所指为 X 轴，食指所指为 Y 轴，中指所指为 Z 轴。绕每个坐标轴作旋转运动的坐标轴用 A、B、C 表示，其旋转的正向为右手螺旋方向，即大拇指指向直线运动坐标轴的正向，握住坐标轴，则其余四指指向旋转运动正向。这个坐标系的各个坐标轴与机床导轨相平行，工件装夹在机床上，应按机床主要直线运动轨道找正工件。

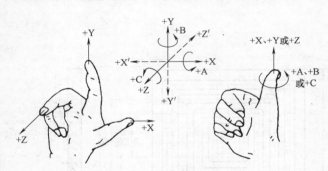

图 3-2　数控机床的坐标系统

3. 刀具运动方向的规定

刀具运动的正方向是使刀具远离工件的方向，各轴的具体规定如下：数控机床的 Z 轴为机床的主轴方向，刀具远离工件的方向为 Z 轴正向；X 轴是水平的、平行于工件装夹面，对于立式数控铣床，从工件向立柱的方向看，右侧为 X 轴正向；Y 轴及其方向是根据 X 轴和 Z 轴，按右手法则确定的。A、B、C 轴旋转运动的正向，按右手螺旋法则确定，如图 3-3 所示。

二、机床坐标、机床零点和机床参考点

1. 机床坐标系与机床零点

机床坐标系是用来确定工件坐标系的基本坐标系，机床坐标系的原点称为机床零点或机床原点。机床零点的位置一般由机床参数指定，一旦指定后，这个零点便被确定下来，维持不变。

机床坐标系一般不作为编程坐标系，仅作为编程坐标系——工件坐标系的参考坐标系。

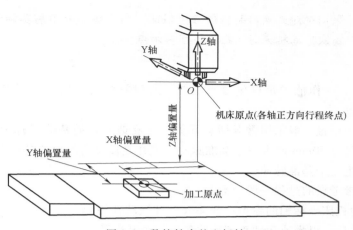

图 3-3　数控铣床的坐标轴

2. 机床参考点与机床行程开关

数控系统上电时并不知道机床零点。为了正确地在机床工作时建立机床坐标系，通常在每个坐标轴的行程范围内设置一个机床参考点（测量起点）。

机床零点可以与机床参考点重合，也可以不重合。不重合时可通过机床参数指定机床参考点到机床零点的距离。

机床坐标轴的机械行程范围是由最大和最小限位开关来限定的，机床坐标轴的有效行程范围是由机床参数（软件限位）来界定的。

机床经过设计、制造和调整后，机床参考点和机床最大、最小行程限位开关便被确定下来，它们是机床上的固定点。而机床零点和有效行程范围是机床上不可见的点，其值由制造商通过参数来定义。

机床零点（O_M）、机床参考点（O_m）、机床坐标轴的机械行程及有效行程的关系如图 3-4 所示。

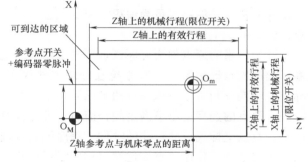

图 3-4　机床零点 O_M 和机床参考点 O_m 之间的关系

> **提示**
>
> 数控机床的参考点是生产厂家在制造时设定的，使用者不能随意改变。

3. 机床回参考点与机床坐标系的建立

当机床坐标轴回到了参考点位置时，就知道了该坐标轴的零点位置，机床所有坐标轴都回到了参考点，此时数控机床就建立起了机床坐标系，即机床回参考点的过程实质上是机床坐标系的建立过程。因此，在数控机床启动时，一般要进行自动或手动回参考点操作，以建立机床坐标系。

> **≫ 提示** 采用绝对式测量装置的数控机床，由于机床断电后实际位置不丢失，不必在每次启动机床时，都进行回参考点操作。

由于回参考点操作能确定机床零点位置，所以习惯上人们也称回参考点操作为回零（回机床零点）。

机床参考点的设置一般采用常开微动开关配合反馈元件的基准（标记）脉冲的方法确定。通常，光栅尺每 50mm 产生一个基准脉冲，或在光栅尺的两端各有一个基准脉冲，而旋转编码器每转产生一个基准脉冲。

数控机床回参考点的过程一般如下：

1）快速移向机床坐标轴的参考点开关（常开微动开关）。

2）压下开关后，以慢速运动直到接收到第一个基准脉冲。

3）停止坐标轴移动，回参考点完毕。

这时的机床位置（或者加上机床参数设置的偏置值）就是机床参考点的准确位置。

数控机床回参考点操作除了用于建立机床坐标系外，还可用于消除由于漂移、变形等造成的误差。机床使用一段时间后，各种原因使工作台存在着一些漂移，使加工有误差，回一次机床参考点，就可以使机床的工作台回到准确位置，消除误差。所以在机床加工前，也常进行回机床参考点的操作。

三、工件坐标系和程序原点

工件坐标系是编程人员为编程方便，在工件、工装夹具上或其他地方选定某一已知点为原点，建立的一个编程坐标系。

工件坐标系的原点称为程序原点。当采用绝对坐标编程时，工件所有点的编程坐标值都是基于程序原点计量的（CNC 系统在处理零件程序时，自动将相对于程序原点的任意点的坐标统一转换为相对于机床零点的坐标）。

程序原点的选择要尽量满足编程简单、尺寸换算少、引起的加工误差小等条件。在一般情况下，对以坐标式尺寸标注的零件，程序原点应选在尺寸标注的基准点；对称零件或以同心圆为主的零件，程序原点应选在对称中心线或圆心上；Z 轴的程序原点通常选在工件的上表面。

在数控机床加工前，必须首先设置工件坐标系，编程时可以用 G 指令（一般为G92）建立工件坐标系；也可用 G 指令（一般为 G54～G59）选择预先设置好的工件坐标系。

在加工过程中，也可以根据需要，用 G 指令进行工件坐标系的切换，即工件坐标系是动态的，但工件坐标系一旦建立或选定便一直有效，直到被新的工件坐标系所取代。

四、FANUC 数控铣削系统的功能

1. 准备功能

准备功能指令由字母"G"和其后的 2 位数字组成。从 G00 至 G99 可有 100 种。该指令的作用，主要是指定数控机床的运动方式，为数控系统的插补运算做好准备，所以在程序段

中 G 指令一般位于坐标字指令的前面。

G 指令有非模态代码和模态代码之分。非模态代码只在所规定的程序段中有效,模态代码一旦被执行,则一直有效,直到同一组的 G 代码出现或被取消为止。不同组的 G 代码可以放在同一程序段中,而且与顺序无关。不同数控系统 G 代码种类会有差别,表 3-1 为 FAUNC 0i-MC 系统准备功能 G 指令的具体含义。

表 3-1　FAUNC 0i-MC 系统准备功能 G 指令

G 码	组别	功　能	G 码	组别	功　能
G 00 *	01	快速定位(快速进给)	G 49 *	08	刀具长度补正取消
G 01 *		直线切削(切削进给)	G 50	11	缩放比例取消
G 02		圆弧切削 CW	G 51		缩放比例
G 03		圆弧切削 CCW	G 52	14	特定坐系设定
G 04	00	暂停、正确停止	G 53		机械坐标系设定
G 09		正确停止	G 54 *		工件坐标系 1 选择
G 10		资料设定	G 55		工件坐标系 2 选择
G 11		资料设定模式取消	G 56		工件坐标系 3 选择
G 15	17	极坐标指令取消	G 57		工件坐标系 4 选择
G 16		极坐标指令	G 58		工件坐标系 5 选择
G 17 *	02	XY 平面选择	G 59		工件坐标系 6 选择
G 18		ZX 平面选择	G 60	00	单方向定位
G 19		YZ 平面选择	G 61	15	确定停止模式
G 20	06	英制输入	G 62		自动转角进给率调整模式
G 21		米制输入	G 63		攻螺纹模式
G 22 *	00	内藏行程检查功能 ON	G 64		切削模式
G 23		内藏行程检查功能 OFF	G 65	12	自设程式群呼出
G 27		原点复位检查	G 66		自设程式群状态呼出
G 28		原点复位	G 67 *		自设程式群呼出取消
G 29		从参考原点复位	G 68 *	16	坐标系旋转
G 30		第二原点复位	G 69		坐标系旋转取消
G 31		跳跃功能	G 73	09	啄式钻孔循环
G 33	01	螺纹切削	G 74		反攻螺纹循环
G 39	00	转角补正圆弧插补	G 76		精镗孔循环
G 40 *	07	刀具半径补正取消	G 80 *		固定循环取消
G 41		刀具半径补正—左侧	G 81		钻孔循环,钻镗孔
G 42		刀具半径补正—右侧	G 82		钻孔循环,反镗孔
G 43	08	刀具长度补正— + 方向	G 83		啄式钻孔循环
G 44		刀具长度补正— − 方向	G 84		攻螺纹循环
G 45	00	工具位置补正伸长	G 85		镗孔循环
G 46		工具位置补正缩短	G 86		镗孔循环
G 47		工具位置补正 2 倍伸长	G 87		反镗孔循环
G 48		工具位置补正 2 倍缩短	G 88		镗孔循环
			G 89		镗孔循环

项目三　加工回形槽零件

（续）

G 码	组别	功　　能	G 码	组别	功　　能
G 90 *	03	绝对指令	G 96 *	13	周速一定控制
G 91 *		增量指令	G 97 *		周速一定控制取消
G 92	00	坐标系设定	G 98	04	固定循环中起始点复位
G 94	05	每分钟进给	G 99		固定循环中 R 点复位
G 95 *		未使用			

注：1. 带"＊"记号的 G 代码为缺省值。对 G20 及 G21，系统将保持机床电源关闭前的状态。G00、G01、G90、G91 可用参数设定选择。
　　2. 组 00 的 G 代码不是状态 G 代码，它们仅在所指定的单步有效。
　　3. 如果输入的 G 代码一览表中未列入的 G 代码，或指令系统中无特殊功能 G 代码时，会显示报警（No.010）。
　　4. 在同一单步中可指定几个 G 代码。同一单步中指定同一组 G 代码一个以上时，最后指定的 G 代码有效。
　　5. 如果在固定循环模式中指定组 01 的任何 G 代码，固定循环会自动取消，成为 G80 状态。但是 01 组的 G 代码不受任何固定循环的 G 代码影响。

2. 辅助功能

辅助功能也称为 M 功能，它是用来指令机床辅助动作及状态的功能。M 功能代码常因机床生产厂家，以及机床结构的差异和规格的不同而有所差别。表 3-2 为 FAUNC 0i-MC 系统常用的 M 指令。

表 3-2　常用辅助功能代码表

序号	代码	功　　能	序号	代码	功　　能
1	M00	程序停止	7	M08	切削液开
2	M01	选择停止	8	M09	切削液关
3	M02	程序结束	9	M30	程序结束
4	M03	主轴正转	10	M98	调用子程序
5	M04	主轴反转	11	M99	子程序结束并返回主程序
6	M05	主轴停止			

五、绝对坐标值方式与增量坐标值方式

数控程序中，刀具运动位置的坐标值有两种给定方式。

（1）绝对坐标值　刀具一段运动终点位置由所设定的工件坐标系原点确定。用 G90 指令规定，采用绝对坐标方式编程。

（2）增量坐标值　刀具一段运动终点位置是相对于这段运动起点的增量，即终点坐标是相对于这段运动的起点的相对坐标。

用 G91 指令规定采用增量坐标方式编程。

如图 3-5 所示，刀具由 O 点起运动，进给路线为 O→1→2→3→O，图中给出两种不同坐标方式的区别。

六、数控程序的结构与格式

数控加工程序是由程序号和若干个程序段组成的。如图 3-5 所示，刀具由 O 点开始运动，以 100mm/min 的进给速度，走过三孔的位置，然后快速回到原点。刀具的进给过程，

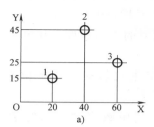
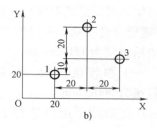

图 3-5　两种坐标方式

a）绝对坐标方式　b）增量坐标方式

按绝对方式编程的程序是：

O0100

N10 G90 G92 X0 Y0；

N20 G01 X20 Y15 F100；

N30 X40 Y45. ；

N40 X60 Y25. ；

N50 G00 X0 Y0；

N60 M02；

数控程序是由程序号和程序段组成的。

1. 程序号

用英文字母 O 加 4 位以内数字表示，加在每个程序之首。每个程序都需要有程序号，以区别其他程序，用于查询程序，如上例程序中的"O0100"。

2. 程序段

程序由程序段组成，上例程序中的每一行为一个程序段。程序段是由各类指令（代码）组成的，常见程序段格式如下：

N__ G__ X__ Y__ Z__ F__ S__ T__ M __；

其中各类指令的含义如下：

1）N××××——程序段号，由字母 N 加数字构成。位于一个程序段始端，用来区别各程序段。在多数数控系统中规定，程序段号不是必须的，可在需要时使用，可以每段都加，也可以只加在需要的地方。

2）G××——准备功能指令，简称 G 代码，用 G 加两位数构成，用以指定刀具进给运动方式。

G 指令有模态码与非模态码之分，模态码一旦被执行，在系统内存中被保存，将一直有效，在以后的程序段中使用该码可以不重写，直到被程序指令取消或被同组码取代。所以同组模态 G 代码在一个程序段只能出现一个（两个以上时，最后一个有效），不同组的 G 代码可以放在同一个程序段中，其各自的功能互不影响，且与代码在段中的顺序无关。

非模态码只在被指定的程序段内有效。例如，"G04 P1.0"表示延时 1s，它只在有 G04 指令这一段内有效，不影响下一程序段。

3）X、Y、Z 等是坐标尺寸指令。

例如，X25.102，其中字母表示坐标轴；字母后面的数值表示刀具在该坐标轴上移动（或转动）后的坐标值，可以是绝对坐标，也可以是增量坐标。

4）F×× ——进给速度功能，用以指定切削时的进给速度，其单位是"mm/min"。例如，"F150"表示进给速度为150mm/min。

5）S××× ——主轴转速功能，用以指定主轴转速，其单位是"r/min"。例如，"S900"表示主轴转速为900r/min。

6）T×× ——刀具功能，用以选择刀具，其中数字"××"表示刀具号。例如，"T03"表示选用3号刀。

7）H×× （或D××）——刀具补偿号地址，用于存放刀具长度和半径补偿值。

8）M×× ——辅助功能指令，简称M代码，用M加两位数表示。它是控制机床开关状态动作的指令。

9）; ——程序段结束符号，表示一个程序段的结束，位于一个程序段末尾。在用键盘输入程序时，按下操作面板上的"EOB"（End of Block）键。

任务二　学习数控铣床编程指令

一、工件坐标系选择指令：G54～G59

G54～G59用来指定数控系统预定的6个工件坐标系（图3-6），任选其一。

这6个预定工件坐标的原点在机床坐标系中的值（工件零点偏置值）可用MDI方式输入，数控系统自动记忆。这样建立的工件坐标系在系统断电后并不破坏，再次开机后仍有效，并与刀具的当前位置无关。G54～G59为模态指令，可相互注销，G54为缺省值。

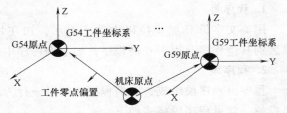

图3-6　工件坐标系的选择（G54～G59）

> **≫ 提示**　使用该组指令前，要先用MDI方式输入各坐标系的坐标原点在机床坐标系中的坐标值，设定方法见本书项目二的任务一。

二、点定位指令：G00

格式：G00 X＿ Y＿ Z＿;

点定位指令为刀具相对于工件，分别以各轴的快速移动速度由始点（当前点）快速移动到终点定位。当使用绝对值G90指令时，刀具分别以各轴快速移动速度移至工件坐标系中坐标值为X、Y、Z的点上；当使用增量值G91指令时，刀具则移至距始点（当前点）为X、Y、Z值的点上。各轴的快速移动速度可分别用参数设定。在加工执行时，还可以在操作面板上用快速进给速率修调旋钮来调整控制。

例如，若 X 轴和 Y 轴的快速移动速度均为 4000mm/min，刀具的始点位于工件坐标系的 A 点（如图 3-7 所示），当程序为：G90 G00 X60.0 Y30.0 或 G91 G00 X40.0 Y20.0，则刀具的进给路线为一折线，即刀具从始点 A 先沿 X 轴、Y 轴同时移动至 B 点，然后再沿 X 轴移至终点 C。

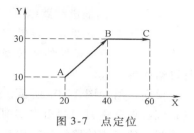

图 3-7　点定位

>> **提示**

G00 指令的运动轨迹是一条折线，在使用时要防止撞刀。

三、直线插补指令：G01

格式：G01 X __ Y __ Z __ F __ ;

直线插补 G01 指令为刀具相对于工件以 F 指令的进给速度从当前点（始点）向终点进行直线插补。F 指令是进给速度指令代码，在没有新的 F 指令以前一直有效，不必在每个程序段中都写入 F 指令。

例如，如图 3-8 所示的直线插补程序为：

G90 G01 X60.0 Y30.0 F200；　　　始点 A→终点 B

或 G91 G01 X40.0 Y20.0 F200；

F200 是指从始点 A 向终点 B 进行直线插补的进给速度为 200mm/min，刀具的进给路线如图 3-8 所示。

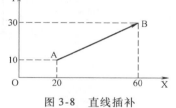

图 3-8　直线插补

任务三　学习铣削加工工艺知识

一、平面铣削的分类及进给路线

1. 平面铣削的分类

在数控铣床上进行平面加工是指被加工件的加工表面平行于数控坐标轴。若被加工工件的加工表面与数控坐标轴夹有角度，这样的平面在数控加工中被定义为空间平面，属于三维加工。这里讲的平面铣削是二维平面加工。

被加工平面的类型一般可分为凸出平面、开放台阶平面和封闭内凹平面，如图 3-9 所示。从平面的尺寸上可分为大平面和小平面。

图 3-9　平面铣削的分类

2. 平面铣削的进给路线

铣削平面的宽度大于盘铣刀直径时，一次进给不能完成全部平面铣削加工，要进行多次进给，这就涉及进给路线的选择。平面铣削进给路线的安排比较简单，一般有单向进给和往复进给两种方式。

单向进给如图 3-10a 所示，进给方向不变，始终朝着一个方向，这样安排进给路线的优点是能够保证铣刀切削刃在切削过程中始终是顺铣或逆铣，有利于铣削，但需要增加快速退刀路线，使得进给路线变得较长。

往复进给如图 3-10b 所示，无须快速退刀路线，但由于相邻进给路线的铣削方向是相反的，所以在铣削过程中顺、逆铣交替出现，不利于铣削。

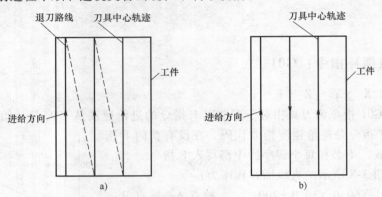

图 3-10　平面铣削的进给路线

a）单向进给　b）往复进给

二、平面铣削的方法

1. 周铣与端铣

对平面的铣削加工，有用立铣刀周铣和面铣刀端铣两种方式。

在各个方向上都成直线的面称为平面。平面是组成机械零件的基本表面之一，其质量是用平面度和表面粗糙度来衡量的。平面大部分是在数控铣床（加工中心）上加工的，在数控铣床（加工中心）上获得平面的方法有两种，即周铣和端铣。以立式数控铣床（加工中心）为例，用分布于铣刀圆柱面上的刀齿进行的铣削称为周铣（即铣削垂直面），如图 3-11a所示；用分布于铣刀端面上的刀齿进行的铣削称为端铣，如图 3-11b 所示。

用立铣刀周铣和面铣刀端铣的特点如下：

1）用端铣的方法铣出的平面，其平面度的好坏主要取决于铣床主轴轴线与进给方向的垂直度。面铣刀加工时，它的轴线垂直于工件的加工表面。

2）端铣用的面铣刀装夹刚性较好，铣削时振动较小。

3）端铣时，同时工作的刀齿数比周铣时多，工作较平稳。这是因为端铣时，刀齿在铣削层宽度的范围内工作。

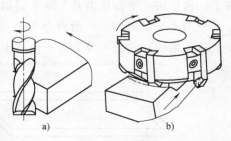

图 3-11　平面铣削方法

a）周铣　b）端铣

4）端铣时用面铣刀切削，其刀齿的主、副切削刃同时工作，由主切削刃切去大部分余量，副切削刃则可起到修光作用，铣刀齿刃负荷分配也较合理，铣刀使用寿命较长，且加工表面的表面粗糙度值也比较小。

5）端铣的面铣刀，便于镶装硬质合金刀片进行高速铣削和阶梯铣削，生产效率高，铣削表面质量也比较好。

由立铣刀周铣和面铣刀端铣的特点比较可见，一般情况下，铣平面时，端铣的生产效率和铣削质量都比周铣高，所以平面铣削应尽量采用端铣方法。一般大面积的平面铣削使用面铣刀，小面积平面铣削也可使用立铣刀端铣。

2. 顺铣与逆铣

铣削有顺铣和逆铣两种方式，选择的铣削方式不同，进给路线的安排也不同。如前文所述，当工件表面无硬皮，机床进给机构无间隙时，应选用顺铣，按照顺铣安排进给路线。因为采用顺铣加工后零件已加工表面质量好，刀齿磨损小。顺铣常用在精铣，尤其是零件材料为铝镁合金、钛合金或耐热合金时。当工件表面有硬皮，机床的进给机构有间隙时，应选用逆铣，按照逆铣安排进给路线。因为逆铣时，刀齿是从已加工表面切入，不会崩刃，机床进给机构的间隙也不会引起振动和爬行。

图 3-12 所示为使用立铣刀进行切削时的顺铣与逆铣的俯视图。为便于记忆，把顺铣与逆铣归纳为（在俯视图中看，铣刀顺时针旋转）：切削工件外轮廓时，绕工件外轮廓顺时针进给即为顺铣，如图 3-13a 所示，绕工件外轮廓逆时针进给即为逆铣，如图 3-13b 所示；切削工件内轮廓时，绕工件内轮廓逆时针进给即为顺铣，如图 3-14a 所示，绕工件内轮廓顺时针进给即为逆铣，如图 3-14b 所示。

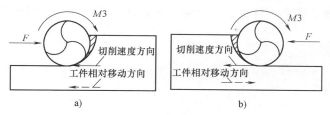

图 3-12　顺铣与逆铣
a）顺铣　b）逆铣

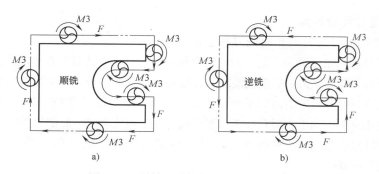

图 3-13　顺铣、逆铣与进给路线（一）

对于立式数控铣床（加工中心）所采用的立铣刀，装在主轴上时，相当于悬臂梁结构，在切削加工时，刀具会产生弹性弯曲变形，如图 3-15 所示。

从图 3-15a 可以看出，当用立铣刀顺铣时，刀具在切削时会产生"让刀"现象，即切削时出现"欠切"；而用立铣刀逆铣时（图 3-15b），刀具在切削时会产生"啃刀"现象，即切削时出现"过切"。这种现象在刀具直径越小、刀杆伸出越长时越明显，所以在选择刀具时，从提高生产效率、减小刀具弹性弯曲变形的影响考虑，应选直径大的，在装刀时刀杆尽量伸出短些。

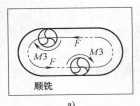 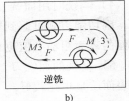

图 3-14 顺铣、逆铣与进给路线（二）

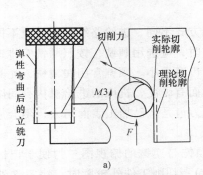 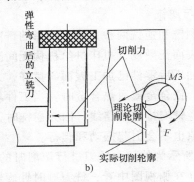

图 3-15 顺铣、逆铣对切削的影响
a）顺铣 b）逆铣

编程时，如果粗加工采用顺铣，则可以不留精加工余量（余量在切削时由让刀让出）；如果粗加工采用逆铣，则必须留精加工余量，预防由于"过切"引起加工工件的报废。

>> **提示**

精加工时多使用顺铣，可以提高工件的表面质量。

三、平面铣削的刀具

1. 平面铣削刀具的种类

平面铣削常用的刀具类型有面铣刀和立铣刀。

在铣削大尺寸的凸出平面和台阶平面时通常使用面铣刀。面铣刀的直径较大，特别是可转位机械夹固式不重磨刀片面铣刀的切削性能好，并可方便地更换各种不同切削性能的刀片，切削效率高，加工表面质量好。封闭的内凹平面又称型腔底面，受型腔尺寸和型腔内圆角尺寸的限制，内凹平面通常使用立铣刀加工，而且加工型腔底面与加工型腔侧壁一般都使用同一把刀具。

面铣刀有两种形式，如图 3-16 所示。普通面铣刀可用于铣削凸出平面，方肩立铣刀用于铣削 90°的台阶平面。

可转位机械夹固式不重磨刀片的材质是硬质合金，需要根据不同的加工要求选择不同牌号的刀片。

硬质合金刀片根据加工材质的不同被分为四组，分别用于加工钢（P 组）、不锈钢（M

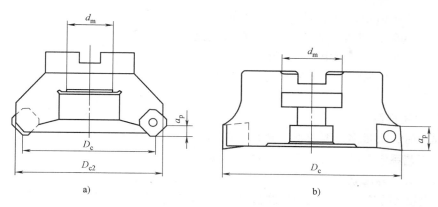

图 3-16　可转位机械夹固式不重磨刀片面铣刀

a) 普通面铣刀　b) 方肩立铣刀

d_m—心轴直径　D_c—面铣刀刀尖直径　D_{c2}—面铣刀刀体直径　a_p—一次最大允许背吃刀量

组）、铸铁（K 组）、铝及非铣金属（N 组）；在同一组中又分为轻度铣削、中度铣削和重度铣削三种。

面铣刀的刀体根据所装刀片数量的不同分为疏齿刀体、密齿刀体和特密齿刀体。理论上讲，密齿刀具比疏齿刀具有更高的加工效率和更持久的寿命。

另外，可转位机械夹固式不重磨硬质合金刀片在面铣刀刀体上的安装形式有平装和立装两种，刀片在刀体上的夹紧形式有螺钉夹紧和楔块夹紧等。

根据被加工对象选择适合的刀具，对提高加工效率，保证加工质量是至关重要的。

2. 面铣刀切入位置的选择

当铣削平面的宽度小于面铣刀直径时，采用面铣刀侧置，如图 3-17a 所示。这样能保证面铣刀始终处于顺铣或逆铣，可延长面铣刀刀齿在切削过程中与工件的接触长度，接触长度的延长可增加面铣刀同时参与切削的刀齿数，同时参与切削的刀齿数越多，切削过程越稳定。

当面铣刀切入位置中置时，形成对称铣削，顺铣、逆铣各占一半，且参与切削的刀齿数相对较少，切削时容易引起振动，如图 3-17b 所示。

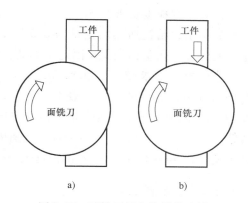

图 3-17　面铣刀切入位置的选择

a) 正确　b) 错误

但面铣刀切削位置中置时，切削路线最短，面铣刀切削位置偏置时，切削路线变长。

四、平面铣削用量

铣削用量选择的是否合理，将直接影响到铣削加工的质量。

平面铣削分粗铣、半精铣、精铣 3 种情况。粗铣时，铣削用量的选择侧重考虑刀具性能、工艺系统刚性、机床功率、加工效率等因素，精铣时侧重考虑表面加工精度的要求。

1. 面铣刀侧吃刀量 a_e 的选择

面铣刀的侧吃刀量指面铣刀的铣削宽度。一般来说，面铣刀的直径应比侧吃刀量 a_e 大

20% ~50%，换句话说，侧吃刀量 a_e 应是面铣刀直径的 50% ~80%，如图 3-18 所示。侧吃刀量过大会引起面铣刀在铣削过程中排屑不畅，而且切削刃在切入工件过程中始终处于逆铣状态，会降低刀具的使用寿命。

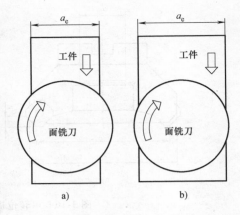

图 3-18 面铣刀侧吃刀量的选择

a）正确（约 70%） b）错误（约 90%）

2. 平面粗铣用量

粗铣加工时，余量多、要求低，选择铣削用量时主要考虑工艺系统刚性、刀具使用寿命、机床功率、工件余量大小等因素。

首先决定较大的 Z 向背吃刀量和侧吃刀量。铣削无硬皮的钢料，Z 向背吃刀量一般选择 3 ~5mm，铣削铸钢或铸铁时，Z 向背吃刀量一般选择 5 ~7mm。侧吃刀量可根据工件加工面的宽度尽量一次铣出，当侧吃刀量较小时，Z 向背吃刀量可相应增大。

选择较大的每齿进给量有利于提高粗铣效率，但应考虑到：当选择了较大的 Z 向背吃刀量和侧吃刀量后，工艺系统刚性是否足够。

当 Z 向背吃刀量、侧吃刀量、每齿进给量较大时，受机床功率和刀具使用寿命的限制，一般选择较低的铣削速度。

3. 平面精铣用量

当表面粗糙度要求在 $Ra(1.6 ~3.2)$ μm 范围时，平面一般采用粗、精铣两次加工。经过粗铣加工，精铣加工的余量为 0.5 ~2mm，考虑到表面质量要求，选择较小的每齿进给量。此时加工余量比较少，因此可尽量选较大铣削速度。

表面质量要求较高，达到 $Ra(0.4 ~0.8)$ μm 时，表面精铣时的背吃刀量的选择为 0.5mm 左右。每齿进给量一般选较小值，高速钢铣刀为 0.02 ~0.05mm，硬质合金铣刀为 0.10 ~0.15mm。铣削速度在推荐范围内选最大值。当采用高速钢铣刀铣削一般中碳钢或灰铸铁时，铣削速度在 20 ~60m/min 范围内选大值；当采用硬质合金铣刀铣削上述材料时，铣削速度在 90 ~200m/min 范围内选大值。

五、直角槽铣削

窄槽是具有一定宽度、深度和截面形状的槽，槽底面与侧面成直角的窄槽称为直角槽。直角槽如图 3-19 所示，可分为封闭式、敞开式和半封闭式 3 种。

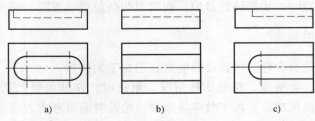

图 3-19 典型直角槽

a）封闭式直角槽 b）敞开式直角槽 c）半封闭式直角槽

直角槽结构的主要尺寸有槽长、槽宽、槽深。加工要求主要有尺寸精度、形状精度、位置精度和表面粗糙度等。尺寸精度主要是槽的宽度、长度和深度的尺寸精度，尤其是与其他零件相配合的槽，其宽度尺寸精度一般要求较高；槽的几何精度主要是槽的定位尺寸精度，槽两侧面的平行度，以及对称度，槽底的平面度等。一般对槽的侧面和底面有表面质量要求。

1. 直角槽铣削方法

铣削半封闭式或封闭式直角槽时，常用的铣刀有立铣刀与键槽铣刀。

一般加工要求的直角槽，可选择直径等于或略小于直角槽宽度的立铣刀与键槽铣刀，由刀具直径保证槽宽。铣刀安装时，铣刀的伸出长度要尽可能小。

当槽宽尺寸与标准铣刀直径相同，且槽宽精度要求不高时，可直接根据槽的中心轨迹编程加工，但由于槽的两壁一侧是顺铣，一侧是逆铣，会使两侧槽壁的加工质量不同。

具有较高加工精度要求的直角槽，应分粗加工和精加工。粗、精加工刀具的直径应小于槽宽，精加工时，为保证槽宽尺寸公差，用半径补偿铣削内轮廓的加工方法。

加工敞开式直角槽时，刀具可从工件侧面外水平切入工件。

加工封闭直角槽时，刀具没有从侧面水平切入工件的位置，必须沿 Z 向切入材料。如果没有预钻孔，可用键槽铣刀沿 Z 轴方向切入材料。键槽铣刀具有直接垂直向下进给的能力，它的端面中心处有切削刃，而立铣刀端面中心处无切削刃，立铣刀只能做很小的深度切削。

在铣削较深封闭式直角槽时，可先钻落刀孔，立铣刀从落刀孔引入切削。

铣削较深的沟槽时，切削条件较差，铣刀切削时排屑不畅，散热面小，不利于切削，应分层铣削到要求的深度。

2. 键槽铣刀及选用

典型键槽铣刀如图 3-20 所示，它的外形与立铣刀相似，不同的是它在圆周上只有两个螺旋刀齿，其端面刀齿的切削刃延伸至中心，既像立铣刀，又像钻头。螺旋齿结构，切削平稳，适用于铣削对槽宽有相应要求的槽。封闭槽铣削加工时，可以作适量的轴向进给，键槽铣刀可先轴向进给达到槽深，然后沿键槽方向铣出键槽全长，较深的槽要作多次垂直进给和纵向进给才能完成加工。另外，键槽铣刀可用于插入式铣削、钻削、镗孔。

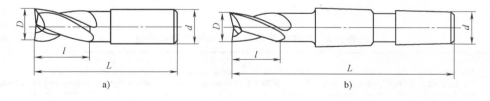

图 3-20 典型键槽铣刀

a）直柄键槽铣刀 b）锥柄键槽铣刀

按国家标准规定，直柄键槽铣刀直径 $d = 2 \sim 22$mm，锥柄键槽铣刀直径 $d = 14 \sim 50$mm。键槽铣刀直径的偏差有 e8 和 d8 两种，e8 用于加工槽宽精度为 H9 的键槽，d8 用于加工槽宽精度为 N9 的键槽。键槽铣刀的圆周切削刃仅在靠近端面的一小段长度内发生磨损，重磨时，只需刃磨端面切削刃，因此重磨后铣刀直径不变。

3. 铣削用量选用

铣削加工直角沟槽工件时，加工余量一般都比较大，工艺要求也比较高，不应一次加工完成，而应尽量分粗铣和精铣数次加工完成。

在深度上，常用一次铣削完成和多次分层铣削完成两种加工方法，这两种加工方法的工艺利弊分析不容忽视。

1）设计将键槽深度一次铣削完成时，能够提高加工效率，但对铣刀的使用较为不利，因为铣刀在用钝后，其切削刃上的磨损长度等于键槽的深度。若刃磨圆柱面切削刃，因铣刀直径会磨小，不能再用于精加工；若把端面一段磨去，又不经济。

2）设计深度方向多次分层铣削键槽时，每次铣削层深度只有 0.5～1mm，以较大的进给量往返进行铣削。在键槽铣床上加工时，每次的铣削层深度和往复进给都是自动进行的，一直切到预定键槽深度为止。这种加工方法的优点是铣刀用钝后，只需刃磨铣刀的端面（磨短不到1mm），铣刀直径不受影响，铣削加工时也不会产生让刀现象。但在通用铣床上进行这种加工，操作不方便，生产率也较低。

铣削加工沟槽时，排屑不畅，铣刀周围的散热面小，不利于切削。选用铣削用量时，应充分考虑这些因素，不宜选择较大的铣削用量。铣削窄而深的沟槽时，切削条件更差。

任务四　项目实施

一、工艺分析与工艺设计

1. 图样分析

图 3-1 所示的零件由 4 个回形槽组成，零件的表面粗糙度值为 $Ra6.3\mu m$，槽的宽度尺寸未注公差，按 GB/T 1804-m 确定公差值，查表得出其公差值为 ±0.1mm。

零件的几何公差：该零件只有位置公差要求，即两处对称度要求，为 0.1mm。

从上面分析可知，该零件的槽可以用 φ6mm 的键槽铣刀直接铣出。该零件的上表面需要加工，可以用 φ16mm 的立铣刀铣削。

未注公差查国家标准 GB/T 1804—2000，表 3-3 列出了未注公差线性尺寸的极限偏差数值。

表 3-3　未注公差线性尺寸的极限偏差数值　　　（单位：mm）

公差等级	基本尺寸分段							
	0.5～3	>3～6	>6～30	>30～120	>120～400	>400～1000	>1000～3000	>2000～4000
精密 f	±0.05	±0.05	±0.1	±0.15	±0.2	±0.3	±0.5	—
中等 m	±0.1	±0.1	±0.2	±0.3	±0.5	±0.8	±1.2	±2
粗糙 c	±0.2	±0.3	±0.5	±0.8	±1.2	±2	±3	±4
最粗 v	—	±0.5	±1	±1.5	±2.5	±4	±6	±8

注：本表摘自国家标准《一般公差　未注公差的线性和角度尺寸的公差》（GB/T 1804—2000）。

2. 加工工艺路线设计

工艺路线见表 3-4。

表 3-4　数控铣削加工工序卡片

产品名称	零件名称	工序名称	工序号	程序编号	毛坯材料		使用设备	夹具名称
	回形槽	数控铣			工程塑料		数控铣床	平口钳
工步号	工步内容	刀具			主轴转速 /(r·min⁻¹)	进给速度 /(mm·min⁻¹)	背吃刀量 /mm	
		类型	材料	规格				
1	铣上表面	圆柱立铣刀	高速钢	φ16mm	400	200	0.5	
2	铣 20mm×20mm 回形槽	键槽铣刀 （或立铣刀）	高速钢	φ6mm	600	80	2	
3	铣 40mm×40mm 回形槽	键槽铣刀 （或立铣刀）	高速钢	φ6mm	600	80	2	
4	铣 60mm×60mm 回形槽	键槽铣刀 （或立铣刀）	高速钢	φ6mm	600	80	2	
5	铣 80mm×80mm 回形槽	键槽铣刀 （或立铣刀）	高速钢	φ6mm	600	80	2	

3. 刀具选择

1）φ16mm 立铣刀。

2）φ6mm 键槽铣刀或立铣刀。

二、程序编制

1. 编制铣削上表面的程序

采用 φ16mm 的圆柱立铣刀，主轴转速选择 400r/min，进给速度为 200mm/min，背吃刀量为 0.5mm。

加工路线如图 3-21 所示。

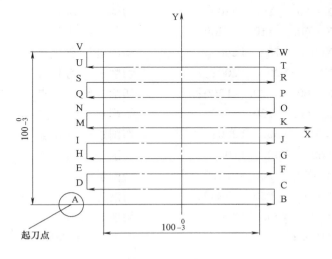

图 3-21　加工路线

（1）计算关键点坐标　计算关键点坐标，首先确定如图 3-21 所示的坐标系。在此坐标系下计算各个关键点的坐标：起刀点 A（-70，-50）；B（60，-50）；C（60，-40）；

项目三　加工回形槽零件

D（-60，-40）；E（-60，-30）；F（60，-30）；G（60，-20）；H（-60，-20）；I（-60，-10）；J（60，-10）；K（60，0）；M（-60，0）；N（-60，10）；O（60，10）；P（60，20）；Q（-60，20）；R（60，30）；S（-60，30）；T（60，40）；U（-60，40）；V（-60，50）；W（60，50）。

（2）编制加工程序　加工程序及其说明如下：

程序	说明
O0001；	程序名（程序号）
N10　G54；	定义坐标系
N20　G00　X0. Y0. Z100.；	定位在（0,0,100）点
N30　S400　M03；	启动主轴正转400r/min
N40　G00　X-70. Y-50. Z100.；	定位在（-70，-50,100）点
N50　G00　Z10.；	定位在（-70，-50,10）点
N60　G01　Z-0.5 F200；	Z向进给0.5mm，进给速度200mm/min
N70　G01　X60. Y-50. F200；	切削进给到B点
N80　G01　X60. Y-40. F200；	切削进给到C点
N90　G01　X-60. Y-40. F200；	切削进给到D点
N100　G01　X-60. Y-30. F200；	切削进给到E点
N110　G01　X60. Y-30. F200；	切削进给到F点
N120　G01　X60. Y-20. F200；	切削进给到G点
N130　G01　X-60. Y-20. F200；	切削进给到H点
N140　G01　X-60. Y-10. F200；	切削进给到I点
N150　G01　X60. Y-10. F200；	切削进给到J点
N160　G01　X60. Y0. F200；	切削进给到K点
N170　G01　X-60. Y0. F200	切削进给到M点
N180　G01　X-60. Y10. F200；	切削进给到N点
N190　G01　X60. Y10. F200；	切削进给到O点
N200　G01　X60. Y20. F200；	切削进给到P点
N210　G01　X-60. Y20. F200；	切削进给到Q点
N220　G01　X-60. Y30. F200；	切削进给到R点
N230　G01　X60. Y30. F200；	切削进给到S点
N240　G01　X60. Y40. F200；	切削进给到T点
N250　G01　X-60. Y40. F200；	切削进给到U点
N260　G01　X-60. Y50. F200；	切削进给到V点
N270　G01　X60. Y50. F200；	切削进给到W点
N280　G00　Z100.；	抬刀到（60,50,100）点
N290　M05；	关闭主轴
N300　M30；	程序结束

2. 编制铣削4个回形槽的程序

选取毛坯上表面中心为工件坐标原点，加工此工件不需用刀补，只需用 φ6mm 键槽铣刀（或立铣刀）沿中心线走一次即可完成。设定工件的上表面中心为工件坐标原点，程序如下：

程序   说明

O1000

N10   G54；   定义工件坐标系

N20   G00   X10.0   Y-10.0   M03   S600；

N30   G00   Z2.0   M08；

N40   G01   Z-1.0   F20；

N50   G01   X10.0   Y10.0   F80；

N60   G01   X-10.0   Y10.0；

N70   G01   X-10   Y-10；

N80   G01   X10   Y-10

N90   G01   Z2.0；

N100   G00   X20   Y-20   Z2.0；

N110   G01   Z-2.0   F20；

N120   G01   X20   Y20   F80；

N130   G01   X-20   Y20；

N140   G01   X-20   Y-20；

N150   G01   X20   Y-20；

N160   G01   Z2.0；

N170   G00   X30   Y-30；

N180   G01   Z-3.0   F20；

N190   G01   X30   Y30   F80；

N200   G01   X-30   Y30；

N205   G01   X-30   Y-30；

N210   G01   X30   Y-30；

N220   G01   Z2.0；

N230   G00   X40   Y-40；

N240   G01   Z-2.0   F20；

N250   G01   X40   Y40   F80；

N260   G01   X-40   Y40；

N270   G01   X-40   Y-40；

N280   G01   X40   Y-40；

N290   G01   Z2.0；

N300   G00   X40   Y-40；

N310   G01   Z-4.0   F20；

N320   G01   X40   Y40   F50；

N330   G01   X-40   Y40；

N340   G01   X40   Y-40；

项目三 加工回形槽零件

N350　G01　Z50　F200；
N360　G00　X60　Y－40；
N370　M05　M09；
N380　M30；

三、装夹刀具

此处略。

四、装夹工件

使用平口钳装夹工件，注意要将工件装平、夹紧。

五、输入程序

此处略。

六、对刀

此处略。

七、启动自动运行，加工零件，机内检测工件

程序执行后，不要立即拆下工件，应该在机床上对工件进行检测。如果尺寸不符合图样要求，应进行修正加工，直到尺寸满足要求为止。对于不能修正的加工误差，应对出现的问题进行分析，找出问题的原因，确定在下次加工时避免出现同样问题的方法。

八、测量零件

此处略。

任务五　完成本项目的实训

一、实训目的

1）能够对平面铣削和槽加工零件进行数控铣削工艺分析。
2）掌握 G54、G00、G01、M03、M05、M30 指令的用法。
3）学会编程及加工平面和槽。

二、实训内容

零件如图 3-22 所示，零件上有 4 个形状、尺寸相同的方槽，槽深 4mm，槽宽 8mm，圆角半径为 R4mm，毛坯尺寸为 180mm × 110mm × 40mm，材料为工程塑料，试编程并加工零件的上表面和 4 个槽。

三、实训要求

1）分析工件图样，选择定位基准和加工方法，确定进给路线，选择刀具和装夹方法，

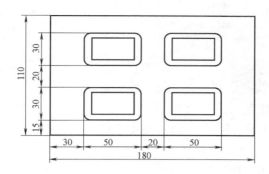

图 3-22 实训零件图

确定各切削用量参数，填写数控加工工序卡片，参见表 3-4。

2）根据工件的加工工艺分析和所使用数控铣床的编程指令说明，编写加工程序。

3）使用数控铣床加工工件。

4）测量工件。根据零件图要求，选择合适的量具对工件进行检测，并对工件进行质量分析。

5）撰写实训报告。

经验积累

1. 数控机床执行"回参考点"操作时，要使用较低的进给速度，以防止机床"超程"。

2. 机器未完全停止前，禁止用手触摸任何转动的机件，更禁止拆卸零件或更换材料。

3. 禁止用硬物敲打主轴。禁止拆卸机床上的零件及防护装置，若进行必要的维修，作业后必须复原。严禁戴手套操作机床，以避免误触其他开关造成危险。禁止用潮湿的手触摸开关，以避免短路及触电。

4. 注意正确选择下刀方式。下刀方式有直线下刀、斜线下刀和螺旋下刀。

5. 程序校验时，要按下"机床锁定"按键。在"空运行"模式下校验程序，校验完成后要取消空运行。

6. 试切工件时，注意背吃刀量，见光即可。通过手动或手轮方式试切工件，注意移动速度控制，刀具越靠近工件，刀具移动速度应越慢，以免撞刀。

项目总结

本模块以平面和槽的加工为例，介绍了数控铣床编程基础知识，还介绍了 G54、G00、G01、M03、M05、M30、M02 指令的用法，在知识拓展部分还介绍了 SINUMERIK 802D sl 数控铣削系统的常用基本指令。对数控编程常用指令，一定要反复训练，要能熟练运用。

思考与训练

一、判断题

1. M02 与 M30 功能完全一样，都表示程序结束。 （   ）

2. G00 命令与进给速度指定 F 无关。 （   ）

3. 程序段"N003 G01 X－8 Y8"中由于没有 F 指令，因此是错误的。 （   ）

4. "G90 G01 X5"与"G91 G01 U5"等效。 （   ）

5. G00 指令是不能用于进给加工的。 （   ）

6. G00、G01 指令都能使机床坐标轴准确到位，因此它们都是插补指令。 （   ）

7. 编制数控加工程序时一般以机床坐标系作为编程的坐标系。 （   ）

8. FANUC 0i 数控铣床编程有绝对值编程和增量值编程两种方式，使用时不能将它们放在同一程序段中。 （   ）

9. 利用 G92 指令定义的工件坐标系，在机床重开机时仍然存在。 （   ）

10. 执行 M03 指令时，机床所有运动都将停止。 （   ）

二、单项选择题

1. 用数控铣床加工较大平面时，应选择（   ）。

A. 立铣刀 B. 面铣刀 C. 圆锥形立铣刀 D. 鼓形铣刀

2. 数控铣床上，在不考虑进给丝杠间隙的情况下，为提高加工质量，宜采用（   ）。

A. 外轮廓顺铣，内轮廓逆铣 B. 外轮廓逆铣，内轮廓顺铣

C. 内、外轮廓均为逆铣 D. 内、外轮廓均为顺铣

3. 机床坐标系原点也称为（   ）。

A. 工件零点 B. 编程零点 C. 机械零点 D. 刀具零点

4. 在 G00 程序段中，（   ）值将不起作用。

A. X B. S C. F D. T

5. 数控编程中，不能任意移动的坐标系为（   ）。

A. 机床坐标系 B. 工件坐标系 C. 相对坐标系 D. 绝对坐标系

6. 加工工件的程序中，G00 代替 G01，数控铣床会（   ）。

A. 报警 B. 停机 C. 继续加工 D. 改正

7. M02 代码的作用是（   ）。

A. 程序停止 B. 计划停止 C. 程序结束 D. 不指定

8. 在一行指令中，对 G 代码，M 代码的书写顺序的规定为（   ）。

A. 先 G 代码，后 M 代码 B. 先 M 代码，后 G 代码

C. G 代码与 M 代码不许在同一行中 D. 没有书写顺序要求

9. 数控铣床指令 S2000 中，S 的单位为（   ）。

A. r/min B. m/min C. rad/min D. m/s

10. 加工程序段出现 G01 时，必须在本段或本段之前指定（　　）值。

A. R　　　　　　B. T　　　　　　C. F　　　　　　D. P

11. 下列（　　）指令是非模态的。

A. G00　　　　　B. G01　　　　　C. G04　　　　　D. M03

12. "G91　G00　X30.0　Y－20.0;" 表示（　　）。

A. 刀具按进给速度移至机床坐标系 X＝30mm，Y＝20mm 点

B. 刀具快速移至机床坐标系 X＝30mm，Y＝－20mm 点

C. 刀具快速向 X 轴正方向移动 30mm，向 Y 轴负方向移动 20mm

D. 编程错误

13. 某直线控制数控机床加工的起始坐标为（0，0），接着分别是（0，5）、（5，5）、（5，0）、（0，0），则加工的零件形状是（　　）。

A. 边长为 5mm 的平行四边形　　B. 边长为 5mm 的正方形

C. 边长为 10mm 的正方形　　　　D. 边长为 10mm 的平行四边形

14. 下列关于 G54 与 G92 指令说法中，不正确的是（　　）。

A. G54 与 G92 都是用于设定工件加工坐标系的

B. G92 是通过程序来设定加工坐标系的，G54 是通过 CRT/MDI 在设置参数方式下设定工件加工坐标系的

C. G92 设定的加工坐标原点与当前刀具所在位置无关

D. G54 设定的加工坐标原点与当前刀具所在位置无关

15. 执行程序段 "N10　G90　G01　X30　Z6;N20　Z15;" 后，Z 方向实际移动量为（　　）。

A. 9mm　　　　　B. 1mm　　　　　C. 15mm　　　　　D. 6mm

三、实训题

零件如图 3-23 所示，毛坯为 100mm × 100mm × 50mm 的工程塑料，要求编程并加工上表面和 3 个槽。

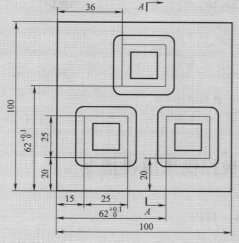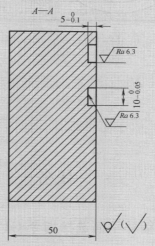

图 3-23　品字形槽零件图

项目三　加工回形槽零件

113

项目四 加工蝶形零件

▶ 学习目标

❖ 学会下列指令的用法：G17、G18、G19、G02、G03
❖ 能编程并加工蝶形零件
❖ 掌握立铣刀的用法

本项目要求运用数控铣床加工如图 4-1 所示的蝶形零件，毛坯为 100mm × 100mm × 30mm 的方料，材料为 45 钢，要求编程并加工零件。

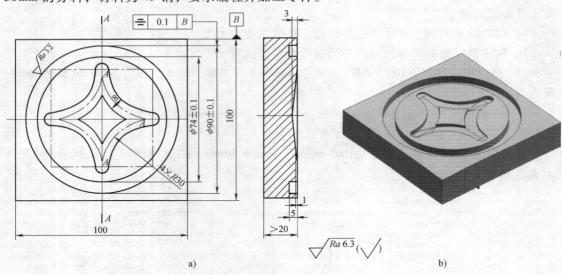

图 4-1 蝶形零件

a）零件图 b）实体图

任务一 学习数控铣床编程指令

一、插补平面选择指令 G17、G18、G19

·该组指令用于选择直线、圆弧插补的平面。G17 选择 XY 平面，G18 选择 XZ 平面，G19

选择 YZ 平面，如图 4-2 所示。

该组指令为模态指令，由于一般系统初始状态为 G17 状态，故编程时 G17 可省略。

二、圆弧插补指令 G02、G03

该组指令的功能是使刀具从圆弧起点，沿圆弧移动到圆弧终点。G02 为顺时针圆弧（CW）插补，G03 为逆时针圆弧（CCW）插补。

圆弧方向的判断方法：以 XY 平面为例，从 Z 轴的正方向往负方向看 XY 平面，顺时针圆弧用 G02 指令编程，逆时针圆弧用 G03 指令编程。其余平面的判断方法相同，如图 4-3 所示。

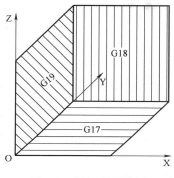

图 4-2　插补平面选择

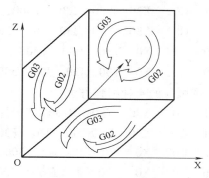

图 4-3　圆弧方向的判断

如图 4-4 所示，圆弧插补指令格式如下：

XY 平面圆弧：

$$G17 \begin{Bmatrix} G02 \\ G03 \end{Bmatrix} X \underline{\quad} Y \underline{\quad} \begin{Bmatrix} R \underline{\quad} \\ I \underline{\quad} J \underline{\quad} \end{Bmatrix} F \underline{\quad} ;$$

XZ 平面圆弧：

$$G18 \begin{Bmatrix} G02 \\ G03 \end{Bmatrix} X \underline{\quad} Z \underline{\quad} \begin{Bmatrix} R \underline{\quad} \\ I \underline{\quad} K \underline{\quad} \end{Bmatrix} F \underline{\quad} ;$$

YZ 平面圆弧：

$$G19 \begin{Bmatrix} G02 \\ G03 \end{Bmatrix} Y \underline{\quad} Z \underline{\quad} \begin{Bmatrix} R \underline{\quad} \\ J \underline{\quad} K \underline{\quad} \end{Bmatrix} F \underline{\quad} ;$$

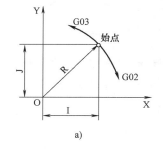
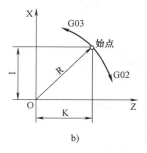
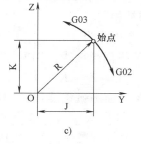

图 4-4　圆弧插补

a）XY 平面的圆弧　b）XZ 平面的圆弧　c）YZ 平面的圆弧

项目四　加工蝶形零件

说明：

1）X、Y、Z表示圆弧终点坐标。

2）I、J、K分别为圆弧圆心相对圆弧起点在X、Y、Z轴方向的坐标增量。

3）圆弧的圆心角小于或等于180°时用"+R"编程，圆弧的圆心角大于180°时用"-R"编程，若用半径R，则不用圆心坐标。

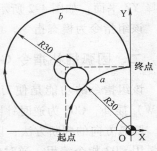

图4-5 圆弧编程

例 使用G02对图4-5所示的劣弧 *a* 和优弧 *b* 编程。

1）圆弧 *a* 的4种编程方法：

G91　G02　X30　Y30　R30　F300；

G91　G02　X30　Y30　I30　J0　F300；

G90　G02　X0　Y30　R30　F300；

G90　G02　X0　Y30　I30　J0　F300；

2）圆弧 *b* 的4种编程方法：

G91　G02　X30　Y30　R-30　F300；

G91　G02　X30　Y30　I0　J30　F300；

G90　G02　X0　Y30　R-30　F300；

G90　G02　X0　Y30　I0　J30　F300；

>> **提示** 　1）顺时针或逆时针是指从垂直于圆弧所在平面的坐标轴的正方向看到的回转方向。

2）整圆编程时不可以使用R，只能用I、J、K。

3）当同时编入R和I、J、K时，R有效。

三、螺旋线插补指令G02、G03

G02、G03的功能是在圆弧插补时，垂直于插补平面的直线轴同步运动，构成螺旋线插补运动，如图4-6所示。G02、G03分别表示顺时针、逆时针螺旋线插补，判断方向的方法与圆弧插补相同。

指令格式为：

XY平面螺旋线：G17　G02（G03）　X__Y__I__J__Z__K__F__；

ZX平面圆弧螺旋线：G18　G02（G03）X__Z__I__K__Y__J__F__；

YZ平面圆弧螺旋线：G19　G02（G03）　Y__Z__J__K__X__I__F__；

以XY平面螺旋线插补为例，说明如下：

1）X、Y、Z是螺旋线的终点坐标。

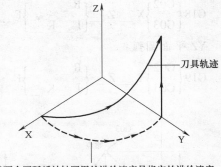

沿着两个圆弧插补轴圆周的进给速度是指定的进给速度

图4-6 螺旋线切削

2）I、J 是圆心在 XY 平面上，相对螺旋线起点在 X、Y 向的增量坐标。

3）K 是螺旋线的导程，为正值。

例 使用 G03 对图 4-7 所示的螺旋线编程。

本例程序为：

G91　G17　F300；

G03　X－30　Y30　I－30　J0　Z10　K40；

G90 编程时程序为：

G90　G17　F300；

G03　X0　Y30　R30　Z10　K40；

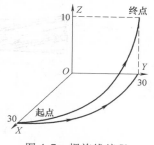

图 4-7　螺旋线编程

任务二　掌握立铣刀相关知识及使用方法

立铣刀是数控机床上使用最多的一种铣刀，主要用于加工凸轮、台阶面、凹槽和箱口面。

一、普通高速钢立铣刀

图 4-8 所示为普通高速钢立铣刀，其圆柱面上的切削刃是主切削刃，端面上分布着副切削刃。主切削刃一般为螺旋齿，这样可以增加切削平稳性，提高加工精度。标准立铣刀的螺旋角 β 为 $40° \sim 45°$（粗齿）和 $30° \sim 35°$（细齿），套式结构立铣刀的 β 为 $15° \sim 25°$。

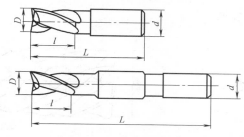

图 4-8　普通高速钢立铣刀

由于普通立铣刀端面中心处无切削刃，所以立铣刀工作时不能作轴向进给，端面切削刃主要用来加工与侧面相垂直的底平面。

直径较小的立铣刀，一般制成带柄形式。$\phi(2 \sim 71)$ mm 的立铣刀为直柄；$\phi(6 \sim 63)$ mm 的立铣刀为莫氏锥柄；$\phi(25 \sim 80)$ mm 的立铣刀为带有螺孔的 7：24 锥柄，螺孔用来拉紧刀具。直径为 $\phi(40 \sim 160)$ mm 的立铣刀可做成套式结构。

二、硬质合金螺旋齿立铣刀

为提高生产效率，除采用普通高速钢立铣刀外，数控铣床或加工中心普遍采用硬质合金螺旋齿立铣刀，如图 4-9 所示。这种刀具用焊接、机夹或可转位形式将硬质合金切削刃装在具有螺旋槽的刀体上，具有良好的刚性及排屑性能，可适合粗、精铣削加工，生产效率比同类型高速钢铣刀提高 $2 \sim 5$ 倍。

图 4-9a 所示为在每个齿槽上装单条刀片的硬质合金立铣刀。

图 4-9b 所示的硬质合金立铣刀常称为"玉米立铣刀"，在一个刀槽中装上两个或更多的硬质合金刀片，并使相邻刀齿间的接缝相互错开，利用同一刀槽中刀片之间的接缝作为分屑槽，通常在粗加工时选用。

项目四　加工蝶形零件

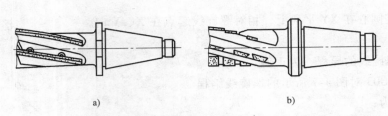

图 4-9 硬质合金螺旋齿立铣刀

a）每个齿槽上装单条刀片 b）每个齿槽上装多条刀片

三、波形刃立铣刀

数控铣床或加工中心常选用波形刃立铣刀进行切削余量大的粗加工，能显著地提高铣削效率。

波形刃立铣刀与普通立铣刀的最大区别是其切削刃为波形，如图 4-10 所示。波形刃能将狭长的薄切屑变为厚而短的碎块切屑，使排屑顺畅，有利于自动加工的连续进行。由于切削刃是波形，使它与被加工工件接触的切削刃长度较短，刀具不易产生振动。切削刃的波形特征还使切削刃的长度增大，有利于散热，并有利于切削液渗入切削区，能充分发挥切削液的效果。

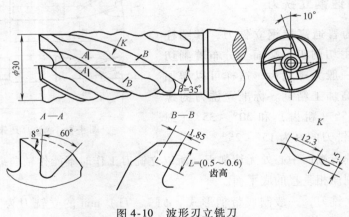

图 4-10 波形刃立铣刀

四、立铣刀的选用

1. 立铣刀尺寸的选择

CNC 加工中，必须考虑的立铣刀尺寸因素包括：立铣刀直径、立铣刀长度、螺旋槽长度。

CNC 加工中，立铣刀的直径必须非常精确，立铣刀的直径包括名义直径和实测的直径。名义直径为刀具厂商给出的值；实测的直径是精加工用作半径补偿的半径补偿值。重新刃磨过的刀具，即使用实测的直径作为刀具半径偏置，也不宜将它用在精度要求较高的精加工中，这是因为重新刃磨过的刀具存在较大的圆跳动误差，影响加工轮廓的精度。

直径大的刀具比直径小的刀具抗弯强度大，加工中不容易引起受力弯曲和振动。立铣刀铣外凸轮廓时，可按加工情况选用较大的直径，以提高刀的刚性；立铣刀铣削凹形轮廓时，铣刀最大半径的选择受凹形轮廓最小曲率半径的限制，铣刀的最大半径应小于零件内轮廓的最小曲率半径，一般取最小曲率半径的 0.8~0.9 倍。

2. 立铣刀刀齿的选用

立铣刀根据其刀齿数目，可分为粗齿（z 为 3、4、6、8）、中齿（z 为 4、6、8、10）和细齿（z 为 5、6、8、10、12）。粗齿铣刀刀齿数目少、强度高、容屑空间大，适用于粗加工；细齿铣刀齿数多、工作平稳，适用于精加工；中齿铣刀介于粗齿铣刀和细齿铣刀之间。

被加工工件材料的类型和加工的性质往往影响刀齿数量选择。加工塑性大的材料，如铝、镁等，为避免产生积屑瘤，常用刀齿少的立铣刀，立铣刀刀齿越少，螺旋槽之间的容屑空间越大，可避免在切削量较大时产生积屑瘤。加工较硬的脆性材料，需要重点考虑的是避免刀具颤振，应选择多刀齿立铣刀，刀齿越多切削越平稳，从而减小刀具的颤振。

五、立铣刀切削参数的选择

1. 立铣刀主轴转速

硬质合金可转位立铣刀相对标准的 HSS 刀具加工钢材时，主轴转速应相对高一些。硬质合金刀具在加工中，随着主轴转速的提高，与刀具切削刃接触的钢材的温度也升高，从而降低材料的硬度，这时加工条件较好。硬质合金刀具使用的主轴转速通常为标准 HSS 刀具的 3~5 倍，硬质合金可转位立铣刀加工时，若使用较低主轴转速容易使硬质合金刀具崩裂或损坏。但对于高速钢刀具，使用较高主轴转速会加速刀具的磨损。

2. 立铣刀应用中的背吃刀量

螺旋槽的长度决定切削的最大深度，实际应用中，Z 方向的背吃刀量不宜超过刀具的半径。直径较小的立铣刀，一般可选择刀具直径的 1/6~1/3 作为背吃刀量，保证刃具有足够的刚性。

3. 立铣刀应用中的进给速度

立铣刀加工应考虑在不同情形下选择不同的进给速度。如在初始切削时，刀具受力较大，所以应以相对较慢的速度进给。立铣刀在铣槽加工中，若从平面侧进给，可能产生全刀齿切削，刀具底面和周边都要参与切削，切削条件相对较恶劣，可以设置较低的进给速度。在加工过程中，进给速度也可通过机床控制面板上的修调开关进行人工调整，但是最大进给速度要受到设备刚度和进给系统性能等限制。

4. 立铣刀加工振动与切削用量

在加工过程中，立铣刀有可能出现振动现象。振动会使立铣刀圆周刃的吃刀量不均匀，且切削量比原定值增大，影响加工精度和刀具使用寿命。当出现刀具振动时，应考虑降低切削速度和进给速度，如两者都已降低 40% 后仍存在较大振动，则应考虑减小吃刀量。

任务三 项目实施

一、工艺分析与工艺设计

1. 图样分析

图 4-1 所示零件由圆形槽和蝶形槽组成，零件的表面粗糙度值要求为 $Ra6.3\mu m$，槽的宽度尺寸未注公差，按 GB/T 1804-m 确定公差值，查表，得出其公差值为 $\pm 0.1mm$。

零件的几何公差：该零件只有位置公差要求，即1处对称度要求，为0.1mm。

从以上分析可知，该零件的槽可以用 $\phi8$mm 的立铣刀直接铣出。该零件的上表面需要加工，可以用 $\phi16$mm 的立铣刀铣削。

2. 加工工艺路线设计

工艺路线见表4-1。

表 4-1 数控铣削加工工序卡片

产品名称	零件名称	工序名称	工序号	程序编号	毛坯材料		使用设备	夹具名称
	蝶形槽	数控铣			45 钢		数控铣床	平口钳
工步号	工步内容	刀具			主轴转速 /(r·min⁻¹)	进给速度 /(mm·min⁻¹)	切削深度 /mm	
		类型	材料	规格				
1	铣上表面	圆柱立铣刀	高速钢	$\phi16$mm	400	200	0.5	
2	铣圆形槽	圆柱立铣刀	高速钢	$\phi8$mm	600	80	2	
3	铣蝶形槽	圆柱立铣刀	高速钢	$\phi8$mm	600	80	1~3	

3. 刀具选择

1） $\phi16$mm 立铣刀。

2）端刃过中心的 $\phi8$mm 立铣刀，便于垂直进给。

二、程序编制

1. 编制铣削上表面的程序

略，参见项目三。

2. 编制铣削圆形槽和蝶形槽的程序

选取工件上表面中心为工件坐标原点。程序如下：

程序	说明
O1000	程序名
N10 G54;	设定工件坐标系
N20 M03 S600;	启动主轴
N30 M08;	打开切削液
N40 G00 X0 Y-41.0;	快速定位
N50 G01 Z5.0 F400;	进给到距上表面5mm处
N60 G01 Z-2.0 F15;	进给到Z-2处
N70 G02 X0 Y-41.0 I0 J41.0 F80;	铣削圆形槽
N80 G01 Z-5.0 F15;	进给到Z-5处
N90 G02 X0 Y-41.0 I0 J41.0 F80;	铣削圆形槽
N100 G01 Z5.0;	抬刀
N110 G00 X0 Y-30.0;	将铣刀定位到（X0,Y-30.0）处
N120 G01 Z-1.0 F15;	进给到Z-1.0处
N130 G02 X30.0 Y0 Z-3 R30 F80;	N130~N160铣蝶形槽
N140 G02 X0 Y30.0 Z-1.0 R30;	

N150　　G02　　X - 30　　Y0　　Z - 3.0　　R30;

N160　　G02　　X0　　Y - 30　　Z - 1.0　　R30;

N170　　G01　　Z100　　F400;　　　　　　　　抬刀

N180　　M05　　M09;

N190　　M30;　　　　　　　　　　　　　　程序结束

三、装夹刀具

此处略。

四、装夹工件

此处略。

五、输入程序

此处略。

六、对刀

此处略。

七、启动自动运行，加工零件，机内检测工件

此处略。

八、测量零件

此处略。

任务四　完成本项目的实训任务

一、实训目的

1) 能够对平面铣削和槽加工零件进行数控铣削工艺分析。

2) 掌握 G54、G02、G03 指令的用法。

3) 学会编程和加工平面和 U 形槽。

二、实训内容

零件如图 4-11 所示，毛坯尺寸为 60mm × 60mm × 25mm，材料为 45 钢，试编程并加工零件的上表面和 3 个槽。

三、实训要求

1) 分析工件图样，选择定位基准和加工方法，确定进给路线，选择刀具和装夹方法，确定各切削用量参数，填写数控加工工序卡片，参见表 4-1。

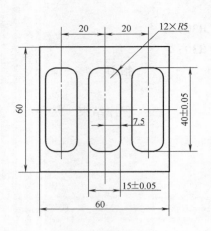
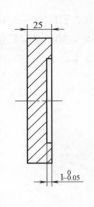

技术要求
1.未标注公差为IT10～IT11。
2.去毛刺,锐边倒角。
3.零件应按工序检查,验收。
4.加工后工件转至下一任务继续使用。

图 4-11 槽零件

2）根据工件的加工工艺分析和所使用数控铣床的编程指令说明，编写加工程序。

3）使用数控铣床加工工件。

4）测量工件。根据零件图要求，选择合适的量具对工件进行检测，并对工件进行质量分析。

5）撰写实训报告。

经验积累

1. 数控机床上有两个急停按钮，只有在两个急停按钮同时松开后，机床才能正常运行。

2. 数控机床通电后，只有按住防护罩开启按钮，防护罩才能打开；防护罩门关闭后，会自动吸合。

3. 机床关机时，应先关闭数控系统，再关闭机床电源。

4. 编程加工要点如下：

1）刀具半径补偿的建立或取消必须在G00或G01移动指令模式下进行。

2）在建立或取消刀具半径补偿的过程中，刀具移动距离必须大于刀具的半径。

3）为保证刀补的建立或取消时刀具与工件不发生碰撞，通常采用G01方式来建立或取消刀补。

4）为防止在半径补偿的过程中产生过切现象，建立或取消刀补程序段的起始点与终止点的位置最好与补偿方向在同一侧，即建立刀补的路径与下一个程序段的路径的夹角应大于90°且小于180°。

5）在刀补模式下，不允许存在两个以上的非补偿平面内的移动指令，否则，系统在进行预读后，将判断不出其偏置方向，也会出现过切等危险动作。

项目总结

　　本项目以加工蝶形零件为例，介绍了立铣刀的用法，还介绍了 G17、G18、G19、G02、G03 指令的用法。在知识拓展部分介绍了 SINUMERIK 802D sl 的圆弧插补指令等。通过本项目的学习，读者应已初步掌握了槽类零件的编程和加工方法。在加工零件时，要认真进行工艺分析和工艺设计，正确选择刀具和切削用量。在编制程序时，要选择合适的指令，使程序简练，工艺路线最短。

思考与训练

一、判断题

1. 当用 G02 或 G03 指令进行圆弧编程时，圆心坐标 I、J 为圆弧终点到圆弧中心所作矢量分别在 X、Y 坐标轴方向上的分矢量（矢量方向指向圆心）。　　　　（　　）

2. 用 G02 指令铣削圆弧时一定是顺铣。　　　　（　　）

3. 圆弧插补指令不是模态指令。　　　　（　　）

4. 同一零件上的过渡圆弧尽量一致，以避免换刀。　　　　（　　）

5. 判断顺、逆圆弧时，沿与圆弧所在平面相垂直的另一坐标轴的正方向看去，顺时针为 G02，逆时针为 G03。　　　　（　　）

二、单项选择题

1. 圆弧插补时，用圆弧半径编程，半径的取值与（　　）有关。
A. 角度和方向　　　B. 角度和半径　　　C. 方向和半径　　　D. 角度、方向和半径

2. 用立铣刀铣削含凹圆弧工件的曲线外形时，立铣刀的半径必须（　　）凹圆弧半径。
A. 等于或小于　　　B. 等于　　　　　C. 等于或大于　　　D. 小于

3. 切削刃选定点相对于工件的主运动瞬时速度是（　　）。
A. 工件速度　　　B. 刀具速度　　　C. 切削速度　　　D. 相对速度

4. 刀具在进给运动方向上相对于工件的位移量是（　　）。
A. 进给量　　　B. 进给速度　　　C. 背吃刀量　　　D. 切削深度

5. 选择 XZ 平面由（　　）指令执行。
A. G17　　　　B. G18　　　　C. G19　　　　D. G20

6. 采用半径编程方法编制圆弧插补程序段时，当其圆弧所对应的圆心角（　　）180°时，该半径取负值。
A. 大于　　　　B. 小于　　　　C. 大于或等于　　　D. 小于或等于

7. 逆圆弧插补指令为（　　）。
A. G04　　　　B. G03　　　　C. G02　　　　D. G01

8. 整圆编程时，应采用（　　　）编程方式。

A. 半径、终点　　　B. 圆心、终点　　　C. 圆心、起点　　　D. 半径、起点

9. 在 XY 平面上，某圆弧圆心为（0，0），半径为 80mm，如果需要刀具从（80，0）沿该圆弧到达（0，80），程序指令为（　　　）。

A. G02　X0.　Y80.　I80.0　F300　　　B. G03　X0.　Y80.　I－80.0　F300

C. G02　X80.　Y0.　J80.0　F300　　　D. G03　X80.　Y0.　J－80.0　F300

10. 铣削一个 XY 平面上的圆弧时，圆弧起点为（30，0），终点为（－30，0），半径为 50mm，圆弧起点到终点的旋转方向为顺时针，则程序为（　　　）。

A. G18　G90　G02　X－30.0　Y0　R50.0　F50

B. G17　G90　G03　X－30.0　Y0　R－50.0　F50

C. G17　G90　G02　X－30.0　Y0　R50.0　F50

D. G18　G90　G02　X30.0　Y0　R50.0　F50

三、实训题

零件如图 4-12 所示，毛坯为 70mm×70mm×10mm 的 45 钢，要求编程并加工上表面的 S 形槽。

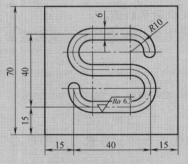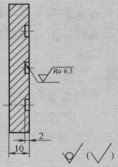

图 4-12　S 形槽

项目五 加工心形凸台

❖ 理解刀具半径补偿指令的含义
❖ 学会刀具半径补偿指令 G41、G42、G40 的用法
❖ 能编程并加工心形凸台零件
❖ 掌握数控铣床操作技巧

本项目要求运用数控铣床加工如图 5-1 所示的心形凸台零件，毛坯为 120mm × 120mm × 20mm 方料，材料为 45 钢，要求编程并加工零件。

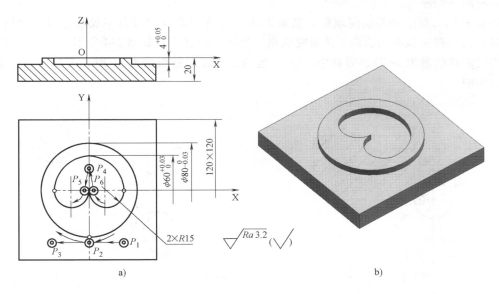

图 5-1 心形凸台

a）零件图 b）实体图

任务一 学习数控铣床编程指令

要加工本项目的心形凸台，必须用到刀具半径补偿指令，下面将介绍这方面指令的用法。

一、刀具半径补偿的作用

（1）编程简单 在数控铣床上进行轮廓的铣削加工时，由于刀具半径的存在，刀具中心（刀心）轨迹与工件轮廓不重合。如果数控系统不具备刀具半径自动补偿功能，则只能按刀心轨迹进行编程，即在编程时给出刀具的中心轨迹，如图5-2所示的虚线轨迹，其计算相当复杂。尤其当刀具磨损、重磨或换新刀而使刀具半径变化时，必须重新计算刀心轨迹，修改程序，这样既繁琐，又不易保证加工精度。

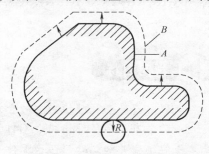

当数控系统具备刀具半径补偿功能时，数控编程只需按工件轮廓编程即可，如图5-2所示的实线轨迹。此时，数控系统会自动计算刀心轨迹，使刀具偏离工件轮廓一个半径值（补偿量，也称偏置量），即进行刀具半径补偿。

图5-2 刀具半径补偿示意图

（2）刀具因磨损、重磨、换新刀而引起刀具直径改变后，不必修改程序，只需修改刀具半径补偿值因磨损、重磨、换新刀而引起刀具直径改变后，不必修改程序，只需在刀具参数设置中输入变化后的刀具直径。如图5-3所示，1为未磨损刀具，2为磨损后刀具，两者直径不同，只需将刀具参数表中的刀具半径 r_1 改为 r_2，即可适用同一程序。

（3）利用刀具半径补偿实现粗、精加工通过有意识地改变刀具半径补偿量，便可用同一刀具、同一程序和不同的切削余量完成粗、半精、精加工，如图5-4所示。从图中可以看出，当设定补偿量为 ac 时，刀具中心沿 cc' 运动，当设定补偿量为 ab 时，刀具中心沿 bb' 运动完成切削。

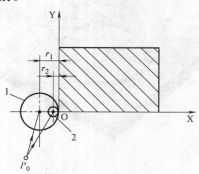

图5-3 刀具直径变化

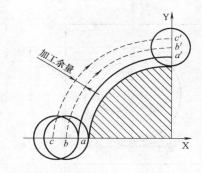

图5-4 利用刀具半径补偿进行粗、精加工

二、刀具半径补偿的执行过程

数控系统的刀具半径补偿就是将计算刀具中心轨迹的过程交由 CNC 系统执行。编程人员假设刀具的半径为零，直接根据零件的轮廓形状进行编程，因此，这种编程方法也称为对零件的编程。实际的刀具半径存放在一个可编程刀具半径偏置寄存器中，在加工过程中，CNC 系统根据零件程序和刀具半径，自动计算刀具中心轨迹，完成对零件的加工。当刀具半径发生变化时，不需要修改零件程序，只需修改存放在刀具半径偏置寄存器中的刀具半径

值或者选用存放在另一个刀具半径偏置寄存器中的刀具半径所对应的刀具即可。

现代 CNC 系统一般都设置若干个可编程刀具半径偏置寄存器，并对其进行编号，专供刀具补偿之用。可将刀具补偿参数（刀具长度、刀具半径等）存入这些寄存器中，在进行数控编程时，只需调用所需刀具半径补偿参数所对应的寄存器编号即可。

铣削加工刀具半径补偿分为刀具半径左补偿（用 G41 定义）和刀具半径右补偿（用 G42 定义），使用非零的 D## 代码选择正确的刀具半径偏置寄存器号。根据 ISO 标准，当刀具中心轨迹沿前进方向位于零件轮廓右边时称为刀具半径右补偿（右刀补）；反之称为刀具半径左补偿（左刀补），如图 5-5 所示。当不需要进行刀具半径补偿时，则用 G40 取消刀具半径补偿。

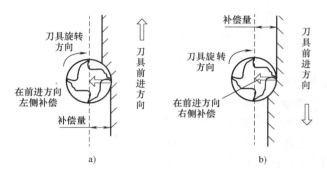

图 5-5 刀具补偿方向

a）左刀补 b）右刀补

刀具半径补偿的执行过程一般可分为以下三步。

1. 建立刀具半径补偿

刀具由起刀点（位于零件轮廓及零件毛坯之外，距离加工零件轮廓切入点较近）接近工件，刀具半径补偿偏置方向由 G41/G42 确定，如图 5-6 所示。

在刀补建立程序段中，动作指令只能用 G00 或 G01，不能用 G02 或 G03。刀补建立过程中，不能进行零件加工。

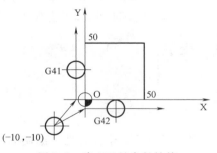

图 5-6 建立刀具半径补偿

2. 进行刀具半径补偿

在刀具半径补偿进行状态下，G01、G00、G02、G03 都可使用。它根据读入的相邻两段编程轨迹，判断转接处工件内侧所形成的角度，自动计算刀具中心的轨迹。

在刀补进行状态下，刀具中心轨迹与编程轨迹始终偏离一个刀具半径的距离。

3. 撤销刀具半径补偿

当刀具撤离工件，回到退刀点后，要取消刀具半径补偿。与建立刀具半径补偿过程类似，退刀点也应位于零件轮廓之外。退刀点距离加工零件轮廓较近，可与起刀点相同，也可以不相同。

刀补撤销也只能用 G01 或 G00，而不能用 G02 或 G03。同样，在该过程中不能进行零件加工。

项目五 加工心形凸台

127

> **提示** | 判断左、右刀具半径补偿要沿刀具前进的方向去观察。

三、刀具半径补偿指令 G40、G41、G42

刀具半径补偿指令 G40、G41、G42 格式如下：

$$\begin{Bmatrix} G17 \\ G18 \\ G19 \end{Bmatrix} \begin{Bmatrix} G40 \\ G41 \\ G42 \end{Bmatrix} G00(G01) \quad X\_\_ \ Y\_\_ \ Z\_\_ \ D\_\_ ;$$

说明：该组指令用于建立/取消刀具半径补偿。

其中：

G40 为取消刀具半径补偿指令。

C41 为建立左刀补指令，如图 5-5a 所示。

G42 为建立右刀补指令，如图 5-5b 所示。

G17 为在 XY 平面建立刀具半径补偿平面的指令。

G18 为在 ZX 平面建立刀具半径补偿平面的指令。

G19 为在 YZ 平面建立刀具半径补偿平面的指令。

X、Y、Z 为 G00/G01 的参数，即刀补建立或取消的终点（注：投影到补偿平面上的刀具轨迹受到的补偿）。

D 为 G41/G42 的参数，即刀补号码（D00~D99），它代表了刀补表中对应的半径补偿值。

G40、G41、G42 都是模态代码，可相互注销。

> **提示** | 　1）刀具半径补偿平面的切换（G17/G18/G19），必须在补偿取消方式下进行。
> 　2）刀具半径补偿的建立与取消只能用 G00 或 G01 指令，不能用 G02 或 G03。

　例 考虑刀具半径补偿，编制如图 5-7 所示零件的加工程序。要求建立如图所示的工件

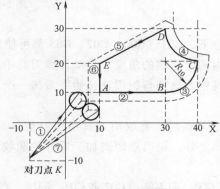

图 5-7　刀具半径补偿编程

坐标系，按箭头所指示的路径进行加工。设加工开始时刀具距离工件上表面 50mm，背吃刀量为 8mm。

程序	说明
O1008	
G92　X−10　Y−10　Z50；	建立工件坐标系,对刀点坐标(−10,−10,50)
G90　G17；	绝对坐标编程,刀具半径补偿平面为 XY 平面
C42　G00　X4　Y10　D01；	建立右刀补,刀补号码 01,快移到工件切入点
Z2　M03　S900；	Z 向快移接近工件上表面,主轴正转
G01　Z−8　F800；	Z 向切入工件,背吃刀量 8mm,进给速度 800mm/min
X30；	加工 AB 段直线
G03　X40　Y20　I0　J10；	加工 BC 段圆弧
G02　X30　Y30　I0　J10；	加工 CD 段圆弧
G01　X10　Y20；	加工 DE 段直线
Y5；	加工 EF 段直线
G00　Z50　M05；	Z 向快移离开工件上表面,主轴停转
G40　X−10　Y−10；	取消刀补,快移到对刀点
M02；	程序结束

>> **提示** 　　1）加工前应先用手动方式对刀,将刀具移动到相对于编程原点（−10,−10,50）的对刀点处。

　　2）图中带箭头的实线为编程轮廓,不带箭头的虚线为刀具中心的实际路线。

任务二　项目实施

一、工艺分析与工艺设计

1. 图样分析

图 5-1 所示的零件由圆台和心形型腔组成,零件的表面粗糙度值要求为 $Ra3.2\mu m$,圆台直径的公差为（−0.03,0）,心形型腔直径的公差为（+0.03,0）,圆台高度的公差为（0,+0.05）。先按基本尺寸编程加工,精加工完成后,在机内测量工件,修正零件尺寸,直到达到尺寸要求为止。

2. 加工工艺路线设计

工艺路线见表 5-1。

3. 刀具选择

$\phi16mm$ 立铣刀。

二、程序编制

加工工件上表面的程序略。

项目五　加工心形凸台

表 5-1 数控铣削加工工序卡片

产品名称	零件名称	工序名称	工序号	程序编号	毛坯材料		使用设备	夹具名称
	心形凸台	数控铣		O0010	45 钢		数控铣床	平口钳
工步号	工步内容	刀具			主轴转速 /(r·min⁻¹)	进给速度 /(mm·min⁻¹)		背吃刀量 /mm
		类型	材料	规格	/(r·min⁻¹)	/(mm·min⁻¹)		/mm
1	铣上表面	圆柱立铣刀	高速钢	φ16mm	600	150		0.5
2	粗铣圆形凸台	圆柱立铣刀	高速钢	φ16mm	600	150		10mm/刀
3	精铣圆形凸台	圆柱立铣刀	高速钢	φ16mm	800	75		0.5
4	粗铣心形型腔	圆柱立铣刀	高速钢	φ16mm	600	150		2mm/刀
5	精铣心形型腔	圆柱立铣刀	高速钢	φ16mm	800	75		0.5

选取工件表面中心为工件坐标原点，选用 φ16mm 立铣刀，使用同一个程序，修改刀补值。圆台分 4 次加工，刀具半径补偿值 D01 依次设定为：38mm、23mm、8.5mm、8mm；心形型腔分 3 次加工，D02 依次设定为：9mm、8.5mm、8mm。第 4 次加工完成凸台之后，即可用"复位"键将程序停止。粗加工时，进给速度倍率为 100%，精加工时，进给速度倍率调整为 50%。

外轮廓加工采用刀具半径左补偿，沿圆弧切线方向切入 $P_1 \rightarrow P_2$，切出时也沿切线方向 $P_2 \rightarrow P_3$。内轮廓加工采用刀具半径右补偿，$P_4 \rightarrow P_5$ 为切入段，$P_6 \rightarrow P_4$ 为切出段。外轮廓加工完毕取消刀具半径左补偿，待刀具至 P_4 点，再建立半径右补偿。数控程序如下：

程序	说明
O0010；	
N0010 G54；	建立工件坐标系
N0020 G17 G21 G90；	坐标平面选择,米制输入,绝对编程
N0030 M03 S800；	主轴正转
N0040 G00 Z50.0；	刀具快速定位
N0050 G00 X100.0 Y100.0；	刀具快速定位
N0060 G41 G01 X70.0 Y-40.0 F300 D01；	建立刀具半径左补偿
N0070 G01 Z-4.0；	在毛坯之外进给
N0080 X0 Y-40.0 F150；	直线插补
N0090 G02 X0 Y-40.0 I0 J40.0；	铣整圆
N0100 G01 X-60.0；	切出
N0110 G00 Z50.0；	快速抬刀
N0120 G40 G01 X-30.0 Y10.0 F300；	取消刀补
N0130 G01 X0 Y15.0；	刀具定位
N0140 G01 Z2.0 F300；	刀具下降到距工件上表面 2mm 处
N0150 G01 Z-4.0 F15；	垂直进给,F 为 15mm/min
N0160 G42 G01 X0 Y0 D02 F150；	建立刀具半径右补偿
N0170 G02 X-30.0 Y0 I-15.0 J 0；	顺圆插补,铣型腔
N0180 G02 X30.0 Y0 I30.0 J0；	顺圆插补,铣型腔

N0190	G02	X0	Y0	I − 15.0	J0 ;	顺圆插补,铣型腔
N0200	G01	G40	X0	Y15.0 ;		取消刀补
N0210	G00	Z100.0	M05 ;			抬刀
N0220	M30 ;					程序结束

三、装夹刀具

此处略。

四、装夹工件

此处略。

五、输入程序

此处略。

六、对刀

此处略。

七、启动自动运行，加工零件，机内检测工件

此处略。

八、测量零件

此处略。

任务三　完成本项目的实训任务

一、实训目的

1）能够对圆台和型腔铣削进行数控工艺分析。

2）掌握 G41、G42、G40 指令的用法。

3）学会编程并加工圆台和型腔。

二、实训内容

零件如图 5-8 所示，毛坯尺寸为 80mm × 70mm × 20mm，上表面已经加工并已达到图样要求，材料为 45 钢，试编程并加工该零件。

三、实训要求

1）分析工件图样，选择定位基准和加工方法，确定进给路线，选择刀具和装夹方法，确定各切削用量参数，填写数控加工工序卡片，参见表 5-1。

2）根据工件的加工工艺分析和所使用数控铣床的编程指令说明，编写加工程序。

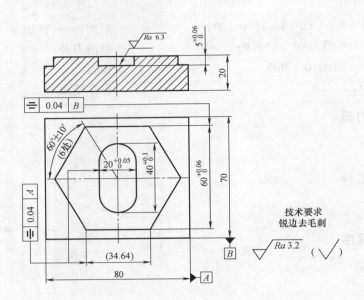

图 5-8 六边形凸台零件

3）使用数控铣床加工零件。

4）测量工件。根据零件图要求，选择合适的量具对工件进行检测，并对工件进行质量分析。

5）撰写实训报告。

任务四 学习数控铣床/加工中心操作技巧

一、操作数控铣床/加工中心时防止机床碰撞的方法

数控铣床/加工中心是昂贵的设备，在操作时一定要特别小心。如果机床发生碰撞事故，会造成重大损失，为防止碰撞事故发生，可通过以下几个方面采取措施。

1）数控程序中的编程坐标系一定要与在机床上对刀时设定的工件坐标系一致。

2）对刀之后必须进行验证，确认对刀无误后才能开始加工。验证对刀的方法是通过在MDI 方式下运行指令："G54 G01 X0 Y0 Z50.0 F100"（当用 G54 对刀时），然后检查刀具是否到达了工件坐标系中的点（0，0，50）。

3）对无把握的程序，可先用"单步"方式试运行程序，试运行时要注意观察屏幕上显示的加工余量值与工件实际值之间是否相符，发现异常，立即停机检查。

4）当锁住机床，在机床上模拟加工之后，加工之前必须注意要重新对刀。

5）要防止工艺系统对刀具产生干涉。

6）防止操作机床动作失误，防止快速移动机床时，弄反坐标轴方向。

7）为防止退刀时刀具碰撞夹具，退刀时最好先抬高 Z 轴，再移动 X 轴和 Y 轴。

8）对刀和加工之前要确认刀具和工件都已装夹正确，并已夹紧牢固。

9）在加工中出现异常情况时，应及时按下"急停"按钮。

二、工件加工质量的控制方法

在零件的加工过程中，操作者不应离开机床，应时刻注意加工中有无异常，工件质量如何，并及时处理发生的异常情况，具体方法如下：

1) 观察主轴的转速及进给量的大小是否合适。若不合适可调整主轴转速倍率及进给倍率，必要时可修改程序。

2) 观察切削液是否充足。若不充足，应检查是管道堵塞还是切削液箱内切削液过少，并做相应处理。

3) 观察切屑情况，是否有切屑缠绕。若有，应及时停车处理，否则有可能造成事故。

4) 时刻观察刀具及工件有无松动现象。若有，必须停车处理，以免造成事故。

5) 观察已加工部分的表面粗糙度，以及切屑的情况和切削加工的声响，判断刀具是否磨钝和破损。如是，若对工件的影响不大，可等该件加工完毕后更换刀具或刃磨刀具；若不能保证加工精度及表面粗糙度，应及时停车更换刀具，并重新对刀、设置刀具长度补偿或工件坐标系原点位置，重新加工。

6) 观察机床加工中有无异响、异常发热、异常振动。若有，应及时查明原因并做相应处理。

7) 零件加工完毕后，对于重要的尺寸应在工件未卸下之前进行测量，若尺寸超差，能补救的话，可采取补救措施。

8) 在批量生产中，应对加工完毕的零件进行全部检验或抽检，尽量使加工零件的尺寸处于公差带的中部，密切注意零件尺寸的变化方向，若偏差较大，应及早处理。

三、提高工件尺寸精度的有效措施

1. 提高对刀的精度

对刀的精度会直接影响到工件的加工精度，X 轴和 Y 轴方向对刀的准确性会影响加工时周边切削量的大小，Z 轴方向对刀的准确性会影响工件的深度。在对刀时要仔细读数，认真操作，如果对刀发生错误，则可能加工出废品。

2. 合理确定加工路线和铣削方法

在数控铣床上加工零件时，为了减少接刀的痕迹，保证轮廓的表面质量，对刀具切入和切出的程序段应仔细设计。如在铣削平面零件时，铣刀的切入和切出点应沿零件的周边外延，以保证零件轮廓光滑。如果铣刀沿法向直接切入零件，就会在零件外形上留下明显的刀痕。再如，铣削加工中顺铣和逆铣得到的表面粗糙度是不同的。在精铣时，应尽量采用顺铣，以利于提高零件的表面质量。

3. 采用多次进给，避免进给停顿

为了提高零件的加工精度，可采用多次进给方法，这能控制变形误差。在加工轮廓时应避免进给停顿，因为在加工过程中，工件——刀具——夹具——机床工艺系统是平衡在弹性变形的状态下，进给停顿之后，切削力明显减小，系统平衡状态改变，刀具就很有可能在工件表面留下凹痕。

4. 注意公差的换算

以加工如图 5-9 所示六方零件为例，为保证图样尺寸要求，应将以下尺寸换算成对称公

差：外轮廓尺寸 80 $_{-0.074}^{0}$ mm 改为（79.963±0.037）mm；槽长 70 $_{0}^{+0.074}$ mm 改为（70.037±0.037）mm；槽宽 32 $_{0}^{+0.062}$ mm 改为（32.031±0.031）mm；槽深 6 $_{0}^{+0.075}$ mm 改为（6.0375±0.0375）mm。编程时以换算后的基本尺寸进行编程。

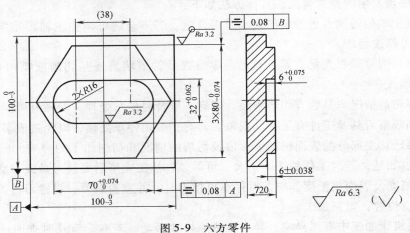

图 5-9　六方零件

5. 利用刀具半径补偿值对工件的尺寸进行修正

在铣削加工过程中，由于铣刀的磨损，工件的外轮廓尺寸常常偏大，内轮廓尺寸常常偏小，如果工件的尺寸超差，则可以利用刀具半径补偿值对工件的尺寸进行修正。

以加工如图 5-9 所示六方零件为例，精加工后测量工件，如果六方外轮廓尺寸为 80.01mm，假设外轮廓的编程尺寸为 79.963mm，则先计算尺寸的误差：80.01mm – 79.963mm = 0.047mm。然后在机床上将精加工时的刀具半径补偿值减小，减小量为误差值的一半，即 0.047mm/2 = 0.0235mm。再启动机床，对工件精修一次，这样可使工件达到加工要求。这种修正也可在粗加工之后、精加工之前进行。

任务五　学习刀具长度补偿知识

一、刀具长度补偿的作用

根据加工情况，有时不仅需要对刀具半径进行补偿，而且还需要对刀具长度进行补偿。

铣刀的长度补偿与控制点有关。假如以一把标准刀具的刀头作为控制点，则此刀被称为零长度刀具，无需长度补偿。如果加工时用到长度不一样的非标准刀具，则要进行刀具长度补偿。长度补偿值等于所用刀具与零长度刀具（标准刀具）的长度差。

另一种情况是把刀具长度的测量基准面作为控制点，则铣刀长度补偿始终存在。不论用哪把刀具，都要进行刀具的绝对长度补偿才能加工出正确的零件表面。

另外，铣刀用过一段时间后，由于磨损，长度会变短，这时也需要进行长度补偿。

在加工中心上加工零件时，要用到多把刀，这时必须要用刀具长度补偿解决各把刀长度不同的问题。

刀具长度补偿是对垂直于主平面的坐标轴实施的。例如采用 G17 编程时，主平面为 XY 平面，则刀具长度补偿对 Z 轴实施。

刀具长度补偿用 G43、G44 指令指定偏置的方向，其中 G43 为正向偏置，G44 为负向偏置。G43、C44，后用 H## 代码指示偏置号。在加工过程中，CNC 系统根据偏置号从偏置存储器中取出相应的长度补偿值，自动计算刀具中心轨迹，完成对零件的加工。要取消刀具长度补偿用指令 G49 或 H00。

二、刀具长度补偿指令 G43、G44、G49

刀具长度补偿指令 G43、G44、G49 的格式如下：

$$\begin{Bmatrix} G17 \\ G18 \\ G19 \end{Bmatrix} \begin{Bmatrix} G43 \\ G44 \\ G49 \end{Bmatrix} G00(G01)\ X\_\_\ Y\_\_\ Z\_\_\ H\_\_\ (F\_\_)$$

说明：该组指令用于建立/取消刀具长度补偿，其中：

G49 为取消刀具长度补偿。

G43 为建立正向偏置（补偿轴终点加上偏置值）。

G44 为建立负向偏置（补偿轴终点减去偏置值）。

G17 为刀具长度补偿轴（Z 轴）。

G18 为刀具长度补偿轴（Y 轴）。

G19 为刀具长度补偿轴（X 轴）。

X、Y、Z 为 G00/G01 的参数，即刀补建立或取消的终点。

H 为 G43/G44 的参数，即刀具长度补偿偏置号（H00 ~ H99），它代表了刀补表中对应的长度补偿值。

G43、G44、G49 都是模态代码，可相互注销。

如图 5-10 所示，执行 G43 时：

$$Z_{实际值} = Z_{指令值} + (H \times \times)$$

执行 G44 时：

$$Z_{实际值} = Z_{指令值} - (H \times \times)$$

式中 （H × ×）——编号为 × × 的寄存器中的补偿量。

采用取消刀具长度补偿 G49 指令或用 G43 H00 和 G44 H00 可以撤消补偿指令。

例如，图 5-11 所示的刀具长度补偿，H05 = 200mm，程序如下：

程序	说明
N1 G92 X0 Y0 Z0；	设定 O 点为程序零点
N2 G90 G00 G44 Z30.0 H05；	指令点 A，到达点 B

如 (H05) = −200mm，则程序为：

程序	说明
N1 G92 X0 Y0 Z0；	设定 O 点为程序零点
N2 G90 G43 Z30.0 H05；	指令点 A，到达点 B，其效果一样

三、刀具长度补偿应用实例

如图 5-12 所示，要加工 #1、#2、#3 孔，刀具实际位置与刀具编程位置相差 8mm，要使用刀具长度补偿来解决此问题，取长度补偿值 H01 = −8mm，程序如下：

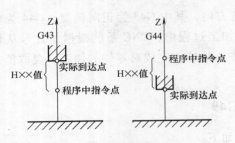

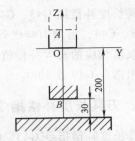

图 5-10 刀具长度补偿　　　　　　　　图 5-11 刀具长度补偿举例

程序　　　　　　　　　　　　　　　　　　说明

O0010；

N1　G91　G54　G00　X120.0　Y80.0；　刀具到达#1 孔上方，动作①

N2　G43　Z－32.0　H01　M03　S500；　刀具运动到距工件表面 3mm 处，动作②

N3　G01　Z－21.0　F120　M08；　　　钻#1 孔，动作③

N4　G04　P1000；　　　　　　　　　　暂停 1s，动作④

N5　G00　X21.0；　　　　　　　　　　刀具抬起，到达距工件表面 3mm 处，动作⑤

N6　　X30.0　Y－50.0；　　　　　　　动作⑥

N7　G01　Z－41.0　F120；　　　　　　钻#2 孔，动作⑦

N8　G00　Z41.0；　　　　　　　　　　动作⑧

N9　　X60.0　Y30.0；　　　　　　　　动作⑨

N10　G01　Z－23.0　F120；　　　　　钻#3 孔，动作⑩

N11　G04　P1000；　　　　　　　　　暂停 1s，动作⑪

N12　G49　G00　Z55.0；　　　　　　　取消刀具长度补偿，刀具回到起始位置，动作⑫

N13　　X－210.0　Y－60.0　M09　M05；动作⑬

N14　M02；

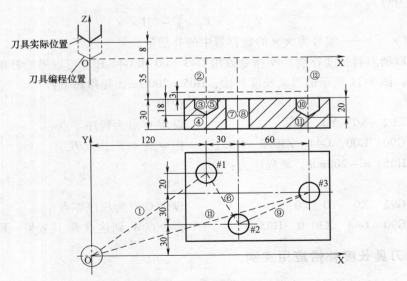

图 5-12　刀具长度补偿应用实例

①～⑬表示刀具运动过程

经验积累

1. 加工过程中,如果刀具突然崩刃,更换刀具后、继续加工前,需要对 Z 轴重新对刀,X 轴、Y 轴不需重新对刀。

2. 用弹簧夹头装夹刀具时,要选择与铣刀尺寸相对应的夹头。装夹铣刀时,刀体部分伸出不宜太长,够用即可。

3. 装刀、卸刀时,禁止用重物敲击主轴。

4. 安全要点如下:

1)装夹工件时,注意工件上表面要高出钳口 5mm 以上,以防止刀具与机用平口钳发生碰撞。

2)编程时注意 G01 后面 F 值不要忘记,避免以 G00 的速度加工零件。

3)操作过程中,要严格按照安全文明生产要求文明操作。

4)自动加工时,应关闭防护门。

项目总结

本项目以加工心形凸台为主线,介绍了刀具补偿指令的应用,训练了内、外轮廓零件的编程和加工方法。通过本项目的学习,读者应已能熟练应用数控铣床加工多种零件。同时介绍了数控铣床的操作技巧,读者在使用数控铣床时,要认真琢磨,不断提高操作技能。

思考与训练

一、判断题

1. 对于没有刀具补偿功能的数控系统,编程时不需要计算刀具中心的运动轨迹,可按零件轮廓编程。 ( )

2. 数控编程时,刀具半径补偿号必须与刀具号对应。 ( )

3. G43 在编程时只可作为长度补偿使用,不可作他用。 ( )

4. 在有刀补的程序段内,对被补偿轴在程序段中的位置无需定义。 ( )

5. 在轮廓铣削加工中,若采用刀具半径补偿指令编程,刀补的建立与取消应在轮廓上,这样才能保证零件的加工精度。 ( )

6. 所谓的刀具半径补偿是指刀具中心偏离工件轮廓一段距离。 ( )

7. 刀具补偿功能字 H12(D12)表示使用第 12 号刀。 ( )

8. 刀具半径补偿功能包括刀补的建立、刀补的执行和刀补的取消 3 个阶段。 ( )

9. 刀具补偿寄存器内只允许存入正值。 ( )

10. 沿着刀具前进方向看,刀具在被加工表面的右边则为右刀补。 ( )

二、单项选择题

1. 用 ϕ12mm 立铣刀进行轮廓的粗、精加工，要求精加工余量为 0.4mm，则粗加工偏移量为（　　）。

　　A. 12.4　　　　　　B. 11.6　　　　　　C. 6.4　　　　　　D. 6.6

2. 程序中指定半径补偿值的代码是（　　）。

　　A. D　　　　　　B. H　　　　　　C. G　　　　　　D. M

3. 下列（　　）指令可取消刀具半径补偿。

　　A. G49　　　　　　B. G40　　　　　　C. H00　　　　　　D. G42

4. 刀具半径右补偿值和刀具径向补偿值都存储在（　　）中。

　　A. 缓存器　　　　B. 偏置寄存器　　C. 存储器　　　　D. 硬盘

5. 刀具长度补偿值的地址用（　　）。

　　A. D　　　　　　B. H　　　　　　C. R　　　　　　D. J

6. 刀具半径左补偿指令用（　　）。

　　A. G41　　　　　　B. G42　　　　　　C. G40　　　　　　D. G43

7. 刀具半径右补偿指令用（　　）。

　　A. G41　　　　　　B. G42　　　　　　C. G40　　　　　　D. G43

8. 粗加工时刀具半径补偿值的设定是（　　）。

　　A. 刀具半径　　　　　　　　　　B. 加工余量

　　C. 刀具半径 + 加工余量　　　　D. 粗加工切削量

9. 精加工时刀具半径补偿值的设定是（　　）。

　　A. 刀具半径　　　　　　　　　　B. 精加工余量

　　C. 刀具半径 + 精加工余量　　　D. 0

10. 刀具半径取消指令用（　　）。

　　A. G41　　　　　　B. G42　　　　　　C. G40　　　　　　D. G43

三、实训题

零件如图 5-13 所示，毛坯为 100mm × 100mm × 50mm 的 45 钢，要求编程并加工上表面。

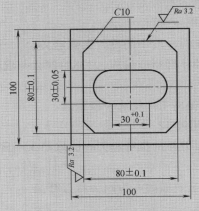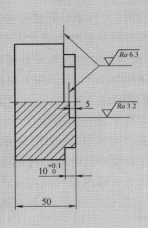

图 5-13　凸台

项目六 加工凸轮

▶ 学习目标

❖ 理解子程序的作用
❖ 学会子程序的用法
❖ 能编程并加工凸轮零件

本项目要求运用数控铣床加工如图 6-1 所示的凸轮零件。使用圆形毛坯，在普通车床上已粗车外圆至直径 ϕ110mm，两平面（间距 6mm）及中心的孔也已加工出来。毛坯材料为 45 钢，要求运用子程序编程并加工零件。

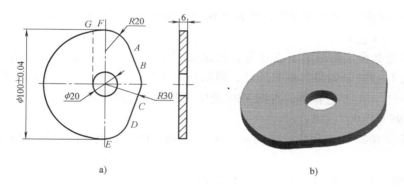

a)

b)

图 6-1 凸轮

a）零件图 b）实体图

任务一 学习子程序编程指令

一、子程序的概念

数控铣床的加工程序可以分为主程序和子程序两种。主程序是一个完整的零件加工程序，或是零件加工程序的主体部分。它与被加工零件或加工要求一一对应，不同的零件或不同的加工要求都有唯一的主程序。

在编制加工程序时，有时会遇到一组程序段在一个程序中多次出现，或者在几个程序中都要使用同一组程序段的情况。这个典型的加工程序段可以做成固定程序，并单独加以命名，这组程序段就称为子程序。

子程序一般都不可以作为独立的加工程序使用，它只能通过主程序进行调用，实现加工中的局部动作。子程序执行结束后，能自动返回到调用它的主程序中。

二、子程序的格式

在大多数数控系统中，子程序和主程序并无本质区别。子程序和主程序在程序号及程序内容方面基本相同，仅结束标记不同。主程序用 M02 或 M30 表示结束，而子程序在 FANUC 系统中用 M99 表示结束，并实现自动返回主程序功能，如下述子程序：

O0001；
G01　X－1.0　Y0　F150；
…
G28　X0　Y0；
M99；

对于子程序结束指令 M99，不一定要单独书写一行，如上面子程序中最后两段可写成"G28　X0　Y0　M99；"。

三、子程序的调用

子程序由主程序或子程序调用指令调出执行，调用子程序的指令格式如下：

M98　P＿＿　L＿＿；

其中，地址 P 设定调用的子程序号，地址 L 设定子程序调用重复执行的次数。地址 L 的取值范围为 1～999。如果忽略 L 地址，则默认为 1 次。当在程序中再次用 M98 指令调用同一个子程序时，L1 不能省略，否则 M98 程序段调用子程序无效。

例如：M98　P1002　L5；

表示号码为 1002 的子程序连续调用 5 次，"M98　P＿＿"也可以与移动指令同时存在于一个程序段中。

例如：G01　X100.0　F100　M98　P1200；

此时，X 方向移动完成后，调用 1200 号子程序。

主程序调用子程序的形式如图 6-2 所示。

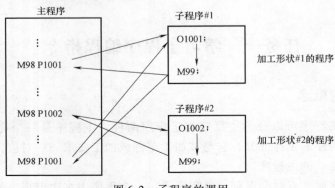

图 6-2　子程序的调用

四、子程序的嵌套

为了进一步简化加工程序，可以允许其子程序再调用另一个子程序，这一功能称为子程序的嵌套。

当主程序调用子程序时，该子程序被认为是一级子程序，FANUC 0i 系统中的子程序允许 4 级嵌套（图6-3）。

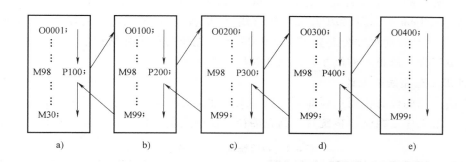

图 6-3　子程序的嵌套
a）主程序　b）一级嵌套　c）二级嵌套　d）三级嵌套　e）四级嵌套

五、子程序调用的特殊用法

（1）子程序返回到主程序中的某一程序段　如果在子程序的返回指令中加上 Pn 指令，则子程序在返回主程序时，将返回到主程序中有程序段段号为 n 的那个程序段，而不直接返回主程序。其程序格式如下：

M99　Pn；

例如：M99　P100；　　　返回到 N100 程序段

（2）自动返回到程序开始段　如果在主程序中执行 M99，则程序将返回到主程序的开始程序段，并继续执行主程序；也可以在主程序中插入 M99　Pn，用于返回到指定的程序段。为了能够执行后面的程序，通常在该指令前加"/"，以便在不需要返回执行时，跳过该程序段。

（3）强制改变子程序重复执行的次数　用 M99　L×× 指令可强制改变子程序重复执行的次数，其中，"L××"表示子程序调用的次数。例如，如果主程序用 M98　P××　L99，而子程序采用 M99　L2 返回，则子程序重复执行的次数为 2 次。

六、使用子程序的注意事项

1）编程时应注意子程序与主程序之间的衔接问题。

2）在试切阶段，如果遇到应用子程序指令的加工程序，就应特别注意机床的安全问题。

3）子程序多是增量方式编制，应注意程序是否闭合。

4）使用 G90/G91（绝对/增量）坐标转换的数控系统，要注意确定编程方式。

任务二 项目实施

一、工艺分析与工艺设计

1. 图样分析

图 6-1 所示的凸轮零件由一段 R50mm 的圆弧（FGE）、两段 R20mm 的圆弧（AF 和 DE）、一段 R30mm 的圆弧（BC）和两段直线（AB 和 CD）构成凸轮的轮廓，凸轮厚 6mm，材料为 45 钢，凸轮的尺寸公差要求为 ±0.04mm。先按公称尺寸编程加工，精加工完成后，在机内测量工件，修正零件尺寸，直到达到尺寸要求为止。

2. 加工工艺路线的设计

铣刀沿凸轮的轮廓铣削一圈即可完成加工，加工时用两道工序，第一道工序是粗铣凸轮轮廓，第二道工序是精铣，精铣时，凸轮的径向切削余量为 0.5mm。工艺路线见表 6-1。

表 6-1 数控铣削加工工序卡片

产品名称	零件名称	工序名称	工序号	程序编号	毛坯材料	使用设备	夹具名称
	凸轮	数控铣		O0010	45 钢	数控铣床	机用平口钳
工步号	工步内容	刀 具			主轴转速 /r·min^{-1}	进给速度 /mm·min^{-1}	切削深度 /mm
		类型	材料	规格			
1	粗铣凸轮	圆柱立铣刀	高速钢	φ16mm	600	150	10mm/刀
2	精铣凸轮	圆柱立铣刀	高速钢	φ16mm	800	75	0.5

3. 刀具选择

φ16mm 立铣刀。

二、坐标计算

为计算方便，编程坐标系零点设在凸轮毛坯中心表面处，如图 6-4 所示。

各点坐标为：A（18.856，36.667）、B（28.284，10.00）、C（28.284，-10）、D（18.856，-36.667）。

进给路线从工件毛坯上方 35mm 处的 S'（50，80，35）点起刀，垂直进给到 S（58，80，-7），在点 F（0，50）建立刀具半径补偿，随后沿图中所标的序数路线进行加工。

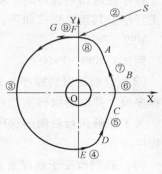

图 6-4 编程坐标系与进给路线

三、程序编制

本项目程序如下：

主程序	说明
O1000；	
N01　G54；	建立工件坐标系
N02　G90　G00　X50　Y80；	

N03	G01	Z－7.0	M03	F200	S800;	进给

N03　G01　Z－7.0　M03　F200　S800;　　　进给

N04　G01　G42　X0　Y50　D01　F80;　　　建立右刀补，D01＝8.5mm

N05　M98　P0002;　　　调用子程序

N06　G01　Z－7.0　F200　S800;　　　进给

N07　G01　G42　X0　Y50　D02　F80;　　　建立右刀补，D02＝8mm

N08　M98　P0002;　　　调用子程序

N09　M30;　　　程序结束

子程序　　　说明

O0002;

N10　G03　X0　Y－50　J－50;

N20　G03　X18.856　Y－36.667　R20.0;

N30　G01　X28.284　Y－10.0;

N40　G03　X28.284　Y10.0　R30.0;

N50　G01　X18.856　Y36.667;

N60　G03　X0　Y50　R20;

N70　G01　X－10;

N80　Z35.0　F200;

N90　G00　G40　X58　Y80;

N100　M99;　　　子程序结束，返回主程序

四、装夹刀具

此处略。

五、装夹工件

因凸轮的外轮廓要加工，而凸轮的设计基准是 φ20mm 孔的轴线，用台虎钳和压铁都不适合，故设计一个专用夹具，如图 6-5 所示。

用一个定位心轴对工件毛坯进行定位，用螺栓压紧工件，工件毛坯下有一垫铁将工件托起 10mm，以防刀具和工作台相碰，夹具底板放在铣床的工作台上，用压铁固定。

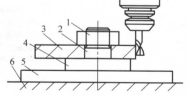

图 6-5　凸轮加工夹具

1—螺栓　2—定位心轴　3—工件
4—垫块　5—底板　6—机床工作台

六、输入程序

此处略。

七、对刀

此处略。

八、启动自动运行，加工零件

此处略。

项目六　加工凸轮

143

九、测量零件

此处略。

任务三　完成本项目的实训任务

一、实训目的

1）能够应用子程序对凸模进行数控铣削数控工艺分析。

2）明确 M98、M99 指令的含义，掌握子程序的用法。

3）学会编程和加工凸模。

二、实训内容

凸模零件如图 6-6 所示，毛坯尺寸为 41mm × 46mm × 15mm，上表面已经加工并已达到图样要求，材料为 45 钢，试编程并加工该零件。

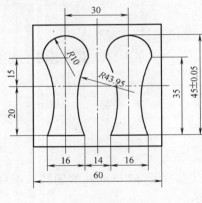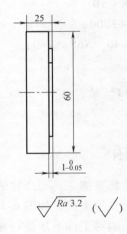

技术要求

1.未标注公差为IT10～IT11。

2.去毛刺,锐边倒角。

3.零件应按工序检查、验收。

4.加工后工件转至下一任务继续使用。

图 6-6　凸模

三、实训要求

1）分析工件图样，选择定位基准和加工方法，确定进给路线，选择刀具和装夹方法，确定各切削用量参数，填写数控加工工序卡片，参见表 6-1。

2）根据工件的加工工艺分析和所使用数控铣床的编程指令说明，编写加工程序。

3）使用数控铣床加工零件。

4）测量工件。根据零件图要求，选择合适的量具对工件进行检测，并对工件进行质量分析。

5）撰写实训报告。

经验积累

1. 工件坐标系的原点要与编程坐标系的原点重合。

2. 在手动或手轮方式下操作机床时，要注意刀具和工作台的位置。

3. 如果需要刀补，要在输入 X 轴、Y 轴对刀参数的同时输入刀具半径值。

4. 工件加工完，要去毛刺，倒钝锐边，但是表面不能用锉刀进行抛光。

5. 用游标卡尺测量工件之前，要对游标卡尺进行校正。

6. 规划内轮廓加工的刀具轨迹时，应特别注意刀具轨迹与各加工表面是否干涉，为此应选择合理的起刀点。

项目总结

本项目以加工凸轮为主线，介绍了子程序的应用，训练了凸轮和凸模的编程和加工方法。通过本项目的学习，读者要能熟练应用子程序在数控铣床上加工零件。通过应用子程序编程，可以使程序简化。

思考与训练

一、判断题

1. 程序 M98 P51002，是将子程序号为 5100 的子程序连续调用两次。 （　　）

2. 一个主程序中只能有一个子程序。 （　　）

3. 子程序结束后只能返回主程序。 （　　）

4. 子程序的编写方式必须是增量方式。 （　　）

5. M98 指令的含义是调用子程序。 （　　）

6. 加工过程中，当执行完子程序后，加工就立即结束。 （　　）

7. 执行 M99 指令后，子程序结束，不返回主程序。 （　　）

8. 子程序调用不是数控系统的标准功能，不同的数控系统所用的指令和格式不同。
（　　）

9. 对于同一轮廓零件进行粗、精加工时，可采用不同的刀具半径补偿多次调用子程序来实现多工序加工。 （　　）

10. 在 FANUC 系统中，子程序和主程序都是一个独立的程序，都是以 M02 作为程序结束的。 （　　）

二、单项选择题

1. 程序中含有某些固定顺序或重复出现的语句时，这些顺序或语句可作为（　　）存入存储器，反复调用以简化程序。

A. 主程序　　　　B. 子程序　　　　C. 程序　　　　D. 调用程序

2. 在 FANUC 0i 系统中，结束子程序调用用（   ）指令。

A. M98   B. M99   C. M06   D. M02

3. 从子程序返回到主程序用（   ）指令。

A. M98   B. M99   C. G98   D. G99

4. 子程序调用格式为"M98 P××××"，P 后的前 3 位数字代表重复调用次数，若不指定则默认为调用（   ）次。

A. 1   B. 2   C. 3   D. 4

5. 程序"D01 M98 P1001"的含义是（   ）。

A. 调用 P1001 子程序   B. 调用 O1001 子程序

C. 调用 PL001 子程序，且执行子程序时用 01 号刀具半径补偿值

D. 调用 O1001 子程序，且执行子程序时用 01 号刀具半径补偿值

6. 子程序还可以调用子程序，最多可嵌套（   ）层。

A. 1   B. 2   C. 3   D. 4

7. 当加工（   ）零件时，采用子程序编程加工。

A. 相同轮廓较多且分布均匀，或同一零件轮廓多工序加工的

B. 轮廓较多且工序较多的   C. 结构复杂、工序多的

D. 轮廓少且工序少的

8. SINUMERIK 802D sl 数控铣削系统的子程序名的扩展名用（   ）。

A. .MPF   B. .SPF   C. .LL   D. .OO

三、实训题

凹模零件如图 6-7 所示，毛坯尺寸为 41mm×46mm×15mm，上表面已经加工并已达到图样要求，材料为 45 钢，应用子程序编程加工该零件。

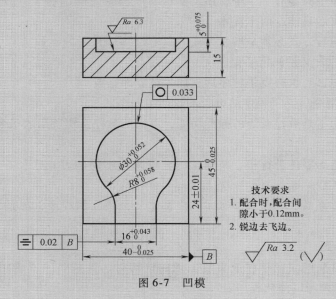

图 6-7　凹模

项目七　加工孔系零件

本项目要求运用数控铣床加工如图 7-1 所示的孔系零件，毛坯尺寸为 $100mm \times 100mm \times 20mm$，材料为 45 钢。

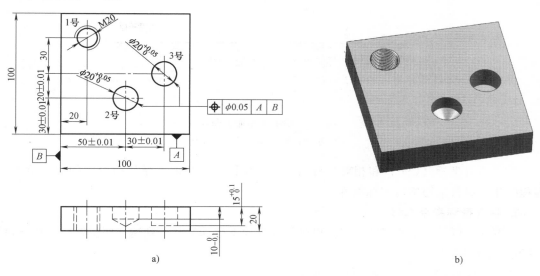

图 7-1　孔系零件图

a）零件图　b）实体图

任务一　学习孔加工和螺纹加工编程指令

一、孔加工循环的动作

孔加工循环一般由以下 6 个动作组成，如图 7-2 所示。

动作（1）：刀具在 X 轴和 Y 轴定位。

动作（2）：刀具快速移动到 R 参考平面。

动作（3）：刀具进行孔加工。

动作（4）：刀具在孔底的动作。

动作（5）：刀具返回到 R 点。

动作（6）：刀具快速移动到初始平面。

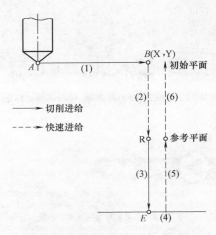

二、孔加工循环指令

孔加工循环指令为模态指令，一旦某个孔加工循环指令有效，在其后的所有（X，Y）位置均采用该孔加工循环指令进行加工，直到用 G80 指令取消孔加工循环指令为止。

图 7-2   孔加工循环的 6 个动作

G98 和 G99 两个模态指令控制孔加工循环结束后，刀具分别返回初始平面和参考平面，如图 7-3 所示，其中 G98 是默认方式。

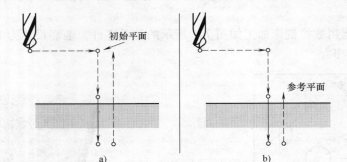

图 7-3   G81 钻孔加工循环

a）用 G98 指令   b）用 G99 指令

采用绝对坐标（G90）和相对坐标（G91）编程时，孔加工循环指令中的值有所不同，编程时建议尽量采用绝对坐标编程。

1. 钻孔循环指令 G81

如图 7-3 所示，主轴正转，刀具以进给速度向下运动钻孔，到达孔底位置后，快速退回（无孔底动作）。

格式：G81   X __ Y __ Z __ F __ R __ K __

说明：

1）X、Y 为孔的位置。

2）Z 为孔底位置。

3）F 为进给速度（mm/min）。

4）R 为参考平面位置。

5）K 为重复次数（如果需要的话）。

2. 钻孔循环指令 G82

与 G81 指令格式类似，唯一的区别是 G82 指令在孔底加进给暂停动作，即当钻头加工到孔底位置时，刀具不作进给运动，并保持旋转状态，使孔的表面更光滑。该指令一般用于扩孔和沉头孔加工。

格式：G82　X＿＿Y＿＿Z＿＿R＿＿P＿＿F＿＿K＿＿

说明：P 为刀具在孔底位置的暂停时间（ms）。

3. 钻深孔循环指令 G83

G83 指令与 G81 指令的主要区别是：由于是深孔加工，采用间歇进给（分多次进给），有利于排屑。每次进给深度为 Q，直到孔底位置为止，设置系统内部参数 *d* 控制退刀距离，如图 7-4 所示。

格式：G83　X＿＿Y＿＿Z＿＿R＿＿Q＿＿F＿＿K＿＿

说明：Q 为每次进给的深度，它必须用增量值设置。

4. 攻螺纹循环指令 G84

攻螺纹进给时主轴正转，退出时主轴反转。

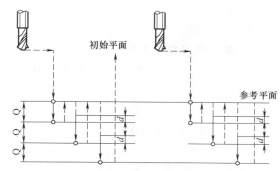

图 7-4　G83 深孔钻孔加工循环

格式：G84　X＿＿Y＿＿Z＿＿R＿＿P＿＿F＿＿K＿＿

与钻孔加工不同的是，攻螺纹结束后的返回过程不是快速运动，而是以进给速度反转退出。

攻螺纹过程要求主轴转速与进给速度成严格的比例关系，因此，编程时要求根据主轴转速计算进给速度。该指令执行前，用辅助功能使主轴旋转。

攻螺纹时，进给速度的计算公式为：

$$F = SP$$

式中　F——进给速度（mm/min）；

　　　S——主轴转速（r/min）；

　　　P——螺纹导程（mm）。

5. 左旋攻螺纹循环指令 G74

G74 与 G84 的区别是，进给时主轴反转，退出时主轴正转。

格式：G74　X＿＿Y＿＿Z＿＿R＿＿P＿＿F＿＿K＿＿

6. 高速钻深孔循环指令 G73

如图 7-5 所示，由于是深孔加工，采用间段进给（分多次进给），每次进给深度为 Q，最后一次进给深度小于或等于 Q，退刀量为 *d*（由系统内部设定），直到钻至孔底位置为止。该钻孔加工方法因为退刀距离短，比 G83 钻孔速度快。

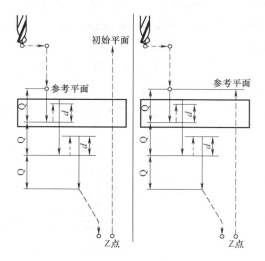

图 7-5　G73 高速深孔钻孔加工循环

格式：G73　X＿＿Y＿＿Z＿＿R＿＿Q＿＿F＿＿K＿＿

说明：Q 为每次进给的深度，为正值。

应当注意的是：不同的 CNC 系统，即使是同一功能的钻孔加工循环，其指令格式也有一定的差异，编程时应以编程手册的规定为准。

7. 镗孔循环指令 G85

主轴正转，刀具以进给速度向下运动镗孔，到达孔底位置后立即以进给速度退出（没有孔底动作）。

格式：G85　X＿＿Y＿＿Z＿＿R＿＿F＿＿

8. 镗孔循环指令 G86

G86 指令与 G85 指令的区别是，G86 指令在到达孔底位置后，主轴停止，并快速退出。

格式：G86　X＿＿Y＿＿Z＿＿R＿＿F＿＿

9. 镗孔循环指令 G89

G89 指令与 G85 指令的区别是，G89 指令在到达孔底位置后，加进给暂停。

格式：G89　X＿＿Y＿＿Z＿＿R＿＿F＿＿P＿＿

10. 背镗循环指令 G87

如图 7-6 所示，刀具运动到起始点 B（X，Y）后，主轴准停，刀具沿刀尖的反方向偏移 Q 值，然后快速运动到孔底位置，接着沿刀尖正方向偏移回 E 点，主轴正转，刀具向上进给运动，到 R 点，主轴暂停，刀具沿刀尖的反方向偏移 Q 值，快退，接着沿刀尖正方向偏移到 B 点，主轴正转，本次加工循环结束，继续执行下一段程序。

格式：G87　X＿＿Y＿＿Z＿＿R＿＿Q＿＿F＿＿P＿＿

说明：Q 为偏移值。

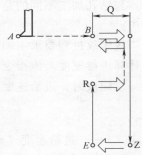

图 7-6　G87 背镗循环

11. 精镗循环指令 G76

如图 7-7 所示，与 G85 指令的区别是，G76 指令在孔底有 3 个动作：进给暂停、主轴暂停（定向停止），刀具沿刀尖的反方向偏移 Q 值，然后快速退出。这样可以保证刀具不划伤孔的表面。

格式：G76　X＿＿Y＿＿Z＿＿R＿＿Q＿＿F＿＿P＿＿

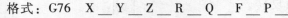
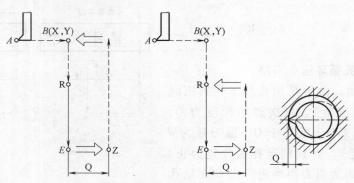

图 7-7　G76 精镗循环

任务二　掌握孔加工方法、刀具及切削用量选用

一、孔加工方法及技术要求

孔加工是最常见的零件结构加工方式之一，是制造工艺的重要组成部分。孔加工工艺内容广泛，包括使用标准中心钻、点钻和标准钻钻削、扩孔、铰孔、攻螺纹、镗孔、成组刀具钻孔、锪孔等孔加工工艺方法。

在加工单件产品或模具上某些孔径不常出现的孔时，为节约刀具成本，常利用铣刀进行铣削加工。铣孔也适合加工尺寸较大的孔，对于高精度机床，铣孔可以代替铰削或镗削。

孔加工可在数控铣床和加工中心上完成。在数控铣床和加工中心上加工孔时，孔的形状和直径由刀具选择来控制，孔的位置和加工深度则由程序控制。

圆柱孔在整个机器零件中起着支撑、定位和保持装配精度的重要作用，因此，对圆柱孔有一定的技术要求。孔加工的主要技术要求有如下几方面。

1）尺寸精度：配合孔的尺寸精度要求控制在 IT6 ～ IT8，精度要求较低的孔一般控制在 IT11。

2）形状精度：孔的形状精度主要是指圆度、圆柱度及孔中心线的直线度，一般应控制在孔径公差以内，对于精度要求较高的孔，其形状精度应控制在孔径公差的 1/3 ～ 1/2。

3）位置精度：一般有各孔距间误差，各孔的中心线对端面的垂直度和平行度等要求。

4）表面粗糙度：孔的表面粗糙度要求一般在 $Ra(0.4 ～ 12.5)$ μm 之间。

加工一个精度要求不高的孔很简单，往往只需一把刀具，一次切削即可完成；对精度要求高的孔则需要几把刀具，多次加工才能完成。

二、钻孔

1. 钻孔的特点

钻孔是用钻头在工件实体材料上加工孔的方法。麻花钻是钻孔最常用的刀具，一般用高速钢制造。钻孔精度一般可达到 IT10 ～ IT11 级，表面粗糙度为 $Ra(12.5 ～ 50)$ μm，钻孔直径范围为 0.1 ～ 100mm，钻孔深度变化范围也很大，广泛应用于孔的粗加工，也可作为不重要孔的最终加工。

2. 钻孔刀具及其选择

钻孔刀具较多，有普通麻花钻、可转位浅孔钻及扁钻等。应根据工件材料、加工尺寸及加工质量要求等合理选用。在数控铣床上钻孔，大多是采用普通麻花钻。麻花钻的材料有高速钢和硬质合金两种。麻花钻的组成如图 7-8 所示，它主要由工作部分和柄部组成。

麻花钻的工作部分包括切削部分和导向部分。麻花钻的切削部分有两个主切削刃、两个副切削刃和一个横刃。两个螺旋槽是切屑流经的表面，为前刀面；与工件过渡表面（即孔底）相对的端部两曲面为主后刀面；与工件已加工表面（即孔壁）相对的两条刃带为副后刀面。前刀面与主后刀面的交线为主切削刃，前刀面与副后刀面的交线为副切削刃，两个主后刀面的交线为横刃。横刃与主切削刃在端面上投影之间的夹角称为横刃斜角，横刃斜角 $\psi = 50° ～ 55°$；主切削刃上各点的前角、后角是变化的，外缘处前角约为 30°，钻心处前角

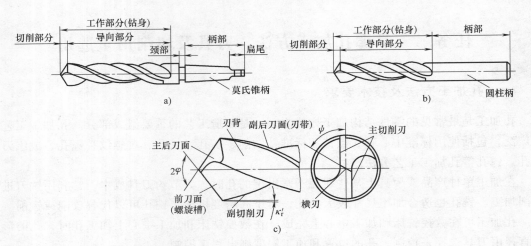

图 7-8 麻花钻的组成

a）莫氏锥柄麻花钻 b）圆柱柄麻花钻 c）麻花钻的主要参数

接近 0°，甚至是负值；两条主切削刃在与其平行的平面内的投影之间的夹角为顶角，标准麻花钻的顶角 $2\varphi = 118°$。麻花钻导向部分起导向、修光、排屑和输送切削液的作用。

根据柄部不同，麻花钻有莫氏锥柄和圆柱柄两种。直径为 8～80mm 的麻花钻的柄部多为莫氏锥柄，可直接装在带有莫氏锥孔的刀柄内，刀具长度不能调节。直径为 0.1～20mm 的麻花钻的柄部多为圆柱柄，可装在钻夹头刀柄上。中等尺寸麻花钻两种形式均可选用。

麻花钻有标准型和加长型，为了提高钻头刚度，应尽量选用较短的钻头，但麻花钻的工作部分应大于孔深，以便排屑和输送切削液。

在数控铣床上钻孔，因无夹具钻模导向，受两切削刃上切削力不对称的影响，容易引起钻孔偏斜，故要求钻头的两切削刃必须有较高的刃磨精度（两刃长度一致，顶角 2φ 对称于钻头中心线）。

钻削直径在 20～60mm、孔的深径比小于等于 3 的中等浅孔时，可选用图 7-9 所示的可转位浅孔钻，其结构是在带排屑槽及内冷却通道钻体的头部装有一组刀片（多为凸多边形、菱形和四边形），多采用深孔刀片，通过该中心压紧刀片。靠近钻心的刀片常使用韧性较好的材料，靠近钻头外径的刀片选用较为耐磨的材料。这种钻头具有切削效率高、加工质量好的特点，最适用于箱体零件的钻孔加工。为了提高刀具的使用寿命，可以在刀片上涂镀碳化钛涂层。使用这种钻头钻箱体孔，比普通麻花钻提高效率 4～6 倍。

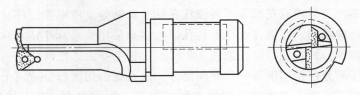

图 7-9 可转位浅孔钻

钻削大直径孔时，可采用刚性较好的硬质合金扁钻。扁钻的切削部分被磨成一个扁平体，主切削刃磨出顶角、后角，并形成横刃，副切削刃磨出后角与副偏角并控制钻孔的直径。扁钻没有螺旋槽，制造简单，成本低，它的结构与参数如图 7-10 所示。

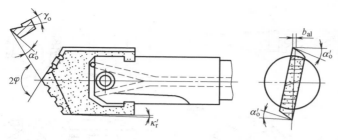

图 7-10　装配式扁钻

3. 选择钻削用量的原则

在实体上钻孔时，背吃刀量由钻头直径确定，所以只需选择切削速度和进给量。

切削速度和进给量对钻孔生产率的影响是相同的；切削速度对钻头寿命的影响比进给量大；进给量对孔的表面粗糙度的影响比切削速度大。综合以上的影响因素，钻孔时选择切削用量的基本原则是：在保证表面粗糙度的前提下，在工艺系统强度和刚度的承受范围内，尽量先选较大的进给量，然后考虑刀具寿命、机床功率等因素选用较大的切削速度。

1）背吃刀量的选择：直径小于 30mm 的孔一次钻出；直径为 30 ~ 80mm 的孔可分为两次钻削，先用 (0.5 ~ 0.7) D 的钻头钻底孔（D 为要求的孔径），然后用直径为 D 的钻头将孔扩大，这样可减小背吃刀量，减小工艺系统轴向受力，并有利于提高钻孔加工质量。

2）进给量的选择：孔的精度要求较高和表面粗糙度值要求较小时，应取较小的进给量；钻孔较深、钻头较长、刚度和强度较差时，也应取较小的进给量。

3）切削速度的选择：当钻头的直径和进给量确定后，钻削速度应按钻头的寿命选取合理的数值，孔深较大时，钻削条件差，应取较小的切削速度。

三、扩孔

1. 扩孔的特点

扩孔是用扩孔钻对工件上已有的孔进行扩大加工。扩孔钻有 3 ~ 4 个主切削刃，没有横刃，它的刚性及导向性好。扩孔加工精度一般可达到 IT9 ~ IT10 级，表面粗糙度值为 $Ra(3.2 ~ 6.3)\mu m$。扩孔常用于已铸出、锻出或钻出孔的扩大，可作为精度要求不高孔的最终加工或铰孔、磨孔前的预加工。常用于直径在 10 ~ 100mm 范围内的孔加工。一般工件的扩孔使用麻花钻，对于精度要求较高或生产批量较大时应用扩孔钻，扩孔加工余量为 0.4 ~ 0.5mm。

2. 扩孔刀具及其选择

扩孔多采用扩孔钻，也有采用镗刀扩孔的。

标准扩孔钻一般有 3 ~ 4 条主切削刃，切削部分的材料为高速钢或硬质合金，结构形式有直柄式、锥柄式和套式等。图 7-11a、b、c 所示分别为锥柄式高速钢扩孔钻、套式高速钢扩孔钻和套式硬质合金扩孔钻。在小批量生产时，常用麻花钻扩孔。

扩孔直径较小时，可选用直柄式扩孔钻；扩孔直径中等时，可选用锥柄式扩孔钻；扩孔直径较大时，可选用套式扩孔钻。

扩孔钻的加工余量较小，主切削刃较短，因而容屑槽浅、刀体的强度和刚度较好。它无麻花钻的横刃，加之刀齿多，所以导向性好，切削平稳，加工质量和生产率都比麻花钻高。

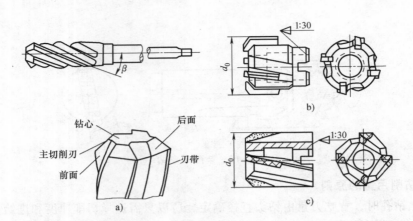

图 7-11 扩孔钻

a）锥柄式高速钢扩孔钻　b）套式高速钢扩孔钻　c）套式硬质合金扩孔钻

扩孔直径在 20 ~ 60mm 之间时，且机床刚性好、功率大，可选用如图 7-12 所示的可转位扩孔钻。这种扩孔钻的两个可转位刀片的外刃位于同一个外圆直径上，并且刀片径向可作微量（±0.1mm）调整，以控制扩孔直径。

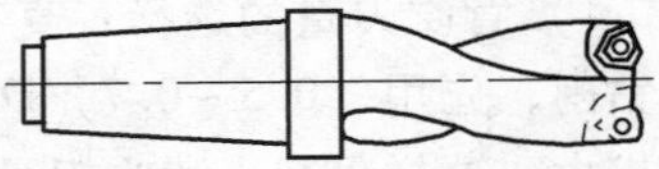

3. 扩孔余量与切削用量

扩孔的余量一般为孔径的 1/8 左右，对于小于 ϕ25mm 的孔，扩孔余量为 1 ~ 3mm，较大的孔为 3 ~ 9mm。扩孔时的进给量大小主要受表面质量要求限制，切削速度受刀具使用寿命的限制。

图 7-12　可转位扩孔钻

四、锪孔

1. 锪孔的特点

锪孔是指用锪钻或锪刀刮平孔的端面或切出沉孔的加工方法，通常用于加工沉头螺钉的沉头孔、锥孔、小凸台面等。锪孔时切削速度不宜过高，以免产生径向振纹或出现多棱形等质量问题。

2. 锪孔刀具

锪钻一般分柱形锪钻、锥形锪钻和端面锪钻三种。

（1）柱形锪钻　锪圆柱形埋头孔的锪钻称为柱形锪钻，其结构如图 7-13a 所示。柱形锪钻起主要切削作用的是端面切削刃，螺旋槽的斜角就是它的前角（$\gamma_0 = \beta_0 = 15°$），后角 $\alpha_0 = 8°$。锪钻前端有导柱，导柱直径与工件已有孔为紧密的间隙配合，以保证良好的定心和导向。一般导柱是可拆的，也可以把导柱和锪钻做成一体。

（2）锥形锪钻　锪锥形埋头孔的锪钻称为锥形锪钻，其结构如图 7-13b 所示。锥形锪钻的锥角按工件锥形埋头孔的要求不

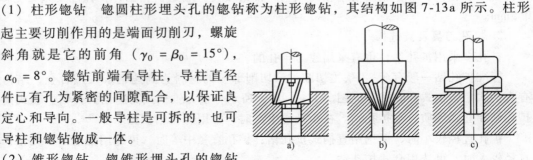

图 7-13　锪孔的加工

a）柱形锪钻锪孔　b）锥形锪钻锪

锥孔　c）端面锪钻锪孔端面

PROJECT

同，有 $60°$、$75°$、$90°$、$120°$ 共 4 种，其中 $90°$ 用得最多。锥形锪钻直径在 $12 \sim 60\,\mathrm{mm}$ 之间，齿数为 $4 \sim 12$ 个，前角 $\gamma_0 = 0°$，后角 $\alpha_0 = 6° \sim 8°$。为了改善钻尖处的容屑条件，每隔一齿将切削刃切去一块。

（3）端面锪钻　专门用来锪平孔口端面的锪钻称为端面锪钻，如图 7-13c 所示，其端面刀齿为切削刃，前端导柱用来导向定心，以保证孔端面与孔中心线的垂直度。

（4）锪孔工作要点　锪孔存在的主要问题是所锪的端面或锥面出现振痕，使用麻花钻改制的锪钻，振痕尤其严重。为此在锪孔时应注意以下事项：

1）锪孔时，进给量为钻孔的 $2 \sim 3$ 倍，切削速度为钻孔的 $1/3 \sim 1/2$。精锪时，往往用更小的主轴转速来锪孔，以减少振动而获得光滑表面。

2）尽量选用较短的钻头来改磨锪钻，并注意修磨前刀面，减小前角，以防止扎刀和振动。还应选用较小后角，防止多角形。

3）锪钢件时，因切削热量大，应在导柱和切削表面加注切削液。

五、铰孔

1. 铰孔的特点

铰孔是利用铰刀从工件孔壁上切除微量金属层，以提高其尺寸精度，降低表面粗糙度值的方法。铰孔精度等级可达到 IT7 ~ IT8 级，表面粗糙度值可达 $Ra(0.8 \sim 1.6)\,\mu\mathrm{m}$，适用于孔的半精加工及精加工。铰刀是定尺寸刀具，有 $6 \sim 12$ 个切削刃，刚性和导向性比扩孔钻更好，适合加工中小直径孔。铰孔之前，工件应经过钻孔、扩孔等加工。

2. 铰孔刀具及其选择

加工中心上使用的铰刀多是通用标准铰刀。此外，还有机夹硬质合金刀片单刃铰刀和浮动铰刀等。

通用标准铰刀如图 7-14 所示，有直柄、锥柄和套式三种。锥柄铰刀直径为 10 ~ 32mm，直柄铰刀直径为 6 ~ 20mm，小孔直柄铰刀直径为 1 ~ 6mm，套式铰刀直径为 25 ~ 80mm。加工精度为 IT8 ~ IT9 级、表面粗糙度值为 $Ra(0.8 \sim 1.6)\,\mu\mathrm{m}$ 的孔时，多选用通用标准铰刀。

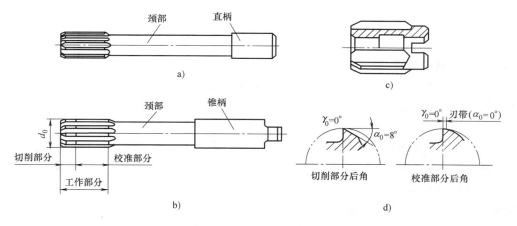

图 7-14　通用标准铰刀

a) 直柄机用铰刀　b) 锥柄机用铰刀　c) 套式机用铰刀　d) 切削校准部分角度

项目七　加工孔系零件

铰刀工作部分包括切削部分与校准部分。切削部分为锥形，担负主要切削工作。切削部分的主偏角为 5°~15°，前角一般为 0°，后角一般为 5°~8°。校准部分的作用是校正孔径、修光孔壁和导向。为此，这部分带有很窄的刃带（$\gamma_0 = 0°$，$\alpha_0 = 0°$）。校准部分包括圆柱部分和倒锥部分。圆柱部分保证铰刀直径和便于测量，倒锥部分可减少铰刀与孔壁的摩擦和减小孔径扩大量。

标准铰刀有 4~12 齿。铰刀的齿数除了与铰刀直径有关外，主要根据加工精度的要求选择。齿数对加工表面粗糙度的影响并不大。齿数过多，刀具的制造重磨都比较麻烦，而且会因齿间容屑槽减小，而造成切屑堵塞和划伤孔壁以致铰刀折断的后果。齿数过少，则铰削时的稳定性差，刀齿的切削负荷增大，且容易产生几何形状误差。铰刀齿数可参照表 7-1 选择。

表 7-1　铰刀齿数的选择

铰刀直径/mm		1.5~3	3~14	14~40	>40
齿数	一般加工精度	4	4	6	8
	高加工精度	4	6	8	10~12

加工 IT5~IT7 级、表面粗糙度要求为 $Ra0.7\mu m$ 的孔时，可采用机夹硬质合金刀片的单刃铰刀。这种铰刀的结构如图 7-15 所示，刀片 3 通过楔套 4 用螺钉 1 固定在刀体 5 上，通过螺钉 7、销子 6 可调节铰刀尺寸。导向块 2 可采用粘结和铜焊固定。机夹单刃铰刀应有很高的刃磨质量。因为精密铰削时，半径上的铰削余量是在 $10\mu m$ 以下，所以刀片的切削刃要磨得异常锋利。

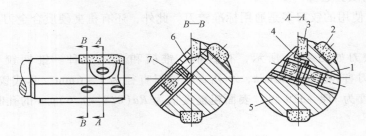

图 7-15　硬质合金单刃铰刀
1、7—螺钉　2—导向块　3—刀片　4—楔套　5—刀体　6—销子

3. 铰削用量的选择

（1）铰削余量　铰削余量是留作铰削加工的切深的大小。通常铰孔余量比扩孔或镗孔的余量要小，铰削余量太大会增大切削压力而损坏铰刀，导致加工表面粗糙度值过大。余量过大时，可采取粗铰和精铰分开，以保证技术要求。

另一方面，如果毛坯余量太小会使铰刀过早磨损，不能正常切削，也会使表面粗糙度差。一般铰削余量为 0.1~0.25mm，对于较大直径的孔，余量不能大于 0.3mm。

有一种经验建议留出铰刀直径 1%~3% 大小的厚度作为铰削余量（直径值），如 $\phi20mm$ 的铰刀加工 $\phi19.6mm$ 左右的孔直径比较合适。计算方法为

$$20mm - (20mm \times 2\%) = 19.6mm$$

对于硬材料和一些航空材料，铰孔余量通常取得更小。表 7-2 列出了铰孔余量的参考值。

表 7-2　铰孔余量（直径值）

孔的直径	<φ8mm	φ(8~20)mm	φ(21~32)mm	φ(33~50)mm	φ(51~70)mm
铰孔余量/mm	0.1~0.2	0.15~0.25	0.2~0.3	0.25~0.35	0.25~0.35

（2）铰孔的进给率　铰孔的进给率比钻孔要大，通常为钻孔的 2~3 倍。取较高进给率的目的是使铰刀切削材料而不是摩擦材料。但铰孔的表面粗糙度值随进给量的增加而增大。

进给量过小时，会导致刀具径向摩擦力的增大，铰刀会迅速磨损引起铰刀颤动，使孔的表面变粗糙。

标准高速钢铰刀加工钢件，表面粗糙度要求为 $Ra0.63\mu m$，则进给量不能超过 $0.5mm/r$，对于铸铁件，可增加至 $0.85mm/r$。

（3）铰孔操作的主轴转速　铰削用量各要素对铰孔的表面粗糙度均有影响，其中以铰削速度影响最大。如用高速钢铰刀铰孔，要获得较好的粗糙度，如要求为 $Ra0.63\mu m$，对中碳钢工件来说，铰削速度不应超过 5m/min，因为此时不易产生积屑瘤，且速度也不高；而铰削铸铁时，因切屑断为粒状，不会形成积屑瘤，故铰销速度可以提高到 8~10m/min。如果采用硬质合金铰刀，铰削速度可提高到 90~130m/min，但应修整铰刀的某些角度，以避免出现打刀现象。

通常铰孔的主轴转速可选为同材料上钻孔主轴转速的 2/3。例如，如果钻孔主轴转速为 500r/min，那么铰孔主轴转速定为它的 2/3 比较合理，即 500r/min×0.660＝330r/min。

六、镗孔

1. 镗孔的特点

镗孔是利用镗刀对工件上已有尺寸较大孔的加工，特别适合于加工分布在同一或不同表面上的孔距和位置精度要求较高的孔系。镗孔加工公差等级可达到 IT7 级，表面粗糙度值为 $Ra(0.8~1.6)\mu m$，应用于高精度加工场合。镗孔时，要求镗刀和镗杆必须具有足够的刚度；镗刀夹紧牢固，装卸和调整方便；具有可靠的断屑和排屑措施，确保切屑顺利折断和排出，精镗孔的余量一般单边小于 0.4mm。

2. 镗孔刀具及其选择

镗孔所用刀具为镗刀。镗刀种类很多，按切削刃数量可分为单刃镗刀和双刃镗刀。

镗削通孔、阶梯孔和不通孔可分别选用图 7-16a、b、c 所示的单刃镗刀。单刃镗刀头结

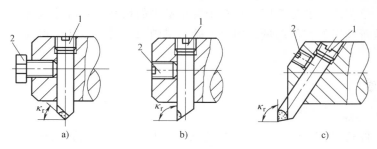

图 7-16　单刃镗刀

a）镗削通孔　b）镗削阶梯孔　c）镗削不通孔

1—调节螺钉　2—紧固螺钉

项目七　加工孔系零件

构类似车刀，用螺钉装夹在镗杆上。图7-16中，螺钉1用于调整尺寸，螺钉2起锁紧作用。单刃镗刀刚性差，切削时易引起振动，所以镗刀的主偏角选得较大，以减小径向力。镗铸铁孔或精镗时，一般取 $\kappa_r = 90°$；粗镗钢件孔时，取 $\kappa_r = 60° \sim 75°$，以提高刀具的使用寿命度。所镗孔径的大小要靠调整刀具的悬伸长度来保证，调整麻烦，效率低，只能用于单件小批量生产。但单刃镗刀结构简单，适应性较广，粗、精加工都适用。

在孔的精镗中，目前较多地选用精镗微调镗刀。这种镗刀的径向尺寸可以在一定范围内进行微调，调节方便，且精度高，其结构如图7-17所示。调整尺寸时，先松开拉紧螺钉6，然后转动带刻度盘的调整螺母3，待调至所需尺寸，再拧紧螺钉6，使用时应保证锥面靠近大端接触（即镗杆90°锥孔的角度公差为负值），且与直孔部分同心。键与键槽配合间隙不能太大，否则微调时就不能达到较高的精度。

镗削大直径的孔可选用图7-18所示的双刃镗刀。这种镗刀头部可以在较大范围内进行调整，且调整方便，最大镗孔直径可达1000mm。双刃镗刀的两端有一对对称的切削刃同时参加切削，与单刃镗刀相比，每转进给量可提高一倍左右，生产效率高，同时可以消除切削力对镗杆的影响。

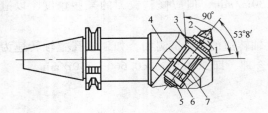

图 7-17 微调镗刀
1—刀体 2—刀片 3—调整螺母 4—刀杆
5—螺母 6—拉紧螺钉 7—导向键

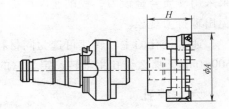

图 7-18 双刃镗刀

3. 镗削用量的选择

在数控铣床上加工时，总的加工余量要比普通机床上加工时的余量少20% ~40%。加工余量通常根据实际经验分配到每一个工步中去。例如在镗削加工中，粗镗加工余量占总余量的70%，半精镗占20%，最后精镗所剩部分。

进给量是根据刀尖半径和加工表面粗糙度确定的。刀片的选择与所加工零件的材料、硬度，以及进给量有关。切削速度的确定与刀具的使用寿命有关。对每种切削速度和刀具的使用寿命来说有一个相应的加工费用，相对于费用最少的切削参数就是最优的。

最后，校验所选用的切削用量，如果检验结果满意，就可以认为得到的优化切削用量是可用的。

七、攻螺纹

1. 攻螺纹的特点

用丝锥在工件孔中切削出内螺纹的加工方法称为攻螺纹（俗称攻丝）。

攻螺纹加工的多为三角形螺纹，为零件间连接结构。常用的三角形螺纹有；牙型角为60°的米制螺纹，也称普通螺纹；牙型角为55°的英制螺纹；用于管道连接的英制管螺纹和圆锥管螺纹。

2. 丝锥及其选用

丝锥是攻螺纹并能直接获得螺纹尺寸的刀具，一般由合金工具钢或高速钢制成。丝锥的基本结构如图 7-19 所示，其外表面是轴向开槽的外螺纹。丝锥前端切削部分制成圆锥，有锋利的切削刃；中间为导向校正部分，起修光和引导丝锥轴向运动的作用；工具尾部通过夹头和标准锥柄与机床上轴锥孔连接。

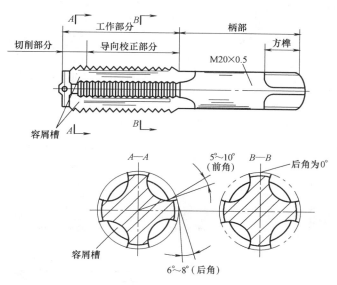

图 7-19　丝锥的基本结构

常用的丝锥分为机用丝锥和手用丝锥两种，手用丝锥由两支或三支（头锥、二锥和三锥）组成一种规格，机用丝锥每种规格只有一支。

攻螺纹加工的实质是用丝锥进行成形加工，丝锥的牙型、螺距、螺旋槽形状、倒角类型、丝锥的材料、切削的材料和刀套等因素影响内螺纹孔加工质量。

根据丝锥倒角长度的不同，丝锥分为：平底丝锥、插丝丝锥、锥形丝锥。丝锥倒角长度会影响 CNC 加工中的编程深度数据。

丝锥的倒角长度可以用螺纹线数表示，锥形丝锥的常见线数为 8~10，插丝丝锥为 3~5，平底丝锥为 1~1.5。各种丝锥的倒角角度也不一样，通常锥形丝锥为 4°~5°，插丝丝锥为 8°~13°，平底丝锥为 25°~35°。

不通孔加工通常需要使用平底丝锥，通孔加工大多数情况下选用插丝丝锥，极少数情况下也使用锥形丝锥。总体说来，倒角越大，钻孔留下的深度间隙就越大。

按照与之连接的丝锥刀套的不同，丝锥分两种类型：刚性丝锥，如图 7-20 所示；浮动丝锥（张力补偿型丝锥），如图 7-21 所示。

浮动型丝锥刀套的设计使丝锥工作过程中的受力与手动攻螺纹类似，这种类型的刀套允许丝锥在一定的范围缩进或伸出，而且浮动刀套可调节转矩，用以改变丝锥张紧力。

使用刚性丝锥则要求 CNC 机床控制器具有同步攻螺纹功能，攻螺纹时必须保持丝锥导程和主轴转速之间的同步关系：$F = PS$。

除非 CNC 机床具有同步运行功能，支持刚性攻螺纹，否则应选用浮动丝锥，但浮动丝锥较为昂贵。

项目七　加工孔系零件

159

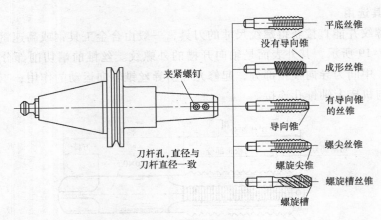

图 7-20　刚性丝锥

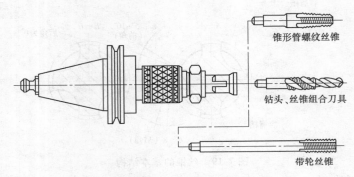

图 7-21　浮动丝锥

使用浮动丝锥攻螺纹时，可将进给率适当下调 5%，将有更好的攻螺纹效果。当给定的 Z 向进给速度略小于螺旋运动的轴向速度时，丝锥切入孔中几牙后，将被螺旋运动向下引拉到攻螺纹深度，有利于保护浮动丝锥，一般攻螺纹刀套的拉伸要比刀套的压缩更为灵活。

八、孔加工的常用切削用量

在孔加工过程中，切削用量简易的选取法是采用估算法。如采用国产硬质合金刀具粗加工，切削速度一般选取 70mm/min，进给速度可根据主轴转速和被加工孔径的大小，取每转或每齿 0.1mm 进给量加以换算。采用国产硬质合金刀具精加工时，切削速度可取 80m/min，进给速度取每转或每齿 0.06 ~ 0.08mm，材质好的刀具切削用量还可加大。刀杆细长时，为防止切削中产生振动，切削速度要大大降低。使用高速钢刀具时，切削速度可取 20 ~ 25m/min。

表 7-3 ~ 表 7-6 所列为推荐的孔加工常用切削用量，供参考。

表 7-3　高速钢钻头钻孔的切削用量

工件材料	工件材料牌号或硬度	切削用量	钻头直径 d/mm			
			1 ~ 6	6 ~ 12	12 ~ 22	22 ~ 50
铸铁	160 ~ 200HBW	v_c/(mm/min)	16 ~ 24			
		f/(mm/r)	0.07 ~ 0.12	0.12 ~ 0.2	0.2 ~ 0.4	0.4 ~ 0.8

工件材料	工件材料牌号或硬度	切削用量	钻头直径 d/mm			
			1 ~ 6	6 ~ 12	12 ~ 22	22 ~ 50
铸铁	200 ~ 240HBW	v_c/(mm/min)	10 ~ 18			
		f/(mm/r)	0.05 ~ 0.1	0.1 ~ 0.18	0.18 ~ 0.25	0.25 ~ 0.4
	300 ~ 400HBW	v_c/(mm/min)	5 ~ 12			
		f/(mm/r)	0.03 ~ 0.08	0.08 ~ 0.15	0.15 ~ 0.2	0.2 ~ 0.3
钢	35、45 钢	v_c/(mm/min)	8 ~ 25			
		f/(mm/r)	0.05 ~ 0.1	0.1 ~ 0.2	0.2 ~ 0.3	0.3 ~ 0.45
	15Cr、20Cr	v_c/(mm/min)	12 ~ 30			
		f/(mm/r)	0.05 ~ 0.1	0.1 ~ 0.2	0.2 ~ 0.3	0.3 ~ 0.45
	合金钢	v_c/(mm/min)	8 ~ 15			
		f/(mm/r)	0.03 ~ 0.08	0.08 ~ 0.15	0.15 ~ 0.25	0.25 ~ 0.35
铝	铝合金	v_c/(mm/min)	20 ~ 50			
		f/(mm/r)	0.02 ~ 0.2	0.1 ~ 0.3	0.2 ~ 0.35	0.3 ~ 1.0
铜	青铜、黄铜	v_c/(mm/min)	60 ~ 90			
		f/(mm/r)	0.05 ~ 0.1	0.1 ~ 0.2	0.2 ~ 0.35	0.35 ~ 0.75

表 7-4 高速钢铰刀铰孔的切削用量

工件材料	切削用量	钻头直径 d/mm				
		6 ~ 10	10 ~ 15	15 ~ 25	25 ~ 40	40 ~ 60
铸铁	v_c/(mm/min)	2 ~ 6				
	f/(mm/r)	0.3 ~ 0.5	0.5 ~ 1	0.8 ~ 1.5		1.2 ~ 1.8
钢及合金钢	v_c/(mm/min)	1.2 ~ 5				
	f/(mm/r)	0.3 ~ 0.4	0.4 ~ 0.5	0.5 ~ 0.6		
铜、铝及其合金	v_c/(mm/min)	8 ~ 12				
	f/(mm/r)	0.3 ~ 0.5	0.5 ~ 1	0.8 ~ 1.5		1.5 ~ 2

表 7-5 攻螺纹的切削用量

工件材料	铸铁	钢及合金钢	铝及其合金
v_c/(mm/min)	2.5 ~ 5	1.5 ~ 5	5 ~ 15

表 7-6 镗孔的切削用量

工序及刀具材料	工件材料及切削用量	铸铁		钢及合金钢		铜、铝及其合金	
		v_c/(mm/min)	f/(mm/r)	v_c/(mm/min)	f/(mm/r)	v_c/(mm/min)	f/(mm/r)
粗镗	高速钢	20 ~ 25	0.4 ~ 1.5	15 ~ 30	0.35 ~ 0.7	100 ~ 150	0.5 ~ 1.5
	硬质合金	30 ~ 35		50 ~ 70		100 ~ 250	
半精镗	高速钢	20 ~ 25	0.15 ~ 0.45	15 ~ 50	0.15 ~ 0.45	100 ~ 200	0.2 ~ 0.5
	硬质合金	50 ~ 70		95 ~ 130			
精镗	高速钢	70 ~ 90	0.08 ~ 0.1	100 ~ 135	0.12 ~ 0.15	150 ~ 400	0.06 ~ 0.1
	硬质合金		0.12 ~ 0.15				

任务三　项目实施

一、工艺分析与工艺设计

1. 图样分析

图 7-1 所示的零件由两个不通孔和 1 个螺纹孔组成，两个孔直径的尺寸公差为（0，+0.05），孔深尺寸公差分别为（0，+0.1）和（-0.1，0），孔的位置尺寸公差为 ±0.01mm，位置度公差为 0.05mm。在编写加工程序时，公差不对称的加工部位要采用公差的中间值编程。用钻头加工通孔时，要注意钻头导向部分的长度要完全伸出工件。用钻头加工不通孔时，Z 向尺寸要计算上刀尖的长度。

2. 加工工艺路线设计

工艺路线见表 7-7。

表 7-7　数控铣削加工工序卡片

产品名称	零件名称	工序名称	工序号	程序编号	毛坯材料	使用设备	夹具名称
	孔系零件	数控铣		O0010	45 钢	数控铣床	平口钳
工步号	工步内容	刀具			主轴转速 /(r·min⁻¹)	进给速度 /(mm·min⁻¹)	切削深度 /mm
		类型	材料	规格			
1	钻中心孔	中心钻	高速钢	A2	800	60	
2	钻 1 号和 3 号预制孔	麻花钻	高速钢	φ17.5mm	275	80	8.75
3	钻 2 号预制孔	麻花钻	高速钢	φ19.6mm	220	80	9.8
4	加工 M20 螺纹	丝锥	高速钢	M20	200	500	
5	铣 2 号和 3 号孔	键槽铣刀	高速钢	φ20mm	1500	540	1.25

3. 刀具选择

刀具见表 7-8。

表 7-8　刀具表

刀具号	刀具规格	刀具长度补偿号	刀具号	刀具规格	刀具长度补偿号
T01	A2 中心钻	H01	T04	M20 丝锥	H04
T02	φ17.5mm 麻花钻	H02	T05	φ20mm 键槽铣刀	H05
T03	φ19.6mm 麻花钻	H03			

二、程序编制

选择工件上表面的左下角点为工件坐标系原点，编制程序如下：

程序	说明
O4005;	主轴上安装 T01 刀具，A2 中心钻钻中心孔
N010　G54　G17　G21　G40　G49　G90　G80;	
N020　M03　S800;	

| N030 | G00 | X0 | Y0 ; | | | 刀具快速定位到工件坐标系原点上方 |

N030　G00　X0　Y0 ；　　　　　　　　刀具快速定位到工件坐标系原点上方

N040　G43　G00　H1　Z100.0　M08 ；　建立 1 号刀具长度补偿，切削液开

N060　G99　G81　X50.0　Y30.0　Z－2.0　R3.0　F60 ；

　　　　　　　　　　　　　　　　　　钻 2 号孔的中心孔

N070　X80.0　Y50.0　　　　　　　　　钻 3 号孔的中心孔

N080　G98　X20.0　Y80.0　　　　　　 钻 1 号孔的中心孔

N090　G80　M09 ；　　　　　　　　　 取消孔加工固定循环,切削液关

N100　G49　G28　G91　Z0 ；　　　　　取消 1 号刀具长度补偿,回参考点

N110　M05 ；　　　　　　　　　　　　主轴停转

N120　M00 ；　　　　　　　　　　　　程序暂停,手动换上 T02 刀具,使用 φ17.5mm
　　　　　　　　　　　　　　　　　　钻头钻 2 号和 3 号孔

N130　G54　G17　G21　G40　G49　G90　G80 ；

N140　M03　S625 ；

N150　G43　G00　H02　Z100.0　M08 ；　建立 2 号刀具长度补偿,切削液开

N160　G00　X50.0　Y30.0 ；

N170　G99　G81　X80.0　Y50.0　Z－14.5　R3.0　F150 ；

　　　　　　　　　　　　　　　　　　钻 3 号孔的预制孔

N180　G98　X20.0　Y80.0　Z－28.0 ；　钻 M20 螺纹的底孔

N190　G80　M09 ；

N200　G49　G28　G91　Z0 ；　　　　　取消 2 号刀具长度补偿

N210　M05 ；

N220　M00 ；　　　　　　　　　　　　程序暂停,手动换上 T04 刀具,使用 M20
　　　　　　　　　　　　　　　　　　丝锥加工螺纹

N230　G54　G17　G21　G40　G49　G90　G80 ；

N240　M03　S200 ；

N250　G00　X0　Y60.0 ；

N260　G43　G00　H04　Z100.0　M08 ；　建立 4 号刀具长度补偿

N270　G98　G84　X20.0　Y80.0　Z－25.0　R3.0　F500 ；

　　　　　　　　　　　　　　　　　　用攻螺纹循环指令加工螺纹,进给速度
　　　　　　　　　　　　　　　　　　F＝200r/min（主轴速度）×2.5mm/r（导
　　　　　　　　　　　　　　　　　　程）＝500mm/min

N280　G80　M09 ；

N290　G49　G28　G91　Z0 ；　　　　　取消 4 号刀具长度补偿,回参考点

N300　M05 ；

N310　M00 ；　　　　　　　　　　　　程序暂停,手动换上 3 号刀具

N320　G54　G17　G21　G40　G49　G90　G80 ；

N330　M03　S500 ；

N340　G00　X0　Y0 ；

N350　G43　G00　H03　Z100.0　M08 ；　建立 3 号刀具长度补偿

N360　G98　G81　X50.0　Y30.0　Z－15.938　R3.0　F100；

　　　　　　　　　　　　　　　　　　钻2号不通孔

N370　G80　M09；

N380　G49　G28　G91　Z0；　　　　取消3号刀具长度补偿,回参考点

N390　M05；

N400　M00；　　　　　　　　　　　程序暂停,手动换上5号刀具

N410　G54　G17　G21　G40　G49　G90　G80；

N420　M03　S1500；

N430　G00　X0　Y0；　　　　　　　刀具到达3号孔上方

N440　G43　G00　H05　Z100.0　M08；　建立5号刀具长度补偿

N445　X50.0　Y30.0；

N450　Z3.0；　　　　　　　　　　　快速下降到安全高度

N460　G01　Z－9.95　F40；　　　　加工3号孔

N470　G04　P2000；　　　　　　　孔底进给暂停3s,对孔底进行光整加工

N480　G01　Z3.0；　　　　　　　　刀具提升到安全高度

N482　G00　X80.0　Y50.0；

N484　G01　Z－15.05　F540；

N486　G04　P2000；

N488　Z3.0；

N490　G49　G28　G91　Z0；　　　　取消5号刀具长度补偿,回参考点

N500　M05；

N510　M02；　　　　　　　　　　　程序结束

三、装夹刀具

此处略。

四、装夹工件

采用机用虎钳直接装夹零件,零件底部用垫铁块垫起。在装夹时注意垫铁的放置位置,应避开通孔的加工位置。

五、输入程序

此处略。

六、对刀

此处略。

七、启动自动运行，加工零件

在加工过程中,使用M00指令暂停后更换刀具。

八、测量零件

此处略。

任务四 完成本项目的实训任务

一、实训目的

1）能够对孔系零件进行数控铣削数控工艺分析。
2）熟练掌握 G81、G82、G84、G86 指令的含义和用法。
3）学会编程和加工孔系零件。

二、实训内容

零件如图 7-22 所示，毛坯尺寸为 60mm×60mm×10mm，材料为 45 钢，试编程并加工该零件。

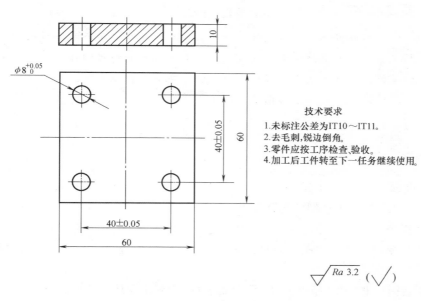

技术要求
1.未标注公差为IT10~IT11。
2.去毛刺,锐边倒角。
3.零件应按工序检查、验收。
4.加工后工件转至下一任务继续使用。

图 7-22 孔系加工实训零件图

三、实训要求

1）分析零件图样，选择定位基准和加工方法，确定进给路线，选择刀具和装夹方法，确定各切削用量参数，填写数控加工工序卡片，参见表 7-7。
2）根据工件的加工工艺分析和所使用数控铣床的编程指令说明，编写加工程序。
3）使用数控铣床加工零件。
4）测量工件。根据零件图要求，选择合适的量具对工件进行检测，并对工件进行质量分析。
5）撰写实训报告。

经验积累

    1. 为了提高加工效率，在指令固定循环前，应先使主轴旋转。由于固定循环是模态指令，因此在固定循环有效期间，如果 X、Y、Z 中的任意一个被改变，就要进行一次孔加工。

    2. 在固定循环方式中，刀具半径补偿功能无效。

    3. 采用 G87 和 G76 指令精镗孔时，一定要在加工前验证刀具退刀方向的正确性，以保证刀具沿刀尖的反方向退刀。

    4. 铰孔的精加工余量一般取 0.1~0.2mm（直径量），精镗孔的精加工余量一般取 0.4~0.6mm（直径量）。

    5. 基准面要与钳口贴平，确保钳口干净。用百分表找正工件时，要保护好百分表。

    6. 采用钻夹头装夹铣刀，要注意三爪都要与刀柄接触。

项目总结

    本项目以加工孔系零件为主线，介绍了孔加工指令的应用，介绍了各种孔加工方法和刀具的选用方法，训练了孔系零件的编程和加工方法。通过本项目的学习，学员要能熟练应用孔加工指令在数控铣床上加工孔系零件。在加工孔系零件时要注意加注切削液，防止刀具和工件烧坏。

思考与训练

一、判断题

1. G73、G83 指令为攻螺纹循环指令。 （　　　）

2. G81 指令为钻孔循环指令。 （　　　）

3. G83 指令与 G81 指令的主要区别是，G83 指令用于进行深孔加工，采用间歇进给，有利于排屑。 （　　　）

4. 在固定循环中，G99 指令是抬刀到起始平面，G98 指令是抬刀到参考平面。 （　　　）

5. 使用 G84 指令攻螺纹时，进给速度要根据零件材料确定。 （　　　）

6. 用麻花钻钻孔时，孔的表面粗糙度值可达到 $Ra1.6\mu m$。 （　　　）

7. 加工精度要求高的孔时，钻孔之后还要铰孔。 （　　　）

8. G81 指令和 G82 指令的区别在于，G82 指令在孔底加进给暂停动作。 （　　　）

9. 用 G84 指令攻螺纹时，没有 Q 参数。 （　　　）

10. "G81 X0 Y−20 Z−3 R5 F50" 与 "G99 G81 X0 Y−20 Z−3 R5 F50" 意义相同。 （　　　）

二、单项选择题

1. 对于箱体类零件，其加工顺序一般为（　　　）。

A. 先孔后面，基准面先行   B. 先孔后面，基准面后行

C. 先面后孔，基准面先行   D. 先面后孔，基准面后行

2. 固定循环加工后返回初始平面用（   ）指令。

A. G98   B. G99   C. G80   D. G40

3. 精镗固定循环指令为（   ）。

A. G85   B. G86   C. G75   D. G76

4. 在固定循环指令"G90 G98 G73 X__ Y__ Z__ R__ Q__ F__;"中，Q表示（   ）。

A. R点平面Z坐标 B. 每次背吃刀量   C. 孔深   D. 让刀量

5. FANUC系统中G80指令是指（   ）。

A. 镗孔循环   B. 反镗孔循环   C. 攻螺纹循环   D. 取消固定循环

6. （   ）指令可实现钻孔循环。

A. G90   B. G81   C. G84   D. M00

7. 深孔加工中，效率较高的是（   ）指令。

A. G73   B. G83   C. G81   D. G82

8. 在（50，50）坐标点，钻一个深10mm的孔，Z轴坐标零点位于零件表面上，则指令为（   ）。

A. G85 X50.0 Y50.0 Z−10.0 R0 F50;

B. G81 K50.0 Y50.0 Z−10.0 R0 F50;

C. G81 X50.0 Y50.0 Z−10.0 R5.0 F50;

D. G83 X50.0 Y50.0 L10.0 R5.0 F50;

9. 标准麻花钻的锋角为（   ）。

A. 118°   B. 35°～40°   C. 50°～55°   D. 112°

10. 钻小孔或长径比较大的孔时，应取（   ）的转速钻削。

A. 较低   B. 中等   C. 较高   D. 不一定

三、实训题

零件如图7-23所示，材料为45钢，编程并加工零件的孔系。

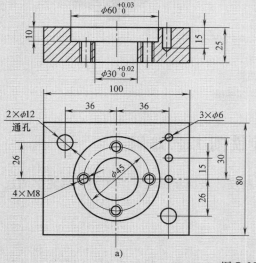

a)

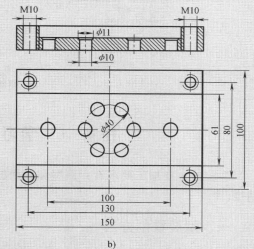

b)

图7-23 实训零件

项目八　加工凹模型腔

▶ **学习目标**

❖ 掌握型腔铣削工艺知识
❖ 能编程并加工型腔零件

　　本项目要求运用数控铣床加工如图 8-1 所示的凹模型腔，毛坯为 50mm × 50mm × 14mm 方料，毛坯为铝件，牌号为 2A12，零件外轮廓已经加工，要求编程并加工该凹模的型腔。

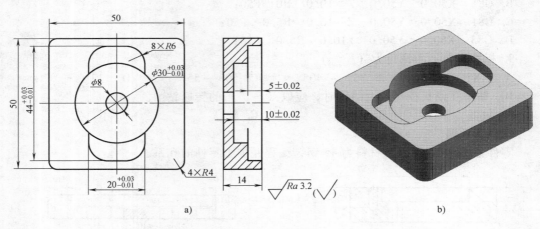

图 8-1　凹模
a）零件图　b）实体图

任务一　学习型腔铣削工艺知识

　　型腔的主要加工要求有：侧壁和底面的尺寸精度、表面粗糙度、二维平面内轮廓的尺寸精度。

一、型腔铣削方法

　　型腔的加工分粗、精加工。先粗加工切除内部大部分材料，粗加工不可能都在顺铣模式下完成，也不可能保证所有地方留作精加工的余量完全均匀，所以在精加工之前通常要进行半精加工。

对于较浅的型腔，可用键槽铣刀插削到底面深度，先铣型腔的中间部分，然后再利用刀具半径补偿对垂直侧壁轮廓进行精铣加工。

对于较深的内部型腔，宜在深度方向分层切削，常用的方法是预先钻削一个深为所需深度的孔，然后再使用比孔尺寸小的平底立铣刀从 Z 向进入预定深度，随后进行侧面铣削加工，将型腔扩大到所需的尺寸、形状。

型腔铣削时有两个重要的工艺要考虑：①刀具切入工件的方法；②刀具粗、精加工的刀路设计。

二、刀具选用

适合于型腔铣削的刀具有平底立铣刀、键槽铣刀。型腔的斜面、曲面区域要用 R 刀或球头刀加工。

型腔铣削时，立铣刀在封闭边界内进行加工。立铣刀加工方法受到型腔内部结构特点的限制。

立铣刀对内轮廓精铣削加工中，其刀具半径一定要小于零件内轮廓的最小曲率半径，刀具半径一般取内轮廓最小曲率半径的 0.8 ~ 0.9 倍。粗加工时，在不干涉内轮廓的前提下，尽量选用直径较大的刀具，直径大的刀具比直径小的刀具的抗弯强度大，加工中不容易引起受力弯曲和振动。

在刀具切削刃（螺旋槽长度）满足最大深度的前提下，尽量缩短刀具从主轴伸出的长度和立铣刀从刀柄夹持工具的工作部分中伸出的长度。立铣刀的长度越长，抗弯强度越小，受力弯曲程度大，会影响加工的质量，并容易产生振动，加速切削刃的磨损。

三、型腔铣削的工艺路线设计

1. 型腔铣削加工的刀具引入方法

与外轮廓加工不同，型腔铣削时，要考虑如何 Z 向切入工件实体的问题。通常刀具 Z 向切入工件实体有如下几种方法：

1）使用键槽铣刀沿 Z 轴垂直向下进给切入工件。

2）先预钻一个孔，再用直径比孔径小的立铣刀切削。

3）斜线进给及螺旋进给。

斜线进给及螺旋进给，都是靠铣刀的侧刃逐渐向下铣削而实现向下进给的，所以这两种进给方式可以用于端部切削能力较弱的面铣刀（如可转位硬质合金铣刀）的向下进给。同时斜线或螺旋进给可以改善进给时的切削状态，保持较高的速度和较小的切削负荷。

斜向切入同时使用 Z 轴和 X 轴或 Y 轴进给。斜角角度随着立铣刀直径的不同而不同，如 $\phi25mm$ 刀具的常见斜角为 25°，$\phi50mm$ 的刀具为 8°，$\phi100mm$ 的刀具为 3°，这种切入方法适用于平底、球头和 R 形立铣刀。小于 $\phi20mm$ 的刀具要使用较小的角度，一般为3° ~ 10°。

2. 圆腔挖腔程序的编制

圆腔挖腔一般从圆心开始，根据所用刀具，也可先预钻一孔，以便进给。挖腔加工多用立铣刀或键槽铣刀。

如图 8-2 所示，挖腔时，刀具快速定位到 R 点，从 R 点转入切削进给，先铣一层，切深为 Q，在一层中，刀具按宽度（行距）H 进给，按圆弧进给，H 值的选取应小于刀具直径，以免留下残留，实际加工中，根据情况选取。依次进给，直至孔的尺寸。加工完一层后，刀具快速回到孔中心，再轴向进给（层距），加工下一层，直至到达孔底尺寸 Z。最后，快速退刀，离开孔腔。

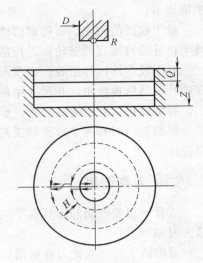

图 8-2 挖圆腔

3. 方腔挖腔程序的编制

方腔挖腔与圆腔挖腔相似，但进给路径可有以下几种，如图 8-3 所示。

图 8-3a 所示的进给路线，是从角边起刀，按 Z 字形排刀。这种进给方法编程简单，但行间在两端有残留。

图 8-3b 所示的进给路线，是从中心起刀，或长边从（长 – 宽）/2 处起刀，按逐圈扩大的路线进给，因每圈需变换终点位置尺寸，编程复杂，但腔中无残留。

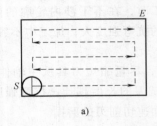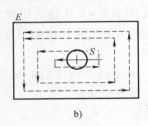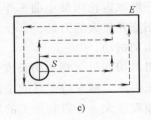

a)   b)   c)

图 8-3 挖方腔

a) 从角边起刀 b) 从中心起刀 c) 先以 Z 字形排刀，最后沿腔周走一刀

图 8-3c 所示的进给路线，结合图 8-3a、图 8-3b 所示两种方法的优点，先以 Z 字形排刀，最后沿腔周走一刀，切去残留。

编程时，刀具先快速定位在 S 点，纵向快速定位在 R 点，再切削进给至第一层切深，按上述 3 种方式选一种，切去一层后，刀具回到出发点，再纵向进给，切除第二层，直到腔底，切完后，刀具快速离开方腔，以上动作可参阅圆腔挖腔正向视图。

同样，有的系统已将上述加工过程作为宏指令，在编程时，只需指定相应参量，即可将方腔挖出。

4. 带弧岛的挖腔程序的编制

带弧岛的挖腔，不但要照顾到轮廓，还要保证弧岛。为简化编程，编程员可先将腔的外形按内轮廓进行加工，再将弧岛按外轮廓进行加工，使剩余部分远离轮廓及弧岛，再按无界平面进行挖腔加工。可用方格纸进行近似取值，以简化编程。编程中应注意如下问题：

1）刀具要足够小，尤其用改变刀具半径补偿的方法进行粗、精加工时，应保证刀具不碰型腔外轮廓及弧岛轮廓。

2）有时可能会在弧岛和边槽或 2 个弧岛之间出现残留，可用手动方法除去。

3）为切入方便，有时要先钻出切入孔。

例：带弧岛的挖腔，零件如图 8-4 所示。

因型腔内角为 $R5\mathrm{mm}$，所以选择 $\phi10\mathrm{mm}$ 立铣刀。为进给方便，切入点选在 A 点（20，−20），并预钻 $\phi10\mathrm{mm}$ 的孔。铣削程序如下：

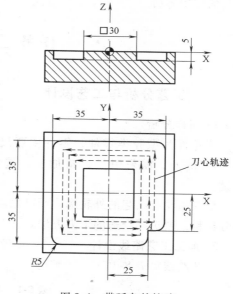

图 8-4　带弧岛的挖腔

程序	说明

…

N10　G90　G00　X20.0　Y−20.0；
　　　　　　　　快进到 A 点

N20　G00　Z3.0；

N30　G01　Z−5.0　F100；

N40　X30.0　F50；　N40 ~ N80 铣腔内轮廓，
　　　　　　　　用刀心编程

N50　Y30.0；

N60　X−30.0；

N70　Y−30.0；

N80　X20.0；

N90　Y20.0；　　　N90 ~ N120 铣弧岛

N100　X−20.0；

N110　Y−20.0；

N120　X25；

N130　Y25.0；　　　N130 ~ N150 去残留

N140　X−25.0；

N150　X18.0；

N160　G00　Z200.0　M05；

…

四、型腔铣削用量

粗加工时，为了得到较高的切削效率，应选择较大的切削用量，但刀具的切削深度与宽度应与加工条件（机床、工件、装夹、刀具）相适应。

实际应用中，一般让 Z 方向的背吃刀量不超过刀具的半径；直径较小的立铣刀，切削深度一般不超过刀具直径的 1/3。切削宽度与刀具直径大小成正比，与切削深度成反比，一般切削宽度取 0.6 ~ 0.9 倍刀具直径。值得注意的是：型腔粗加工开始第一刀，刀具为全宽切削，切削力大，切削条件差，应适当减小进给量和切削速度。

精加工时，为了保证加工质量，避免工艺系统受力变形和减小振动，精加工切深应小，数控机床的精加工余量可略小于普通机床，一般在深度、宽度方向留 0.2 ~ 0.5mm 余量进行精加工。精加工时，进给量的大小主要受表面粗糙度要求限制，切削速度的大小主要取决于刀具的使用寿命。

任务二　项目实施

一、工艺分析与工艺设计

1. 图样分析

该零件为型腔类零件，零件主要尺寸公差都要求在 0.03mm 以内，表面粗糙度要求为 $Ra3.2\mu m$，需采用粗、精加工。选择合适的下刀点及刀具半径补偿距离是加工的关键。

型腔内没有凸起的外轮廓，所以除需要进行平面内轮廓铣削以外，还要去除型腔内残余部分材料，要选择合适的下刀方法。

2. 加工工艺路线设计

工艺路线见表 8-1。

表 8-1　数控铣削加工工序卡片

产品名称	零件名称	工序名称	工序号	程序编号	毛坯材料		使用设备	夹具名称
	凹模	数控铣			2A12		数控铣床	平口钳
工步号	工步内容	刀　具			主轴转速 /(r·min⁻¹)		进给速度 /(mm·min⁻¹)	切削深度 /mm
		类型	材料	规格				
1	粗铣圆型腔	圆柱立铣刀	高速钢	$\phi10mm$	1500		300	2.5
2	粗铣 U 形型腔	圆柱立铣刀	高速钢	$\phi10mm$	1500		300	2.5
3	精铣圆型腔	圆柱立铣刀	高速钢	$\phi10mm$	1500		300	1.5
4	精铣 U 形型腔	圆柱立铣刀	高速钢	$\phi10mm$	1500		300	1.5
5	钻孔 $\phi6mm$	中心钻	高速钢	$\phi6mm$	1500		60	
6	钻孔 $\phi8mm$	麻花钻	高速钢	$\phi8mm$	1200		60	

3. 刀具选择

选用 $\phi10mm$ 立铣刀、$\phi6mm$ 中心钻和 $\phi8mm$ 麻花钻。

二、程序编制

主程序为 O1，子程序为 O2 和 O3。O3 为 $R15mm$ 圆加工子程序。D01、D02、D03、D04 为刀具的半径补偿，H01、H02、H03、H04 为刀具的长度补偿。

程序	说明
O1;	
T1;	装夹轮廓铣刀
N1　G90　G54　G00　X0　Y0;	快速定位到工件原点
N2　M08;	切削液开
N3　G50.1　Y0;	镜像取消
N4　M03　S1500;	主轴正转

N5	G43	H01	Z100；		Z 轴快速定位到工件上表面 100mm 的位置
N6	G00	Z1；			快速定位到工件上表面 1mm 的位置
N7	M98	P3	L4	D03；	调用粗加工子程序 O3（加工 R15mm 圆）调用 4 次，每次 Z 方向进给 2.5mm
N8	G90	G00	Z100；		
N9	G90	G54	G00	X0	Y0；
N10	Z1；				
N11	M98	P2	L2	D02；	调用粗加工子程序 O2 两次，每次进给 2.5mm（加工上部 U 形台阶）
N12	G90	G00	Z100；		
N13	G51.1	Y0；			对子程序 O2 进行镜像
N14	Z1；				
N15	M98	P2	L2D	02；	
N16	G90	G00	Z100；		
N17	G50.1	Y0；			镜像取消
N18	M05；				主轴停转
N19	M09；				切削液关
N20	G90	G54	G00	X0	Y0；
N21	M03	S1500；			
N22	M08；				
N23	G50.1	Y0；			
N24	G43	H02	Z100；		
N25	Z-6.5：				
N26	M98	P3	D03；		调用子程序 O3 进行精加工
N27	G90	G00	Z100：		
N28	G90	G54	G00	X0	Y0；
N29	Z-1.5．				
N30	M98	P2	D04		调用子程序 O2 进行精加工
N31	G90	G00	Z100；		
N32	G51.1	Y0；			
N33	Z-1.5：				
N34	M98	P2	D04；		
N35	G90	G00	Z100；		
N36	G50.1	Y0；			
N37	M05；				
N38	M09；				
	M00；				装夹 T2 中心钻
N39	G90	G54	G00	X0	Y0；
N40	M03	Z1200；			

N41　M08；

N42　G43　H03　Z100；

N43　Z50；

N44　G81　Z－15　F60　R－8；　　　固定循环指令进行孔加工

N45　G80　Z100；

N46　M05；

N47　M09；

M00；　　　　　　　　　　　　　　装 T3 钻头

N48　G90　G54　X0　Y0；

N49　M03　S1200：

N50　M08；

N51　G43　H04　Z100：

N52　G83　Z－15　R－8　Q3　P60；　　固定循环指令进行孔加工

N53　G90　G80　Z100；

N54　M09；

N55　M05；

N56　M30；

O2；

N1　G90　G01　G41　X－11.429　Y－9.715　F300；

N2　G91　G01　Z－3.5　F100；

N3　G90　G02　X－10　Y－13.601　R6　F300；

N4　G01　Y－22，R6；

N5　X10，　R6；

N6　Y－13.601；

N7　G02　X11.429　Y－9.715　R6；

N8　G40　G01　X0　Y0；

N9　G91　G01　Z1；

N10　M99；

O3；

N1　G91　G01　Z－3.5　F30；

N2　G90　G01　X0　Y－7　F300；

N3　G03　J7；

N4　G41　G01　X0　Y－15　F300；

N5　G03　J15；

N6　G40　G01　X0　Y0；

N7　G91　G01　Z1；

N8　M99；

三、装夹刀具

此处略。

四、装夹工件

此处略。

五、输入程序

此处略。

六、对刀

此处略。

七、启动自动运行，加工零件

此处略。

八、测量零件

此处略。

任务三　完成本项目的实训任务

一、实训目的

1）能够对型腔零件进行数控工艺分析。
2）学会编程和加工型腔零件。

二、实训内容

零件如图 8-5 所示，毛坯尺寸为 100mm × 100mm × 28mm，上表面已经加工并已达到图样要求，材料为 45 钢，试编程并加工该零件。

三、实训要求

1）分析零件图样，选择定位基准和加工方法，确定进给路线，选择刀具和装夹方法，确定各切削用量参数，填写数控加工工序卡片，参见表 8-1。

2）根据工件的加工工艺分析和所使用数控铣床的编程指令说明，编写加工程序。

3）使用数控铣床加工零件。

4）测量工件

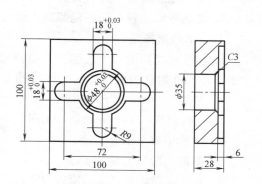

图 8-5　型腔加工实训零件图

根据零件图要求，选择合适的量具对工件进行检测，并对工件进行质量分析。

5）撰写实训报告。

经验积累

1. 毛坯处理时，要注意基准面的选择与加工。

2. 为更好地保证工件位置精度，加工零件时，要遵循基准先行原则及基准统一原则。

3. 划分工步时，要遵循先粗后精的原则。

4. 确定走刀路线时，要注意下刀点的位置。

5. 采用切向进退刀时，要注意进退刀点的选择。

项目总结

本项目以加工凹模型腔为主线，介绍了型腔铣削工艺知识，训练了型腔零件的编程和加工方法。通过本项目的学习，读者要能熟练应用数控铣床加工各种型腔零件。在加工型腔的过程中，要特别注意下刀方式。

思考与训练

一、判断题

1. 在立式数控铣床上加工封闭键槽时，通常采用立铣刀，而且不必钻落刀孔。
（　　）

2. 被加工零件轮廓上的内转角尺寸要尽量统一。（　　）

3. 在子程序中，不可以再调用另外的子程序，即不可调用二重子程序。（　　）

4. 在轮廓铣削加工中，若采用刀具半径补偿指令编程，刀补的建立与取消应在轮廓上进行，这样的程序才能保证零件的加工精度。（　　）

5. 加工中心与数控铣床的最大区别是加工中心具有自动换刀功能。（　　）

6. 行切法中的行距等于刀具的直径。（　　）

7. 加工型腔时常用垂直方式进给，这样效率高。（　　）

8. 当型腔空间较小而不能螺旋进给时，常改用斜线切入。（　　）

二、单项选择题

1. 在数控机床的加工过程中，要测量刀具和工件的尺寸、工件调头、手动变速等固定的手工操作时，需要运行（　　）指令。

A. M00　　　　　B. M98　　　　　C. M02　　　　　D. M03

2. 在数控机床上，下列划分工序的方法中错误的是（　　）。

A. 按所用刀具划分工序　　　　B. 以加工部位划分工序

C. 按粗、精加工划分工序　　　　D. 按不同的加工时间划分工序

3. 下列确定加工路线的原则中正确的说法是（　　）。

A. 加工路线最短　　　　　　　B. 使数值计算简单

C. 加工路线应保证被加工零件的精度及表面粗糙度

D. A、B、C同时兼顾

4. 精加工时应首先考虑（　　）。

A. 零件的加工精度和表面质量　B. 刀具的耐用度

C. 生产效率　　　　　　　　　D. 机床的功率

5. 材料是钢，欲加工一个尺寸为6F8深度为3mm的键槽，键槽侧面表面粗糙度要求为$Ra1.6\mu m$，最好采用（　　）。

A. $\phi6mm$键槽铣刀一次加工完成

B. $\phi6mm$键槽铣刀分粗、精加工两次完成

C. $\phi5mm$键槽铣刀沿中线粗加工一刀然后精加工两侧面

D. $\phi5mm$键槽铣刀顺铣一圈一次完成

6. 铣削外轮廓时，为避免切入/切出产生刀痕，最好采用（　　）。

A. 法向切入/切出　　　　　　　B. 切向切入/切出

C. 斜向切入/切出　　　　　　　D. 直线切入/切出

7. 下列刀具中不能用来铣削型腔的是（　　）。

A. 立铣刀　　　B. 键槽铣刀　　　C. 面铣刀　　　D. 球头刀

8. 用行（层）切削加工空间立体曲面，即三坐标运动、二坐标联动的编程方法称为（　　）加工。

A. 2维　　　　B. 2.5维　　　　C. 3维　　　　D. 3.5维

9. 对于孔系加工，要注意安排加工顺序，安排得当可避免（　　）而影响位置精度。

A. 重复定位误差　B. 定位误差　　C. 反向间隙　　D. 不重复定位误差

10.（　　）可修正上一工序所产生的孔的轴线位置误差，保证孔的位置精度。

A. 钻孔　　　　B. 扩孔　　　　C. 铰孔　　　　D. 镗孔

三、实训题

编程并加工如图8-6所示零件，材料为硬铝。

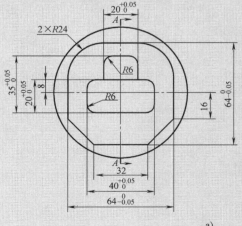
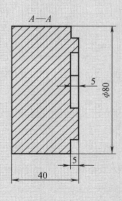

a)

图8-6　型腔零件

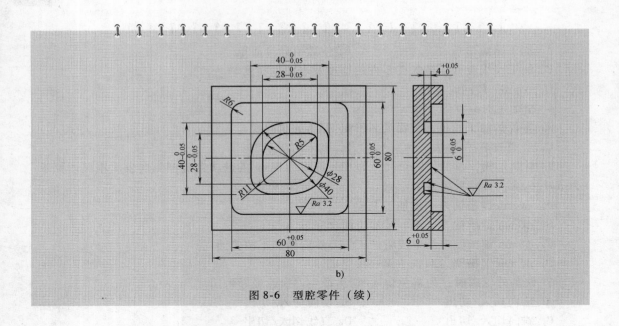

图 8-6　型腔零件（续）

项目九 加工双面零件

　　该项目的内容是使用数控铣床完成笔筒盖零件的加工，该零件需要两面加工。加工出的零件要符合图样的要求。笔筒盖的图样如图 9-1 所示。

　　通过该项目的学习，要能熟练操作数控铣床加工出合格的笔筒盖零件，特别要注意训练

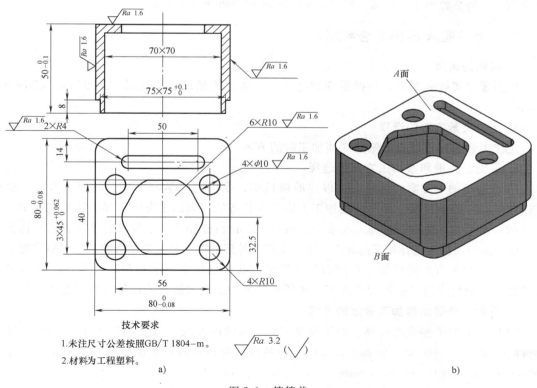

技术要求
1. 未注尺寸公差按照 GB/T 1804—m。
2. 材料为工程塑料。

a)   b)

图 9-1　笔筒盖
a）零件图　b）实体图

双面对刀的方法。

为了叙述的方便，下面将笔筒盖的上表面称为 A 面，将笔筒盖的下表面称为 B 面。

任务一　笔筒盖 A 面的加工

一、笔筒盖 A 面的图样分析

从笔筒盖图样中，我们可以得到的相关信息有：

1）零件的材料和热处理状态：根据图样技术要求可知该零件材料为工程塑料，该材料较软，切削过程中，比较容易缠屑。另外，该材料在加工过程中，弹缩性较大，高精度尺寸的加工需要特别注意。

2）零件的尺寸公差：图样中尺寸公差分为两个层次。第一个层次为自由公差的尺寸：包括 70mm×70mm 深 40mm 的槽的尺寸和 4×R10mm；第二个层次为要求较严的公差：笔筒底座的高度尺寸 50mm，外形尺寸 80mm×80mm，槽 75mm×75mm 深 8mm。

3）零件的几何公差：该零件只有位置公差要求，即 2 处对称度要求。

4）零件的表面粗糙度：该零件的表面粗糙度共有三种要求。一是外形、内壁和配合面要求最严为 $Ra1.6\mu m$，二是上平面和槽的底面要求为 $Ra3.2\mu m$。

5）零件的技术要求：技术要求中的第一条，未注尺寸公差按照 GB/T 1804-m，规定了尺寸 70mm 的公差为 ±0.3mm，尺寸 4×R10mm 的公差为 ±0.2mm。

二、笔筒盖 A 面的工艺制定

1. 毛坯的选择

根据零件图样的要求，选择零件的毛坯材料为工程塑料，毛坯尺寸为 90mm ×90mm×60mm。

2. 定位夹紧方案的选择

定位夹紧方案可以参考笔筒底座加工时的方案。

3. 平面、外形和槽加工方案的选择

（1）平面加工方案的选择　在以往的项目中，我们已经学习了平面的加工方法。这里可以参照以往的项目来选择平面的加工方案。本任务的平面加工方式选择为往复式加工。

（2）外形加工方案的选择　在前面的项目中，我们已经学习了外形的加工方法。这里可以参照前面的项目来选择外形的加工方案。本任务外形加工的粗加工和精加工均用顺铣加工。

（3）槽加工方案的选择　在前面的项目中，我们已经学习了槽的加工方法。这里可以参照前面的项目来选择槽的加工方案。本任务的槽加工方式选择先粗加工后精加工。

4. 平面、外形和槽加工参数的选择

（1）平面加工参数的选择　加工参数主要包括切削速度 v_c（主轴转速 n）、进给速度 v_f 和背吃刀量 a_p 三个参数。根据本任务的具体情况，可以选择平面的切削用量：主轴转速为 500r/min，进给速度为 200mm/min，背吃刀量为 1mm。

（2）外形加工参数的选择　本任务加工的外形有两个，一个是 80mm×80mm×30mm，另一个是 75mm×75mm×8mm。这两个外形的加工参数，根据上述方法，可以选择外形的切

削用量：主轴转速为500r/min，进给速度为300mm/min，背吃刀量为5mm。

（3）槽加工参数的选择　槽的切削用量：主轴转速为500r/min，进给速度为300mm/min，Z字形刀路，背吃刀量为 $a_p = 5mm$。

三、笔筒盖A面的程序编制

1. 笔筒盖A面平面的程序编制

此处略。

2. 笔筒盖A面外形的程序编制

本任务所加工的外形有两个，一个是80mm×80mm×30mm的笔筒外形，另一个是75mm×75mm×8mm的外形。80mm×80mm×30mm的笔筒外形的程序为：

程序	说明
O0002；	程序名（程序号）
N10　G54；	定义坐标系
N20　G00　X0.　Y0.　Z100.；	定位在(0,0,100)点
N30　S400　M03；	启动主轴正转400r/min
N40　G00　X−60.　Y−60.　Z100.；	定位在(−60,−60,100)起刀点
N50　G00　Z10.；	定位在(−60,−60,10)点
N60　G01　Z−5.0　F200；	Z向进给5mm，进给速度200mm/min
N70　G42　G01　X−42.5　Y−42.5　D01　F200；	建立刀具右补偿
N80　G01　X32.5　Y−42.5　F200；	切削直线
N90　G03　X42.5　Y−32.5　R10.　F200；	切削圆弧
N100　G01　X42.5　Y32.5　F200；	切削直线
N110　G03　X32.5　Y42.5　R10.　F200；	切削圆弧
N120　G01　X−32.5.　Y42.5　F200；	切削直线
N130　G03　X−42.5　Y32.5　R10.　F200；	切削圆弧
N140　G01　X−42.5　Y−32.5　F200；	切削直线
N150　G03　X−32.5　Y−42.5　R10.　F200；	切削圆弧
N160　G40　G01　X−60.　Y−60.　F200；	切削直线，同时取消刀具补偿
N170　G00　Z100.；	退刀到Z100.点
N180　M05；	关闭主轴
N190　M30；	程序结束

同理，加工75mm×75mm×8mm外形的程序只需要将坐标点重新计算即可编写。

3. 笔筒盖A面槽的程序编制

笔筒盖A面槽的程序为：

程序	说明
O0003；	程序名（程序号）
N10　G54；	定义坐标系
N20　G00　X0.　Y0.　Z100.；	定位在(0,0,100)点
N30　S400　M03；	启动主轴正转，400r/min
N40　G00　X−15.　Y−15.　Z100.；	定位在(−15,−15,100)点

项目九　加工双面零件

181

N50	G00	Z10.;			定位在(－15,－15,10)点
N60	G01	Z0	F100;		Z向进给到零件的上平面,进给速度100mm/min
N70	G01	X15.	Z－5.;		斜线进给
N80	G01	X－15.	F300;		切削进给
N90	G01	Y－5;			
N100	G01	X15.;			
N110	G01	Y5.;			
N120	G01	X－15.;			
N130	G01	Y15.;			
N140	G01	X15.;			
N150	G41	G01	X15.	Y25.	D01;	建立刀具半径左标偿
N160	G01	X－15.	F200;		切削进给
N170	G03	X－25.	Y15.	R10.;	
N180	G01	Y－15.;			
N190	G03	X－15.	Y－25.	R10.;	
N200	G01	X15.;			
N210	G03	X25.	Y－15.	R10.;	
N220	G01	Y15.;			
N230	G03	X15.	Y25.	R10.;	
N240	G40	G01	X0.	Y0.;	取消刀具半径补偿,回到(0,0,－5)点
N250	G00	Z100.;			抬刀到(0,0,100)点
N280	M05				关闭主轴
N290	M30				程序结束

四、笔筒盖 *A* 面的加工

1）数控铣床的启动。如果数控铣床已经启动,可进行下一步操作;如果数控铣床没有启动,请参照项目一进行操作。

2）数控铣床回参考点。如果数控铣床已经回过参考点,进行下一步操作,不需要再回参考点;如果数控铣床没有回过参考点,请参照项目一进行操作。

3）在数控铣床上安装刀具。如果数控铣床上已经安装有刀具,并且该刀具与本任务所用刀具是一致的,要检查刀具的完好性,如果刀具完好,不需要再安装刀具,可进行下一步操作。

4）在数控铣床上安装毛坯。

5）数控铣床的对刀。采用试切法进行对刀。

6）笔筒盖 *A* 面加工程序的输入、编辑和修改

7）启动笔筒盖 *A* 面加工程序,加工 *A* 面。

任务二　翻面对刀的方法

一、定位夹紧方案的制定

由于笔筒的 *A* 面已经加工完,现在需要加工笔筒的 *B* 面,因此需要将毛坯翻过来,利

用 A 面和侧面定位，加工 B 面。

二、翻面对刀

将毛坯翻面装夹后，对刀要保证本次加工的 B 面外形与上次任务所加工的 A 面外形准确对接，误差要求不准超过 0.02mm。为保证加工精度，必须保证对刀精度。将毛坯翻面装夹后，可以采用如下的方法：

1）采用试切对刀方法，对毛坯上部（未加工过部分）对刀。

2）对未加工的毛坯部分进行一次试加工，本次加工尽可能少加工，只要保证四周侧面都能切削平整即可。

3）精确测量新加工的外形与加工正面时的外形在 X 轴和 Y 轴的差值。如图 9-2 所示，得到 X_1、X_2 和 Y_1、Y_2。

4）计算出新加工的外形的中心与 A 面加工时的外形中心的差值 X 和 Y。计算公式如下：

$$X = \frac{X_1 - X_2}{2}$$

$$Y = \frac{Y_1 - Y_2}{2}$$

5）将计算出的 X 和 Y 输入到数控铣床的工件坐标系偏移中的 00 坐标系对应的 X 和 Y 坐标中，如图 9-3 所示。

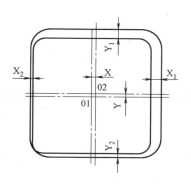

图 9-2 翻面对刀时坐标计算
01—加工 A 面时的工件坐标系原点
02—加工 B 面时的工件坐标系原点

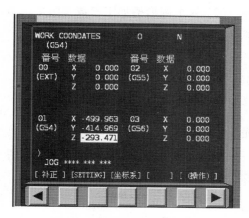

图 9-3 工件坐标系偏移的输入

任务三 笔筒盖 B 面的加工

一、笔筒盖 B 面的工艺制定

1. 平面加工方案的选择

在任务一中，我们已经学习了平面的加工方法。这里可以参照任务一来选择平面的加工

项目九 加工双面零件

183

方案。根据任务一，选择本任务的平面加工方式为往复式加工。

2. 外形加工方案的选择

在任务一中，我们已经学习了外形的加工方法。这里可以参照任务一来选择外形的加工方案。根据任务一，选择本任务的外形加工中的粗加工和精加工均为顺铣加工。

3. 槽加工方案的选择

在任务一中，我们已经学习了槽的加工方法。这里可以参照任务一来选择槽的加工方案。

（1）正六边形槽的加工方案　根据任务一，选择本任务槽加工的粗、精加工均为环形加工。

（2）4个直径为10mm的圆形槽的加工方案　根据任务一，选择本任务槽加工的粗、精加工均为环形加工。

（3）窄长槽的加工方案　根据任务一，选择本任务槽加工的粗、精加工均为环形加工。

4. 加工参数的选择

（1）正六边形槽加工参数　正六边形槽加工选用了$\phi16$mm的立铣刀，切削参数可以根据任务一选择如下：

1）主轴转速：500r/min。

2）进给速度：300mm/min。

3）背吃刀量：5mm。

（2）4个圆形槽加工参数　圆形槽直径只有10mm，所以选择$\phi8$mm圆柱立铣刀。切削参数选择如下：

1）主轴转速：1000r/min。

2）进给速度：150mm/min。

3）背吃刀量：2mm。

（3）窄长槽加工参数　窄长槽槽宽8mm，所以选择$\phi6$mm圆柱立铣刀。切削参数选择如下：

1）主轴转速：1200r/min。

2）进给速度：80mm/min。

3）背吃刀量：1mm。

二、笔筒盖 *B* 面的程序编制

此处略。

三、数控铣床的对刀

本次任务加工时使用了3种不同的刀具，所以在对刀方面要特别注意。

第一次对刀：第一次使用的刀具是前面的任务中使用过的$\phi16$mm立铣刀。对刀方法可以参照前面的试切对刀方法。

第二次对刀：第二次使用的刀具是$\phi8$mm立铣刀。在拆下$\phi16$mm立铣刀后，安装上$\phi8$mm立铣刀，这时对刀只需要重新对Z轴方向即可。

第三次对刀：第三次使用的刀具是$\phi6$mm立铣刀。对刀方法与第二次相同。

任务四 完成本项目的实训任务

一、实训目的

1）能够对双面零件进行数控铣削数控工艺分析。
2）学会编程和加工双面零件。

二、实训内容

零件如图 9-4 所示，毛坯尺寸为 102mm×102mm×30mm，材料为 45 钢，试编程并加工该零件。

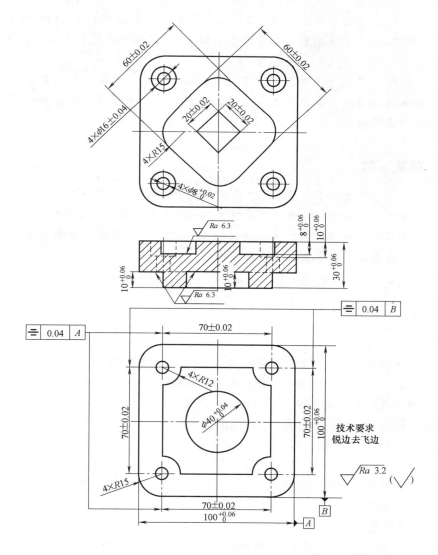

图 9-4 双面件

三、实训要求

1）分析零件图样，选择定位基准和加工方法，确定进给路线，选择刀具和装夹方法，确定各切削用量参数，填写数控加工工序卡片。

2）根据工件的加工工艺分析和所使用数控铣床的编程指令说明，编写加工程序。

3）使用数控铣床加工零件。

4）测量工件。根据零件图要求，选择合适的量具对工件进行检测，并对工件进行质量分析。

5）撰写实训报告。

经验积累

1. 装夹工件时，定位基准面要与图样上的设计基准面重合。

2. 选择刀具时，可根据零件图样上圆弧面的最小半径来进行选刀。

3. 计算出来的切削参数可根据加工所使用的机床进行适当的调节。

4. 填写工艺卡片要规范。

5. 工件坐标系的选择，要便于编程、加工和检测。工件图样上各个构成元素（如直线、圆弧）的交点称为节点。计算节点时，坐标原点要与工件坐标系原点统一。

项目总结

本项目以加工笔筒盖零件为主线，介绍了加工双面零件的方法，特别介绍了翻面对刀的方法。通过本项目的学习，读者要能熟练应用数控铣床加工各种双面零件。在加工双面零件的过程中，要特别注意毛坯翻面之后的对刀准确性，以防止在工件侧面留下接刀痕。

思考与训练

一、判断题

1. 精铣和半精铣时，进给量的选择主要受工件表面粗糙度的限制。　　　　　（　　）

2. 铰孔时，由于加工余量小，所以一般不用切削液。　　　　　　　　　　（　　）

3. 使用键槽铣刀加工键槽时，可一次进给完成加工。　　　　　　　　　　（　　）

4. 扩孔可以部分地纠正钻孔留下的孔轴线歪斜。　　　　　　　　　　　　（　　）

5. 加工中心换刀时只能用 G28 指令返回参考点。　　　　　　　　　　　（　　）

6. G91、G43 Z-32.0 H0 的作用为取消刀具长度补偿。　　　　　　　　（　　）

7. 加工中心检测过程中，需首件细检，中间抽检。　　　　　　　　　　　（　　）

8. 数控加工不需要工序卡片。　　　　　　　　　　　　　　　　　　　　（　　）

二、单项选择题

1. 为保证工件各相关面的位置精度，减少夹具的设计与制造成本，应尽量采用（　　）原则。

A. 自为基准　　　　B. 互为基准　　　　C. 基准统一　　　　D. 基准重合

2. 超精加工（　　）上道工序留下来的形状误差和位置误差。

A. 不能纠正　　　B. 能完全纠正　　　C. 能纠正较少　　　D. 基本纠正

3. 对于铸铁件，粗加工前应进行（　　）处理，消除内应力，稳定金相组织。

A. 正火　　　　　B. 调质　　　　　　C. 时效　　　　　　D. 退火

4. 刀具（　　）的优劣，主要取决于刀具切削部分的材料、合理的几何形状，以及刀具寿命。

A. 加工能力　　　B. 工艺性能　　　　C. 切削性能　　　　D. 经济性能

5. 可转位铣刀刀具寿命长的主要原因是（　　）。

A. 刀具几何尺寸合理　　　　　　　　B. 刀片制造材料好

C. 避免了焊接内应力　　　　　　　　D. 刀片安装位置合理

6. 编制数控铣床程序时，调换铣刀、工件夹紧和松夹等属于（　　），应编入程序。

A. 工艺参数　　　B. 运动轨迹和方向　　C. 辅助动作　　　D. 加工过程

7. 零件加工时，精基准一般为（　　）。

A. 工件的毛坯面　　　　　　　　　　B. 工件的已加工表面

C. 工件的待加工表面　　　　　　　　D. 工件的不加工表面

8. 铣削加工时，切削速度由（　　）决定。

A. 进给量　　　　　　　　　　　　　B. 刀具直径

C. 刀具直径和主轴转速　　　　　　　D. 背吃刀量

9. 钻削加工时，钻头直径应由（　　）决定。

A. 进给量　　　B. 工艺尺寸　　　　C. 尺寸公差　　　D. 钻削速度

10. 采用先钻孔再扩孔的工艺时，钻头直径应为孔径的（　　）。

A. 20%～30%　　B. 10%～20%　　　C. 40%～60%　　　D. 50%～70%

三、实训题

编程并加工如图 9-5 所示零件，材料为 45 钢。

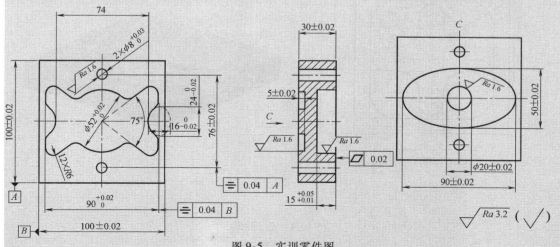

图 9-5　实训零件图

项目十　加工配合件

▶ **学习目标**

❖ 掌握配合件的加工方法
❖ 能对凸、凹模进行加工工艺分析
❖ 能编程并加工凸、凹模

　　本项目要求运用数控铣床（或加工中心）加工如图 10-1 所示凸、凹模零件，毛坯为 100mm×100mm×20mm 铝件方料，材料为 2A12，零件外轮廓已经加工，要求编程并加工该凸、凹模零件。

第1个点坐标: X=30.0 Y=8.0
第2个点坐标: X=22.0 Y=8.0
第3个点坐标: X=8.0 Y=22.0
第4个点坐标: X=8.0 Y=30.0

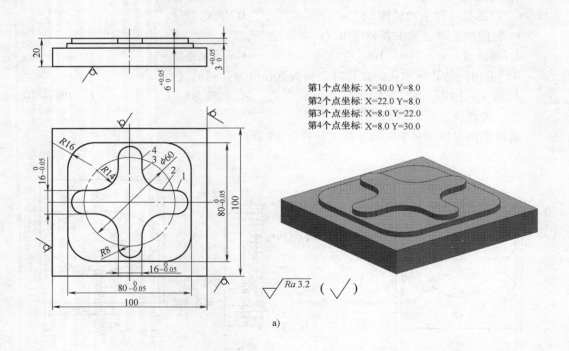

图 10-1　凸、凹模

a) 凸模

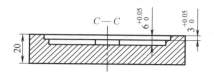

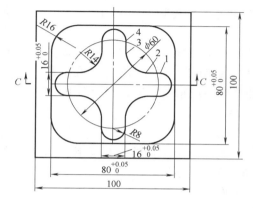

第1个点坐标: X=30.0 Y=8.0
第2个点坐标: X=22.0 Y=8.0
第3个点坐标: X=8.0 Y=22.0
第4个点坐标: X=8.0 Y=30.0

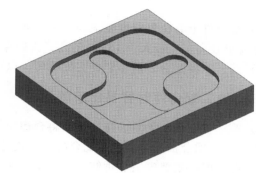

b)

图 10-1 凸、凹模（续）

b）凹模

任务一 学习配合件的加工方法

配合件加工工艺的重点是保证配合件之间的配合精度。

配合件加工一般采用配作的加工方法，即首先加工配合件中的一个，加工完毕后再根据实际的成形尺寸加上配合间隙形成另一配合件的实际加工尺寸。一般情况下，习惯先加工配合件的凸模，然后配作凹模，因为测量凸模的加工尺寸方便一些。

一、配合件加工原则

1）一般情况下，习惯先加工配合件的凸模，然后配作凹模。

2）先加工质量较轻的工件，便于检测配合情况。

3）先加工易测量件，后加工难测量件。

二、加工配合件的注意事项

在很多情况下，配合件上的轮廓形状既有外轮廓的凸模，又有内轮廓的凹模，凸、凹形状复合在一个工件上。配合件的数控铣削注意事项如下：

1）配合件最好先加工凸模，然后根据加工后的凸模实际尺寸配作凹模，不要同时加工。配作的加工工艺可以降低加工难度，保证加工质量。

2）配合件的加工顺序应按层的高度顺序进行加工。

3）一次装夹中尽可能完成全部可能加工的内容，以最大程度保证配合件轮廓形状的位置精度。如果必须二次装夹，特别需要注意二次装夹时工件的找正，而且二次装夹时的位置误差在理论上不可避免。

4）对于在一个配合件上既有外轮廓又有内轮廓的凸、凹复合形状，应先加工第一层是凸模的配合件，便于尺寸测量。

5）配合件粗加工时，为避免背吃刀量过大而损坏刀具，多采用层降铣削方式；精加工时，应尽可能保证铣削深度一次完成，避免"接刀"，以保证加工表面的尺寸精度和表面粗糙度。对于尺寸精度要求较高的配合件或使用直径较小、刚度较差的铣刀时，建议尽量采用逆铣。

6）配合件上有位置精度要求的孔一定要预先用中心钻定位，再钻、扩、铰孔；对于位置精度要求较高、直径大于16mm的孔，为确保其位置精度，可考虑使用镗孔工艺。

7）凸、凹模配合之前一定要去除毛刺，以免影响装配精度，造成配合间隙超差。

三、加工配合件时容易出现的问题

1）第一件在粗加工后、精加工前将台虎钳松开些，减小工件的夹紧变形。如果不这样做，在加工后配合检验时，会在配合的单侧边处看到明显间隙。

2）配合时一定要安装、拆卸自由，不要能装上而拆不下。

3）测量薄壁厚度时要用钢球配合千分尺检验。

4）使用宏编程时，如果忘掉半径问题，会在开始加工阶段就将工件过切。复杂宏编程用了刀具半径补偿，可能出现刀具半径补偿干涉。

5）对刀时，在已加工表面上对Z向，导致工件表面粗糙度受到影响。

任务二　凸模铣削加工

一、工艺分析与工艺设计

1. 图样分析

如图10-1a所示，凸模零件长和宽的尺寸精度为（-0.05，0），高度的尺寸精度为（0，+0.05），为了达到尺寸精度要求，可先按基本尺寸编程加工，然后再进行精度修正。

2. 加工工艺路线设计

按照工件轮廓编程进行粗加工时，要通过改变刀具半径补偿值预留合适的精加工余量；合理选择进退刀点位置，防止在建立和取消刀具半径补偿时发生干涉过切现象。

工件轮廓分粗、精加工，刀具采用沿轮廓切向切入和切出，以顺铣加工路线对轮廓进行切削；通过改变刀具半径补偿值大小来去除加工余量和保证加工尺寸精度。通过机床面板上的倍率旋钮调节S和F。

加工工艺路线见表10-1。

3. 刀具选择

选用φ16mm圆柱立铣刀。

二、程序编制

1）四边形圆角凸台外轮廓程序如下，程序名为O0234。

表 10-1　数控铣削加工工序卡片

产品名称	零件名称	工序名称	工序号	程序编号	毛坯材料		使用设备	夹具名称
	凹模	数控铣			2A12		数控铣床	平口钳
工步号	工步内容	刀具			主轴转速 /(r·min⁻¹)	进给速度 /(mm·min⁻¹)	切削深度 /mm	
		类型	材料	规格				
1	粗铣矩形圆角轮廓	圆柱立铣刀	高速钢	φ16mm	800	200	6	
2	精铣矩形圆角轮廓	圆柱立铣刀	高速钢	φ16mm	1200	100	6	
3	粗铣十字形圆角轮廓	圆柱立铣刀	高速钢	φ16mm	800	200	3	
4	精铣十字形圆角轮廓	圆柱立铣刀	高速钢	φ16mm	1200	100	3	

程序	说明
N10　G54　G90　G40　G49　G21　G94　G17　G80；	建立工件坐标系,绝对坐标编程,取消刀具补偿,米制坐标,每分钟进给,选择 XY 平面,取消固定循环
N20　M03　S800；	主轴正转,转速为 800r/min
N30　G00　Z50；	刀具从当前点快速移动到工件上方 50mm 处
N40　X60　Y50；	刀具快速定位到切入点上方
N50　Z5；	快速进给到工件上方 5mm 处
N60　G01　Z-6　F200；	以 G01 速度进给到背吃刀量
N70　G41　X40　D01；	建立刀具半径左补偿
N80　Y-40,R16；	直线插补、过渡圆角加工
N90　X-40,R16；	直线插补、过渡圆角加工
N100　Y40,R16；	直线插补、过渡圆角加工
N110　X40,R16；	直线插补、过渡圆角加工
N120　Y-40；	完成过渡圆角加工
N130　G40　X50；	取消刀具半径补偿
N140　G0　Z50；	快速抬刀
N150　M30；	程序结束

2）铣削十字形凸台外轮廓程序如下，程序名为 O0235。

程序	说明
N10　G54　G90　G40　G49　G21　G94　G17 G80；	建立工件坐标系,绝对坐标编程,取消刀具补偿,米制坐标,每分钟进给,选择 XY 平面,取消固定循环
N20　M03　S800；	主轴正转,转速为 1200r/min
N30　G00　Z50；	刀具从当前点快速移动到工件上方 50mm 处
N40　X20　Y50；	刀具快速定位到切入点上方
N50　Z5；	快速进给到工件上方 5mm 处

项目十　加工配合件

N60　G01　Z－3　F200；　　　　　　　　　以 G01 速度进给到背吃刀量

N70　G41　X8　D01；　　　　　　　　　　建立刀具半径左补偿

N80　Y22；　　　　　　　　　　　　　　　十字形凸台外轮廓加工

N90　G03　X22　Y8　R14；

N100　G01　X30；

N110　G02　Y－8　R8；

N120　G01　X22；

N130　G03　X8　Y－22　R14；

N140　G01　Y－30；

N150　G02　X－8　R8；

N160　G01　Y－22；

N170　G03　X－22　Y－8　R14；

N180　G01　X－30；

N190　G02　Y8　R8；

N200　G01　X－22；

N210　G03　X－8　Y22　R14；

N220　G01　Y30；

N230　G02　X8　R8；

N240　G01　Y22；

N250　G40　X20　Y50；　　　　　　　　　取消刀具半径补偿

N260　G00　Z50；　　　　　　　　　　　快速抬刀

N270　M30；　　　　　　　　　　　　　　程序结束

三、装夹刀具

此处略。

四、装夹工件

此处略。

五、输入程序

此处略。

六、对刀

此处略。

七、启动自动运行，加工零件

此处略。

八、测量零件

此处略。

任务三 凹模铣削加工

一、工艺分析与工艺设计

1. 图样分析

如图 10-1b 所示凸模零件长和宽的尺寸精度为（0，+ 0.05），深度的尺寸精度为（0，+ 0.05），为了达到尺寸精度要求，可先按基本尺寸编程加工，然后再进行精度修正。

2. 加工工艺路线设计

按照工件轮廓编程进行粗加工时，要通过改变刀具半径补偿值预留合适的精加工余量；合理选择进退刀点位置，防止在建立和取消刀具半径补偿时发生干涉过切现象。

内外轮廓分粗、精加工，一次垂直进给到要求的深度尺寸；选择轮廓交点为刀具切入点和切出点，以顺铣加工路线对内外轮廓进行切削；通过改变刀具半径补偿值大小来去除加工余量。通过机床面板上的倍率旋钮改变主轴转速调节 S 和进给量 F。

加工工艺路线见表 10-2。

表 10-2　数控铣削加工工序卡片

产品名称	零件名称	工序名称	工序号	程序编号	毛坯材料		使用设备	夹具名称
	凹模	数控铣			2A12		数控铣床	平口钳
工步号	工步内容	刀具			主轴转速 /(r·min⁻¹)	进给速度 /(mm·min⁻¹)	切削深度 /mm	
		类型	材料	规格				
1	粗铣十字形圆角轮廓	圆柱立铣刀	高速钢	ϕ12mm	800	200	6	
2	精铣十字形圆角轮廓	圆柱立铣刀	高速钢	ϕ12mm	1200	100	6	
3	粗铣矩形圆角轮廓	圆柱立铣刀	高速钢	ϕ12mm	800	200	3	
4	精铣矩形圆角轮廓	圆柱立铣刀	高速钢	ϕ12mm	1200	100	3	

3. 刀具选择

选用 ϕ12mm 键槽立铣刀

二、程序编制

1）铣削十字形槽轮廓程序如下，程序名为 O0236。

程序	说明
N10　G54　G90　G40　G49　G21　G94　G17　G80；	建立工件坐标系,绝对坐标编程,取消刀具补偿,米制坐标,每分钟进给,选择 XY 平面,取消固定循环
N20　M03　S1200；	主轴正转,转速为 1200r/min
N30　G00　Z50；	刀具从当前点快速移动到工件上方 50mm 处
N40　X0　Y0；	铣削十字形槽轮廓程序

```
N50   Z5;
N60   G01   Z-6   F200;
N70   G41   X-8   D01;
N90   G03   X8   R8;
N100  G01   Y-22;
N110  G02   X22   Y-8   R14;
N120  G01   X30;
N130  G03   Y8   R8;
N140  G01   X22;
N150  G02   X8   Y22   R14;
N160  G01   Y30;
N170  G03   X-8   R8;
N180  G01   Y22;
N190  G02   X-22   Y8   R14;
N200  G01   X-30;
N210  G03   Y-8   R8;
N220  G01   X-22;
N230  G02   X-8   Y-22   R14;
N240  G01   Y-30;
N250  G40   X0;
N260  G00   Z50;                    快速抬刀到Z坐标50mm处
N270  M30                           程序结束
```

2）铣削四边形圆角槽轮廓程序如下，程序名为O0237。

程序 / 说明

```
N10   G54  G90  G40  G49  G21  G94  G17  G80
```
建立工件坐标系，绝对坐标编程，取消刀具补偿，米制坐标，每分钟进给，选择XY平面，取消固定循环

```
N20   M03   S1200;
```
主轴正转，转速为1200r/min

```
N30   G00   Z50
```
刀具从当前点快速移动到工件上方50mm处

```
N40   X-20   Y-20;
```
铣削四边形圆角槽轮廓程序

```
N50   Z5;
N60   G01   Z-3   F200;
N70   G03   X0   Y-40   R20;
N80   G01   X40，R16;
N90   Y40，R16;
N100  X-40，R16;
N110  Y-40，R16;
```

N120　X0；
N130　G03　X20　Y－20　R20；
N140　G40　G01　X0　Y0；
N150　G00　Z50；　　　　　　　　　　　　　快速抬刀到 Z 坐标 50mm 处
N160　M30；　　　　　　　　　　　　　　　程序结束

三、装夹刀具

此处略。

四、装夹工件

此处略。

五、输入程序

此处略。

六、对刀

此处略。

七、启动自动运行，加工零件

此处略。

八、测量零件

此处略。

任务四　完成本项目的实训任务

一、实训目的

1）能够对配合件进行数控铣削数控工艺分析。
2）学会编程和加工配合件。

二、实训内容

配合件如图 10-2 所示，材料为 45 钢，试编程并加工该配合件。

三、实训要求

1）分析零件图样，选择定位基准和加工方法，确定进给路线，选择刀具和装夹方法，确定各切削用量参数，填写数控加工工序卡片，参见表 10-2。
2）根据工件的加工工艺分析和所使用数控铣床的编程指令说明，编写加工程序。
3）使用数控铣床加工零件。

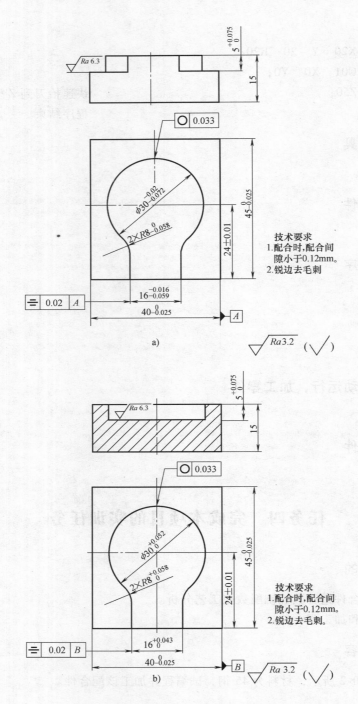

图 10-2　配合件加工实训零件图

a）凸模　b）凹模

4）测量工件。根据零件图要求，选择合适的量具对工件进行检测，并对工件进行质量分析。

5）撰写实训报告。

经验积累

1. 加工之前，先让机床低速空转，进行暖机，使机床达到热平衡。
2. 从主轴正转到反转，中间必须先停止正转，再切换至反转。
3. 要注意刀具半径补偿值的设定，对号入座。
4. 刀具安装时，要特别注意清洁。无论是粗加工还是精加工，在安装和装配的各个环节都必须注意镗孔刀具的清洁，如刀柄与机床的装配和刀片的更换等，都要擦拭干净，然后再安装或装配，切不可马虎了事。

项目总结

本项目以加工配合件为主线，介绍了加工配合件的工艺知识，训练了配合件的编程和加工方法。通过本项目的学习，读者要能较熟练应用数控铣床加工各种配合件。在加工配合件的过程中，要特别注意配合尺寸精度的保证方法。

思考与训练

一、判断题

1. 刀补程序段内必须有 G00 或 G01 功能才有效。　　　　　　　　　　（　　）
2. 刀具在加工中产生初期磨损，使其长度减小，影响加工件尺寸精度，这种尺寸误差可以通过刀具长度磨损值进行补偿。　　　　　　　　　　　　（　　）
3. 刀具位置偏置补偿可分为刀具形状补偿和刀具磨损补偿两种。　　　（　　）
4. 在数控加工中，如果遗漏圆弧指令后的半径，则圆弧指令作直线指令执行。

　　　　　　　　　　　　　　　　　　　　　　　　　　　　　　　（　　）

5. 顺时针圆弧插补（G02）和逆时针圆弧插补指令（G03）的判别方向是：沿着不在圆弧平面内的坐标轴负方向向正方向看去，顺时针方向为 G02，逆时针方向为 G03。

　　　　　　　　　　　　　　　　　　　　　　　　　　　　　　　（　　）

6. 同一工件，无论用数控机床加工还是用普通机床加工，其工序都一样。　（　　）
7. 为了提高铣削工件的表面质量，可将铣削速度尽量提高。　　　　　　（　　）
8. 刀具半径补偿是一种平面补偿，而不是轴的补偿。　　　　　　　　　（　　）
9. 加工配合件时，一般先加工凸模，然后配做凹模。　　　　　　　　　（　　）
10. 精加工配合件时，应尽可能保证铣削深度一次完成，避免接刀痕。　　（　　）

二、单项选择题

1. 加工配合件时，对于位置精度要求较高、直径大于 16mm 的孔，为确保其位置精度，可考虑使用（　　）工艺。
A. 钻孔　　　　　　　B. 扩孔　　　　　　　C. 铰孔　　　　　　　D. 镗孔
2. 数控机床的精度指标中，根据各轴所能达到的（　　）就可以判断实际加工时零件所能达到的相关精度。
A. 几何精度　　　　　B. 运动精度　　　　　C. 传动精度　　　　　D. 位置精度

3. 铰削铸件孔时，应选用（　　　）。

A. 硫化切削液　　　　　　　　　　B. 活性矿物油作为切削液

C. 煤油作为切削液　　　　　　　　D. 乳化液作为切削液

4. 机床通电后应该首先检查（　　　）是否正常。

A. 机床导轨　　　　B. 各开关按钮和键　　C. 工作台面　　　　D. 护罩

5. 数控机床每天开机通电后首先检查（　　　）。

A. 液压系统　　　　B. 润滑系统　　　　C. 冷却系统　　　　D. 回参考点

6. 为了保证钻孔时钻头的定心作用，钻头在刃磨时应修磨（　　　）。

A. 横刃　　　　　　B. 前刀面　　　　　C. 后刀面　　　　　D. 棱边

7. 铰孔对孔的（　　　）的纠正能力较差。

A. 表面粗糙度　　　B. 尺寸精度　　　　C. 形状精度　　　　D. 位置精度

8. 使用孔加工循环加工通孔时，一般刀具还要超过（　　　）一段距离，主要是保证可全部孔深都加工到尺寸，钻削时还应考虑钻头钻尖对孔深的影响。

A. 初始平面　　　　B. R点平面　　　　C. 零件表面　　　　D. 工件底平面

9. 在工件上既有平面需要加工，又有孔需要加工时，可以采用（　　　）。

A. 粗铣平面→钻孔→精铣平面　　　　B. 先加工平面，后加工孔

C. 先加工孔，后加工平面　　　　　　D. 任何一种加工形式

10. 编排数控机床加工工序时，为了提高加工精度，采用（　　　）。

A. 精密专用夹具　　　　　　　　　　B. 一次装夹，多工序集中

C. 流水线作业法　　　　　　　　　　D. 工序分散加工法

三、实训题

配合件如图10-3所示，材料为45钢，编程并加工该配合件。

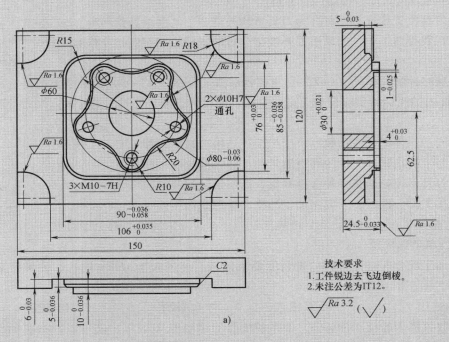

图10-3　配合件

a）件1零件图

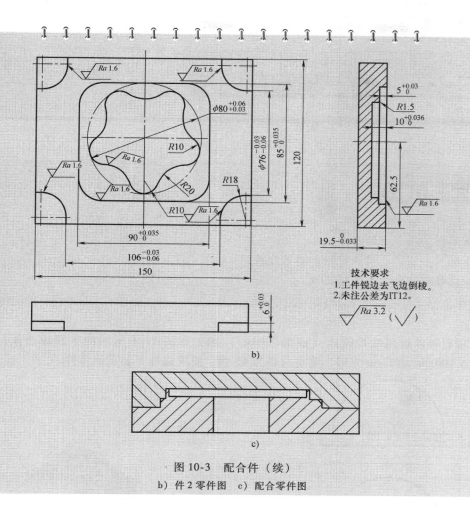

技术要求
1. 工件锐边去飞边倒棱。
2. 未注公差为IT12。

$\sqrt{Ra\ 3.2}$ ($\sqrt{}$)

b)

c)

图 10-3 配合件（续）
b）件 2 零件图   c）配合零件图

项目十一　加工半圆球凸模

❖ 掌握宏指令的编程方法
❖ 能对半圆球凸模进行加工工艺分析
❖ 能编程并加工半圆球凸模

本项目要求运用数控铣床（或加工中心）加工如图 11-1 所示的半圆球凸模，毛坯为 100mm×100mm×51mm 方料，毛坯材料为 45 钢，要求编程并加工该零件。

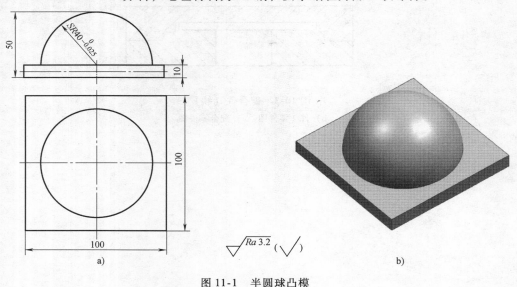

图 11-1　半圆球凸模
a）零件图　b）实体图

任务一　学习宏指令编程方法

一、宏程序的概念

将一群命令所构成的功能，像子程序一样登录在内存中，再把这些功能用一个命令作为代表，执行时只需写出这个代表命令，就可以执行其功能，所登录的一群命令称为用户宏主体（或用户宏程序），简称用户宏（Custom Macro）指令，这个代表命令称为用户宏命令，也称作宏调用命令。

使用时，操作者只需会使用用户宏命令即可，而不必去理会用户宏主体。

例如，在下述程序流程中，可以这样使用用户宏：

主程序	用户宏
…	O9011
G65　P9011　A10　I5；	…
…	X#1　Y#4；

在这个程序的主程序中，用 G65　P9011 调用用户宏程序 O9011，并且对用户宏中的变量赋值：#1＝10、#4＝5（A 代表#1、I 代表#4），而在用户宏中未知量用变量#1 及#4 来代表。

用户宏的特征有以下几个方面：

1）可以在用户宏主体中使用变量。

2）可以进行变量之间的运算。

3）可以用用户宏命令对变量进行赋值。

使用用户宏的主要方便之处，在于可以用变量代替具体数值，因而在加工同一类的工件时，只需将实际的值赋予变量既可，而不需要对每一个零件都编一个程序。

二、宏程序的种类

FANUC 0i 系统提供两种用户宏程序，即用户宏程序功能 A 和用户宏程序功能 B。用户宏程序功能 A 可以说是 FANUC 系统的标准配置功能，任何配置的 FANUC 系统都具备此功能，而用户宏程序功能 B 虽然不算是 FANUC 系统的标准配置功能，但是绝大部分的 FANUC 系统也都支持用户宏程序功能 B。

由于用户宏程序功能 A 的宏程序需要使用 "G65 Hm" 格式的宏指令来表达各种数学运算和逻辑关系，极不直观，且可读性非常差，因而导致在实际工作中很少人使用。

本项目将介绍 FANUC 0i 系统中用户宏程序功能 B 的编程方法。

三、变量及变量的使用方法

如前所述，变量是指可以在宏主体的地址上代替具体数值，在调用宏主体时，再用引数进行赋值的符号：#i（$i＝1$，2，3，…）。使用变量可以使宏程序具有通用性。宏主体中可以使用多个变量，以变量号码进行识别。

1. 变量的形式

变量是用符号#后面加上变量号码所构成的，即#i（$i＝1$，2，3，…），例如：

#5

#109

#1005

也可用# [表达式] 的形式来表示，如：

#[#100]

#[#1001-1]

#[#6/2]

2. 变量的引用

地址符后的数值可以用变量置换，例如，若写成 F#33，则当#33 = 1.5 时，与 F1.5 相同。又如，Z-#18，当#18 = 20.0 时，与 Z-20.0 指令相同。

但需要注意，作为地址符的 O、N、/等，不能引用变量。例如，O#27、N#1 等，都是错误的。

四、变量的赋值

赋值是指将一个数据赋予一个变量。例如，#1 = 0，表示#1 的值是 0。其中#1 代表变量，"#"是变量符号（注意：根据数控系统的不同，它的表示方法可能有差别），0 就是给变量#1 赋的值。这里的"="是赋值符号，起语句定义作用。

赋值的规律有：

1）赋值号"="两边内容不能随意互换，左边只能是变量，右边可以是表达式、数值或变量。

2）一个赋值语句只能给一个变量赋值。

3）可以多次给一个变量赋值，新变量值将取代原变量值（即最后赋的值生效）。

4）赋值语句具有运算功能，它的一般形式为：变量 = 表达式。

在赋值运算中，表达式可以是变量自身与其他数据的运算结果，例如，#1 = #1 + 1，表示#1 的值为#1 + 1，这一点与数学运算是不同的。

5）赋值表达式的运算顺序与数学运算顺序相同。

6）辅助功能（M 代码）的变量有最大值限制，例如，将 M30 赋值为 300 显然是不合理的。

五、运算指令

宏程序具有赋值、算术运算、逻辑运算、函数运算等功能。变量之间进行运算的通常表达形式是：#i = （表达式）。各运算指令的具体表达形式见表 11-1。

表 11-1 运算指令的具体表达形式

运 算 指 令		表 达 形 式	运 算 指 令		表 达 形 式
变量的定义和替换		#i = #j		反余弦函数	#i = ACOS[#j]
加减运算	加	#i = #j + #k		正切函数	#i = TAN[#j]
	减	#i = #j − #k		反正切函数	#i = ATAN[#j]
乘除运算	乘	#i = #j * #k		平方根	#i = SQRT[#j]
	除	#i = #j/#k	函数运算	取绝对值	#i = ABS[#j]
逻辑运算	或	#i = #j OR #k		四舍五入整数化	#i = ROUND[#j]
	异或	#i = #i XOR #k		小数点以后舍去	#i = FIX[#j]
	与	#i = #j AND #k		小数点以后进位	#i = FUP[#j]
函数运算	#i = SIN[#j]	正弦函数		自然对数	#i = LN[#j]
	#i = ASIN[#j]	反正弦函数		e^x	#i = EXP[#j]
	#i = COS[#j]	余弦函数			

表 11-1 中的算术运算和函数运算可以结合在一起使用，运算的先后顺序是：函数运算、乘除运算、加减运算。

表达式中，带括号的运算将优先进行。连同函数中使用的括号在内，括号在表达式中最多可用 5 层。

六、控制指令

通过控制指令可以控制用户宏程序主体的程序流程，常用的控制指令有以下三种：

转移和循环
{
IF 语句：条件转移，格式为：IF…GOTO…或 IF…THEN…
GOTO 语句：无条件转移
WHILE 语句：当…时，执行循环
}

1. 条件转移（IF 语句）

IF 之后指定条件表达式。

（1）IF［＜条件表达式＞］　GOTO　n　表示如果指定的条件表达式满足，则转移（跳转）到标有顺序号 n（即俗称的行号）的程序段。如果不满足指定的条件表达式，则顺序执行下个程序段。如图 11-2 所示，其含义为：如果变量#1 的值大于 100，则转移（跳转）到顺序号为 N99 的程序段。

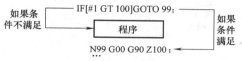

图 11-2　条件转移语句举例

（2）IF［＜条件表达式＞］　THEN　如果指定的条件表达式满足，则执行预先指定的宏程序语句，而且只执行一个宏程序语句，例如语句"IF［#1 EQ #2］THEN #3 = 10；"表示如果#1 和#2 的值相同，10 赋值给#3。

使用 IF 语句时，应注意以下两点：

1）条件表达式必须包括运算符。运算符插在两个变量中间或变量和常量中间，并且用"［　］"封闭。表达式可以替代变量。

2）运算符由两个字母组成（表 11-2），用于两个值的比较，以决定它们是相等还是一个值小于或大于另一个值。注意，不能使用不等号。

表 11-2　运算符

运　算　符	含　　义	英 文 注 释
EQ	等于（＝）	Equal
NE	不等于（≠）	Not Equal
GT	大于（＞）	Great Than
GE	大于或等于（≥）	Great than or Equal
LT	小于（＜）	Less Than
LE	小于或等于（≤）	Less than or Equal

2. 无条件转移（GOTO 语句）

转移（跳转）到标有顺序号 n（即俗称的行号，其值为 1～99999）的程序段。当指定 1～99999 以外的顺序号时，会触发 P/S 报警 No.128。其格式为：

GOTO n；

例如：GOTO 99，即转移至第99行。

3. 循环（WHILE 语句）

在 WHILE 后指定一个条件表达式。当指定条件满足时，则执行从 DO 到 END 之间的程序。否则，转到 END 后的程序段。

DO 后面的号是指定程序执行范围的标号，标号值为 1、2、3。如果使用了 1、2、3 以外的值，会触发 P/S 报警 No.126。WHILE 语句的使用方法如图 11-3 所示。

（1）嵌套 在 DO ～ END 循环中的标号（1～3）可根据需要多次使用。但是需要注意的是，无论怎样多次使用，标号永远限制在 1、2、3；当程序有交叉重复循环（DO 范围的重叠）时，会触发 P/S 报警 No.124。以下为关于嵌套的详细说明。

1）标号（1～3）可以根据需要多次使用，如图 11-4 所示。

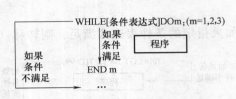

图 11-3 WHILE 语句的用法

图 11-4 标号（1～3）可以多次使用

2）DO 的范围不能交叉，如图 11-5 所示。

3）DO 循环可以 3 重嵌套，如图 11-6 所示。

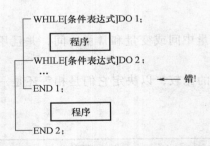

图 11-5 DO 的范围不能交叉

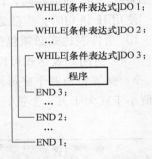

图 11-6 循环可以 3 重嵌套

4）条件转移可以跳出循环，如图 11-7 所示。

5）条件转移不能进入循环区内，注意与上述 4）对照，如图 11-8 所示。

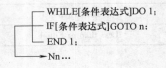

图 11-7 条件转移可以跳出循环

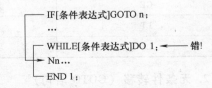

图 11-8 条件转移不能进入循环区内

（2）关于循环（WHILE 语句）的其他说明

1）DO m 和 END m 必须成对使用，而且 DO m 一定要在 END m 指令之前，用识别号 m

来识别。

2）无限循环。当指定 DO 而没有指定 WHILE 语句时，将产生从 DO 到 END 之间的无限循环。

3）未定义的变量。在使用 EQ 或 NE 的条件表达式中，值为空和值为零将会有不同的效果。而在其他形式的条件表达式中，空即被当作零。

4）条件转移（1F 语句）和循环（WHILE 语句）的关系。显而易见，从逻辑关系上说，两者不过是从正反两个方面描述同一件事情；从实现的功能上说，两者具有相当程度的相互替代性；从具体的用法和使用的限制上说，条件转移（IF 语句）受到系统的限制相对更少，使用更灵活。

七、宏程序的格式及程序号

宏程序的编写格式与子程序相同。其格式为：

O __ ;	宏程序号，O 后面为 4 位数，范围为 0001 ~ 8999
N10…;	指令
…	
N __ M99;	

上述宏程序内容中，除通常使用的编程指令外，还可使用变量、算术运算指令及其他控制指令。变量值在宏程序调用指令中赋值。

任务二 项目实施

一、工艺分析与工艺设计

1. 图样分析

图 11-1 所示半圆球凸模的形状为半球，尺寸公差为（-0.025，0），表面粗糙度值要求为 $Ra3.2\mu m$。为了提高加工效率，同时达到表面质量要求，可用立铣刀去除球部外的余料，轨迹为矩形；用立铣刀粗铣球面；再用球刀精铣球面；最后用立铣刀清根。

2. 加工工艺路线设计

加工工艺路线见表 11-3。

表 11-3 数控铣削加工工序卡片

产品名称	零件名称	工序名称	工序号	程序编号	毛坯材料		使用设备	夹具名称
半圆球凸模	数控铣				45 钢		数控铣床	平口钳
工步号	工步内容	刀具			主轴转速 /(r·min⁻¹)	进给速度 /(mm·min⁻¹)	切削深度 /mm	
		类型	材料	规格				
1	除料	圆柱立铣刀	高速钢	φ12mm	800	200	0.5	
2	粗铣球面	圆柱立铣刀	高速钢	φ12mm	800	200	0.5	
3	精铣球面	球头刀	高速钢	R6mm	1000	100	0.1	
4	清根	圆柱立铣刀	高速钢	φ12mm	800	100	0.1	

3. 刀具选择

选用 ϕ12mm 立铣刀、*R*6mm 球头刀。

二、程序编制

去除材料程序省略。球面粗铣和精铣可共用一个程序，只需修改进给量、Z 轴步距和刀补值。

采用程指令编程，刀具加工起始点为球面顶部中心。分层铣削，先沿 *R*40mm 圆弧移动刀具，然后切削一个整圆，再沿 *R*40mm 圆弧进给，切削整圆，反复循环，直至加工出整个半球为止。球头刀不能清除根部圆角，最后应用立铣刀精铣一圈（程序略）。

下面为精铣半圆球球面程序。

程序	说明
O2500	
N10　G17　G40　G49　G80　G90；	设定平面，取消补偿固定循环
N12　G00　X0　Y0；	
N14　S1000　M03；	
N16　G01　Z0　F100；	
N18　G65　P2501；	
N20　G00　Z50；	
N22　M30；	
O2501	宏程序
N10　#110 = 0.1；	Z 轴步距，粗铣时取#110 = 0.5
N12　#105 = 6.0	*R*6mm 球头刀半径，粗铣时用立铣刀取#105 = 6.2，留 0.2mm 余量
N14　#102 = 40；	圆弧半径
N16　WHILE　#110　LT　#102　DO 1；	
N18　#120 = #102 − #110；	
N20　#130 = SQRT [#102 × #102 − #120 × #120]；	表示 $X = \sqrt{R^2 - Z^2}$
N22　G01　G41　D[#105]　X[#130]　Z[− #110]；	
N24　G02　X[#130]　I[− #130]；	
N26　#110 = #110 + 0.1；	
N28　G00　G40　X60；	
N30　END 1；	
N32　M99；	

三、装夹刀具

此处略。

四、装夹工件

此处略。

五、输入程序

此处略。

六、对刀

此处略。

七、启动自动运行，加工零件

此处略。

八、测量零件

此处略。

任务三 完成本项目的实训任务

一、实训目的

1）能够对椭圆凸台进行数控铣削数控工艺分析。
2）学会编程和加工椭圆凸台。

二、实训内容

椭圆凸台如图 11-9 所示，毛坯为 100mm×100mm×51mm 方料，材料为 45 钢，试编程并加工该零件。

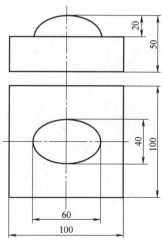

图 11-9 椭圆凸台

三、实训要求

1）分析零件图样，选择定位基准和加工方法，确定进给路线，选择刀具和装夹方法，

项目十一 加工半圆球凸模

207

确定各切削用量参数，填写数控加工工序卡片，参见表11-4。

2）根据工件的加工工艺分析和所使用数控铣床的编程指令说明，编写加工程序。

3）使用数控铣床加工零件。

4）测量工件。根据零件图要求，选择合适的量具对工件进行检测，并对工件进行质量分析。

5）撰写实训报告。

经验积累

1. 加工曲面常用球头铣刀，这样可提高曲面的表面质量。

2. 操作数控铣床和加工中心时，要关注机床的"工作方式"键，机床都是在所列几种工作方式之一下工作：编辑、自助、手动、回参考点、手动数据输入。

3. 在操作数控铣床和加工中心时，千万不要随便按"循环启动"按钮，因为如果机床处于"自动"方式，会启动机床内存中的一个程序，很可能发生撞机事故。

4. 在操作数控铣床手动取刀时，要用手向上托住刀柄，防止刀柄滑落。

5. 对于初学者而言，在启动数控铣床加工程序时，为防止出现撞刀事故，可从以下几个方面采取措施：

1）使用"单段"功能。

2）把进给倍率旋钮调小。

3）出现意外情况时，迅速按"急停"按钮。

项目总结

本项目以加工半圆凸台为主线，介绍了宏指令编程方法，训练了应用宏程序编程和加工零件的技能。通过本项目的学习，读者要能较熟练应用宏程序编程和加工零件。

思考与训练

一、判断题

1. 在钻孔固定循环中，参考平面就是刀具开始进给的加工平面。　　　　（　　）

2. 在数控铣床上加工整圆时，为避免工件表面产生刀痕，刀具从起始点沿圆弧表面的切线方向进入，进行圆弧铣削加工；整圆加工完毕退刀时，顺着圆弧表面的切线方向退出。　　　　　　　　　　　　　　　　　　　　　　　　　　　　　　（　　）

3. G73、G83 为攻螺纹循环指令。　　　　　　　　　　　　　　　　（　　）

4. G65 是非模态调用宏程序的指令。　　　　　　　　　　　　　　　（　　）

5. 用户宏程序最大的特点是使用变量。　　　　　　　　　　　　　　（　　）

6. "#10 = #20" 表示 10 号变量与 20 号变量大小相等。　　　　　　　（　　）

7. FANUC 0i 用户宏指令既可以进行变量的初等函数运算，又可以进行变量的逻辑运算。 （　　）

8. FANUC 0i 用户宏指令只能按照程序行号顺序执行程序。 （　　）

二、单项选择题

1. 在程序中使用变量，通过对变量进行赋值及处理使程序具有特殊功能，这种程序称为（　　）。

A. 宏程序　　　　　　B. 主程序　　　　　　C. 子程序　　　　　　D. 小程序

2. 宏程序的模态调用用（　　）取消。

A. G65　　　　　　　B. G66　　　　　　　C. G67　　　　　　　D. G00

3. 宏程序的（　　）起到控制程序流向的作用。

A. 控制指令　　　　　B. 程序字　　　　　　C. 运算指令　　　　　D. 赋值

4. 加工曲面时，3 坐标同时联动的加工方法称（　　）加工。

A. 3 维　　　　　　　B. 2.5 维　　　　　　C. 7.5 维　　　　　　D. 0.5 维

5. 加工精度的高低是用（　　）的大小来表示的。

A. 摩擦误差　　　　　B. 加工误差　　　　　C. 整理误差　　　　　D. 密度误差

6. 在数控加工中，刀具补偿功能除对刀具半径进行补偿外，在用同一把刀进行粗、精加工时，还可进行加工余量的补偿，设刀具半径为 r，精加工时半径方向的余量为 Δ，则最后一次粗加工进给的半径补偿量为（　　）。

A. $r+\Delta$　　　　　B. r　　　　　　　C. Δ　　　　　　D. $2r+\Delta$

7. 如果#10 变量中保存的数值为 20.0，#20 变量中保存的数值为 10.0，则在执行完 #10 = #20 − #10 语句后，#10 变量中的数值是：（　　）。

A. 10.0　　　　　　　B. −10.0　　　　　　C. 20.0　　　　　　　D. −20.0

8. 如果#10 变量中保存的数值为 20.0，#20 变量中保存的数值为 10.0，则在执行完 G01 Z[#10 −#20] 语句后，Z 的坐标值是：（　　）。

A. 10.0　　　　　　　B. −10.0　　　　　　C. 20.0　　　　　　　D. −20.0

9. 采用球头刀铣削加工曲面，减小残留高度的办法是（　　）。

A. 减小球头刀半径和加大行距　　　　　B. 减小球头刀半径和减小行距

C. 加大球头刀半径和减小行距　　　　　D. 加大球头刀半径和加大行距

10. 如果#10 变量中保存的数值为 20.0，#20 变量中保存的数值为 10.0，执行如下程序：

N100　IF　[#10 EQ #20]　GOTO　200;

N110　G01　X10.0;

…

N200　G01　Y10.0;

则在执行完 N100 语句后，下一行被执行的语句的行号是（　　）。

A. N110　　　　　　　B. N200

C. N100　　　　　　　D. N210

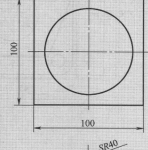

三、实训题

零件如图 11-10 所示，材料为 45 钢，应用宏程序编程并加工内半球体。

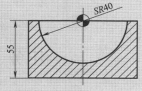

图 11-10　半球体

项目十二　加工五边形凸模

❖ 掌握 Mastercam 软件铣削模块的使用方法
❖ 能应用 Mastercam 软件进行零件数控铣削自动编程，并加工出五边形凸模

本项目要求应用自动编程加工如图 12-1a 所示的五边形凸模，实体图如图 12-1b 所示。毛坯尺寸为 100mm×100mm×50mm，已铣至 96mm×96mm×50mm 的标准毛坯，零件材料为 45 钢。

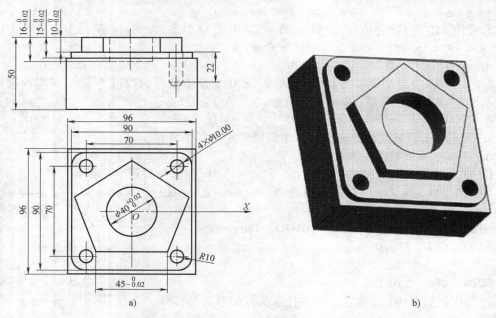

图 12-1　五边形凸模
a）零件图　b）实体图

任务一　认识 Mastercam 的基本功能

数控编程方法分为手工编程和自动编程两类。手工编程时，整个程序的编制过程是由人

工完成的，本书在前面已经对数控铣床的手工编程进行了详细介绍。自动编程是借助计算机及其外围设备装置自动完成从零件图构造、零件加工程序编制到控制介质制作等工作的一种编程方法。目前，除工艺处理仍主要依靠人工进行外，自动编程中的数学处理、编写程序单、制作控制介质、程序校验等各项工作均已通过自动编程达到了较高的计算机自动处理的程度。与手工编程相比，自动编程解决了手工编程难以处理的复杂零件的编程问题，既减轻劳动强度、缩短编程时间，又可减少差错，使编程工作简便。

Mastercam 软件是美国 CNC Software Inc. 公司所研制开发的 CAD/CAM 系统，以其强大的加工功能闻名于世，是最经济、高效的全方位的软件系统。Mastercam 软件在我国的许多企业都得到了广泛应用。

一、Mastercam 系统的窗口界面

Mastercam 系统的窗口界面（铣削模块）如图 12-2 所示。该界面主要包括标题栏、工具栏、主菜单、次菜单、系统提示区、绘图区和坐标轴图标等。

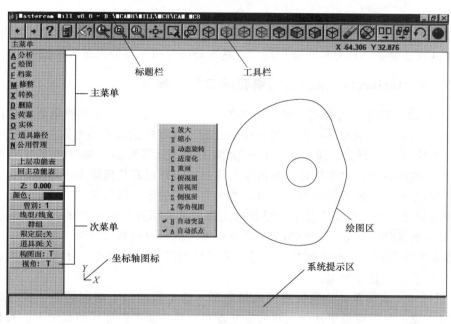

图 12-2 Mastercam 系统的窗口界面

（1）标题栏　Mastercam 系统窗口界面的最上面为标题栏，显示系统模块名称以及系统打开的文件名与路径。

（2）工具栏　标题栏下面的一排按钮即为工具栏。用户可以通过单击工具栏中的 ←| 和 |→ 按钮来改变工具栏的显示，也可以通过"屏幕"子菜单中的系统规划命令来设置自己的工具栏。

（3）主菜单及主菜单区　在主菜单中选择一个命令后，系统将在主菜单区域显示该命令菜单的下一级菜单。单击上层功能表和回主功能表，即可返回上级菜单或主菜单。

（4）次菜单　次菜单主要包含了图层、线型、颜色和视角等参数的设置，单击各按钮

211

项目十二　加工五边形凸模

可进行设置。

（5）系统提示区　在窗口的最下部为系统提示区，该区域用来给出操作过程中的相应提示，有些命令的操作结果也在该提示区显示。

二、Mastercam 系统的功能

（1）系统的功能框架　Mastercam 系统的总体功能框架包括二维线架设计、曲面造型设计、NC 等功能模块。

（2）系统的数控加工编程能力　对于数控加工编程，至关重要的是系统的数控编程能力。Mastercam 系统的数控编程能力主要体现在以下几方面。

1）适用范围：车削、铣削、线切割。

2）可编程的坐标数：点位、二坐标、三坐标、四坐标和五坐标。

3）可编程的对象：多坐标点位加工编程、表面区域加工编程（多曲面区域的加工编程）、轮廓加工编程、曲面交线及过渡区域加工编程、型腔加工编程和曲面通道加工编程等。

4）刀具轨迹编辑：如刀具轨迹变换、裁剪、修正、删除、转置、分割及连接等。

5）刀具轨迹验证：如刀具轨迹仿真、刀具运动过程仿真和加工过程模拟等。

三、运用 Mastercam 系统自动编程的工作步骤

（1）分析加工零件　当拿到待加工零件的零件图样或工艺图样（特别是复杂曲面零件和模具图样）时，首先应对零件图样进行仔细分析，内容包括以下几方面。

1）分析待加工表面。一般来说，在一次加工中，只需对加工零件的部分表面进行加工。这一步骤的内容是：确定待加工表面及其约束面，并对其几何定义进行分析，必要的时候需对原始数据进行一定的预处理，要求所有几何元素的定义具有唯一性。

2）确定加工方法。根据零件毛坯形状以及待加工表面及其约束面的几何形状，并根据现有机床设备的条件，确定零件的加工方法及所需的机床设备和工、夹、量具。

3）确定程序原点及工件坐标系。一般根据零件的基准面（或孔）的位置以及待加工表面确定程序原点及工件坐标系。

（2）对待加工表面及其约束面进行几何造型　这是数控加工编程的第一步。对于 Mastercam 系统来说，一般可根据几何元素的定义方式，在前面零件分析的基础上，对加工表面及其约束面进行几何造型。

（3）确定工艺步骤并选择合适的刀具　一般来说，可根据加工方法和加工表面及其约束面的几何形态选择合适的刀具类型及刀具尺寸。但对于某些复杂曲面零件，则需要对加工表面及约束面的几何形态进行数值计算，根据计算结果才能确定刀具类型和刀具尺寸。这是因为，对于一些复杂曲面零件的加工，希望所选择的刀具加工效率高，同时又希望所选择的刀具符合加工表面的要求，且不与非加工表面发生干涉或碰撞。但在某些情况下，加工表面及其约束面的几何形态数值计算很困难，只能根据经验和直觉选择刀具，这时便不能保证所选择的刀具是合适的，在刀具轨迹生成之后，需要进行刀具轨迹验证。

（4）刀具轨迹生成及刀具轨迹编辑　对于 Mastercam 系统来说，一般可在所定义加工表面及其约束面（或加工单元）上确定其外法矢方向，并选择一种走刀方式，根据所选择的

刀具（或定义的刀具）和加工参数，系统将自动生成所需的刀具轨迹。

刀具轨迹生成以后，利用系统的刀具轨迹显示及交互编辑功能，可以将刀具轨迹显示出来，如果有不合适的地方，可以在人机交互方式下对刀具转迹进行适当的编辑与修改。

（5）刀具轨迹验证　对可能过切、干涉与碰撞的刀位点，采用系统提供的刀具轨迹验证手段进行检验。

（6）后置处理　根据所选用的数控系统，调用其机床数据文件，运行数控编程系统提供的后置处理程序，将刀位原文件转换成数控加工程序。

任务二　图形绘制与修整

一、二维基本几何绘图

二维绘图功能的子菜单如图 12-3 所示，包括点、线、圆弧、倒圆角、曲线、曲面曲线、矩形、尺寸标注、倒角、文字等子功能表。下面只介绍曲线子功能表和文字子功能表。

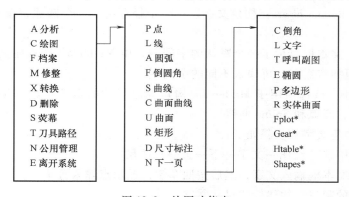

图 12-3　绘图功能表

1. 曲线子功能表

从主功能表里选择绘图→Spline 曲线，即进入 Spline 曲线子功能表。在 Mastercam 中，Spline 曲线指令会产生一条经过所有选点的平滑 Spline 曲线。有两种 Spline 曲线型式：参数式 Spline 曲线（型式 P）和 NURBS 曲线（型式 N）。用户可以通过选择功能表中的"曲线型式"来切换。

参数 Spline 曲线可以被想作一条有弹性的皮带，在其上面加上适当的重量使它经过所给的点，要求点两侧的曲线有同样的斜率和曲率。

NURBS 是 NON-Uniform Rational B-Spline 曲线或曲面的缩写。一般而言，NURBS 比一般的 Spline 曲线光滑且较易编辑，只要移动它的控制点就可以对其进行编辑。

产生 Spline 曲线的方法有三种。

1）手动：人工选择 Spline 曲线的所有控制点。

2）自动：自动选择 Spline 曲线的控制点。

3）转成曲线：串连现有的图表，以产生 Spline 曲线。

Spline 曲线功能表的最后一项是"端点状态"。这是一个切换选择，可以调整 Spline 曲线起始点和终止点的斜率，预设值是"关（N）"。

2. 文字子功能表

文字图形可用于在饰板上切出文字。进入文字指令的顺序是"绘图→下一页→文字"，会得到其三个子项目：真实字型、标注尺寸和档案。

（1）真实字型 该选项是用真实字型 True Type 构建文字，只限于现在已安装在计算机内的真实字型号。关于真实字型，参看 Windows 可得到更多的信息。从主功能表里选择"绘图→下一页→文字→真实文字"，出现相应的对话框，可选取所需的真实字型 TrueType。

选择字型和字体后，系统提示输入要构建的文字和字高。在有些情况下，实际字高可与输入的值不匹配，可用转换 Xform 中的比例功能来改变字型的尺寸。

构建真实字型 True Type 文字几何图形，要选择一个方向，可选择下列方法。

1）水平 Horizontal：构建文字平行构图平面的 X 轴。

2）垂直 Vertical：构建文字平行构图平面的 Y 轴。

3）圆弧顶部 Top of arc：构建文字以一个半径环绕成一个圆弧，按顺时针方向排列，文字在圆弧上方。

4）圆弧底部 Bottom of arc：构建文字以一个半径环绕成一个圆弧，按逆时针方向排列，文字在圆弧下方。

输入方向后，文本框显示了一个默认的字间距，由 Mastercam 根据字高计算得到，推荐接受该字间距，但如有需要，可输入不同的字间距。

（2）标注尺寸 该选项用于 Mastercam 构建标注尺寸的全部参数（字体、倾斜、字高等），它包括了线、圆弧和 Spline 曲线。

用标注尺寸构建文字的步骤如下：

1）从主菜单中选"绘图→文字→下一页→标注尺寸"。

2）在显示的文本框输入文字，然后按回车键，显示点输入菜单。

3）输入文字的起点，构建标注尺寸文字。

（3）档案 从主功能表里选择"绘图→下一页→文字→档案"，可选取 Mastercam 现有的文字图形来构建文字，有单线字、方块字、罗马字和斜体字四种。使用"其他"项，可从指定子目录文档中调用文字、符号来使用或编辑。

二、几何图形的编辑

要产生复杂工件的几何图形，必须通过编辑功能来修改现有的几何图素，以使作图更容易、快捷。几何图形的编辑功能有删除、修整和转换三种。

1. 删除功能

删除功能用于从屏幕和系统的资料库中删除一个或一组设定因素。从主功能表选择删除（或者在键盘上按 F5）键，系统会显示它的子菜单，包括串连、窗选、区域、仅某图素、所有的、群组、重复图素和恢复删除等。

2. 修整功能

修整功能表下包括一组相关的修整功能，用于改变现有的图素。从主功能表中选择修整，系统会显示它的子菜单，包括倒圆角、修剪延伸、打断、连接、曲面法向、控制点、转成 NURBS、延伸、动态移位和曲线变弧等。

3. 转换功能

Mastercam 提供了 9 种有用的编辑功能来改变几何图素的位置、方向和大小。从主功能表中选择转换，系统会显示它的子菜单，包括镜射、旋转、等比例、不等比例、平移、单体补正、串连补正、牵移和缠绕等。

任务三　刀具路径与后处理程序的生成

一、刀具设置

运用 Mastercam 的 CAD 功能生成工件的几何外形之后，下一步就是根据工件的几何外形设置相关的切削加工数据并生成刀具路径。刀具路径实际上就是工艺数据文件（NCI），它包含了一系列刀具运动轨迹以及加工信息，如进刀量、主轴转速、切削液控制指令等。刀具路径生成后，再由后处理器将 NCI 文件转换为 CNC 控制器可以解读的 NC 码，通过介质传送到数控机床就可以加工出所需的零件。在这个过程中，刀具设置是操作者要做的一项很重要的工作。

在 Mastercam 中，用户可以直接从系统的刀具库中选择要使用的刀具，也可以对已有的刀具进行编修和重新定义，还可以自己定义新刀具，并将其加入到刀具库中。

1. 从刀具库中选择刀具

当在主功能表中选择"刀具路径"，进行某项加工任务，如选择"外形铣削"时，系统提示定义要加工的对象，串联外形，选定加工对象后选择"执行"，此时系统弹出"刀具参数"对话框，如图 12-4 所示。

将鼠标移到如图 12-4 所示刀具区中，单击鼠标右键，弹出如图 12-5 所示的快捷菜单。再移动鼠标，用鼠标左键单击"从刀具库中选取刀具"，系统弹出如图 12-6 所示的"刀具管理"对话框，移动下拉条，从中选择要用的刀具，如选择直径为 20mm 的平刀，单击确定

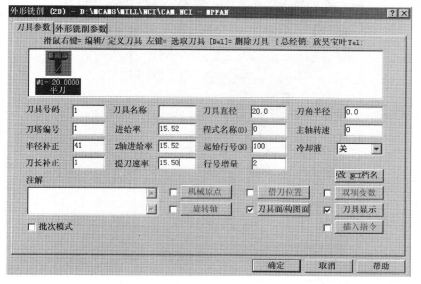

图 12-4　"刀具参数"对话框

按钮即可选定该刀具。

　　确定所选刀具后，系统返回如图 12-4 所示的"刀具参数"对话框。此时，对话框的刀具区多了一把直径 20mm 的平刀。

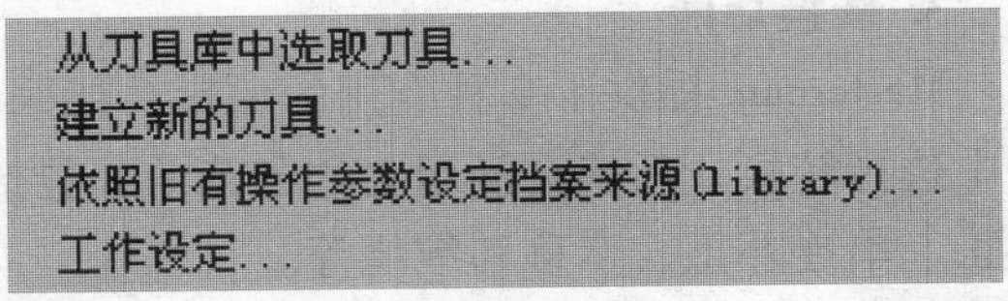

2. 定义新刀具

　　系统允许用户从刀具库中选取刀具的形

从刀具库中选取刀具…
建立新的刀具…
依照旧有操作参数设定档案来源(library)…
工作设定…

图 12-5　鼠标右键快捷菜单

状，通过设置刀具参数，在刀具列表中添加一个新刀具。在图 12-5 所示的快捷菜单中选择"建立新刀具"，系统弹出如图 12-7 所示的"定义刀具"对话框。当采用公制单位时，系统给出的默认刀具为直径 10mm 的平刀。

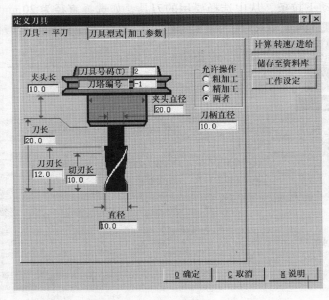

图 12-6　"刀具管理"对话框

图 12-7　"定义刀具"对话框

如果要改变刀具类型，单击"刀具型式"选项卡，出现"刀具型式"对话框，如图12-8所示，在"刀具型式"选项卡中选择需要的刀具类型，然后自动打开该类刀具的型式选项卡，如选择球刀，图12-7所示的刀具位置就变为球刀定义对话框。

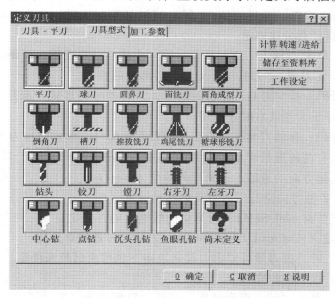

图12-8 "刀具型式"对话框

选择刀具类型后，对照图12-7填写各项几何参数，对刀具的几何外观参数进行设定。设定完刀具几何参数后，还要对刀具加工参数进行设定，选择"加工参数"选项，如图12-9所示，可输入刀具的加工参数。主要参数说明如下：

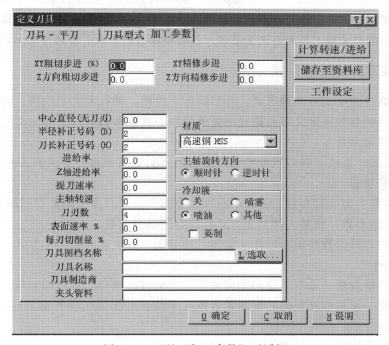

图12-9 刀具"加工参数"对话框

1）XY 粗切（精修）步进（%）：粗（精）切削加工时，允许刀具切入材料的吃刀厚度，用直径百分比表示。如一把 10mm 平刀的粗切步进百分比为 60%，那么它在粗加工过程中的步进量是 6mm。

2）Z 方向粗切（精修）步进（%）：粗（精）切削加工时，允许刀具沿 Z 方向切入材料的吃刀深度，用直径百分比表示。

3）刀具材质：单击"材质"下拉按钮，有 4 个选项：高速钢、碳钢、碳化钢和陶瓷。

4）中心直径（无刀刃）：刀具中心无切削刃部位的直径。

5）半径补正号码：指定刀具补正值的编号，暂存器号码形式一般是 D××，该参数只有当系统设定刀具补正为左或右时才使用。

6）刀长补正号码：存储刀具长度补正值的暂存器编号，形式一般为 H××。

7）进给率：共有两种进给率能控制切削速度，Z 轴进给率只用于 Z 轴垂直进刀方向，XY 进给率能适合其他方向的进给。进给率的单位为 mm/min。

8）提刀速率：Z 轴方向空行程时刀具的移动速度。

9）表面速率（% of matl. SFM）：刀具切削线速度的百分比。

10）每刃切削量（% of matl. Feed/Tooth）：刀具进刀量的百分比。

注意：实际加工时，进刀量可以由刀具来决定，也可由材料来决定。当在工作设定中选择由刀具来决定时，以上参数有效。

参数设定完毕，单击"储存至资料库"按钮，以便将来使用时调用该刀具资料。

二、编辑刀具

如果用户已经选择了刀具库的某把刀具，现想要对其参数进行部分修改，那么只要在图 12-4 所示的刀具区中，用鼠标右键单击要修改的刀具，例如修改图 12-4 中直径为 20mm 的平刀参数，用鼠示右键单击该刀具，此时系统弹出如图 12-9 所示的"定义刀具"对话框，用户可按前面介绍的定义新刀具的办法去修改刀具的各项参数，最后将其存储至资料库即可。

三、二维刀具路径的生成

二维刀具路径的生成有四种方式：外形铣削、挖槽、钻孔及文字铣削，而这些加工方式是通过各种类型的参数来定义刀具路径所需的资料。这些参数可以分为三类：刀具定义、共同参数及加工特定参数。

1）刀具定义：提供了从刀具库中调出已有的刀具进行修改，定义新刀具和依现场加工需要设定刀具等功能。

2）共同参数：即刀具参数，是指所有加工方式产生刀具路径都要用到的参数。

3）加工特定参数：指某一种加工方式所特有的部分参数。

刀具定义和刀具参数在前面已作了叙述，现分别介绍上述四种加工方式。

1. 外形铣削

外形铣削是指沿着一系列串联的几何图形来产生刀具路径。几何图形包括线段、弧及曲线，而外形是指一系列相连接的几何图素形成一个切削加工的工件外形。这个外形有两种：封闭外形和开放外形。

外形铣削通常用于加工二维外形。在加工中，背吃刀量不变。

进行外形铣削加工时，选择外形的方式如图 12-10a 所示。

一般点选串联选取，所谓串联选取用于串联所选图素以形成串联的外形。所选的第一个图素即成为串联外形的第一个图素，第一个图素的位置决定了刀具开始运动的位置和图形的串联方向，串联方向即是刀具进给运动的方向。选择外形后可点选"执行"项来确定外形选择完毕。

部分串联的方法为：点选第一个图素和最后一个图素，二者之间的图素将被自动选上，直接用鼠标点选图素，凡是相连接的图素都被自动选上，选定后出现如图 12-10b 所示菜单，可改变串联方向及位置。

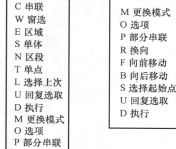

图 12-10　外形选择方式菜单

串联外形示意如图 12-11 所示。

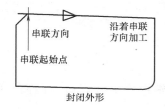

图 12-11　串联外形示意图

（1）刀具参数　刀具参数是每种加工方式都需设定的参数，前文已介绍，但是因加工方式的不同，参数多少会不一样。

在 Mastercam 中，铣刀一般分为三种：平底铣刀、球刀和象鼻刀，如图 12-12 所示。

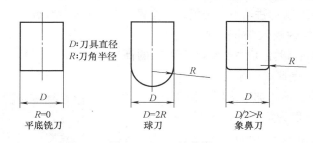

图 12-12　刀具种类

外形铣削的主要刀具参数如下：

1）刀具直径 D、刀角半径 R：通过设定刀具直径与刀角半径来设定刀具的类型和大小。

2）冷却液：有关闭、喷雾（M07）、喷油（M08）选项。

3）主轴转速：主轴的转速，单位为 r/min。

4）进给率：X、Y 轴的进给速率。

5）Z 轴进给率：Z 轴的进给速率。

6）提刀速率：刀具提起的速率，即快速走刀速率。

7）刀具面/构图面：一般要求刀具面与构图面为同一平面。

（2）外形铣削参数　"外形铣削参数"设置对话框如图 12-13 所示。

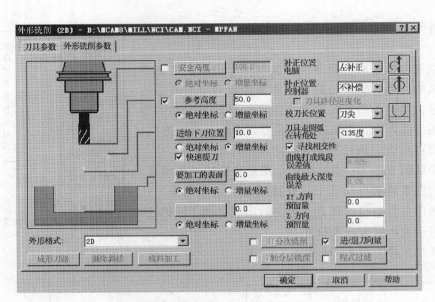

图 12-13 "外形铣削参数"设置对话框

参数简介及设定如下：

1) 安全高度：刀具加工的起始高度，刀具端面到工件表面的距离，取正值，一般为 20mm 左右。

点选安全高度按钮前的复选框，在栏内输入 20mm，点选绝对坐标。

2) 参考高度：设定刀具下一次加工的起始高度，通常安全高度设定了，就无需再设定参考高度，可不点选。

3) 进给下刀位置：刀具从安全高度快速移动到工件表面上的某位置时，速度改变为进给速度，开始加工工件，该位置即进给下刀位置，该位置离工件表面都较近，一般取 2~3mm 即可。

在进给下刀位置栏内输入 2mm，点选绝对坐标。

4) 要加工的表面：设定工件表面位于 Z 轴的高度，在二维刀路中一般设为 0。在要加工的表面栏内输入 0，点选绝对坐标。

5) 最后深度：指工件的加工深度，即工件加工层有多厚就输入多少，一般为负值，如图 12-14 所示。

在最后深度栏内输入 -10mm，点绝对坐标，指加工的工件厚度为 -10mm。

6) XY 分次铣削：确定 XY 方向的加工余量分几次加工完。点选 XY 分次铣削按钮，弹出"XY 平面分次铣削设定"对话框，如图 12-14 所示。可根据加工余量进行粗、精加工的次数和每次切削量的设定。

说明：在粗加工时，考虑刀具寿命及工件表面状况，铣刀的进刀间距一般取刀具直径的 3/4 左右；精加工则进刀间距较小。

7) XY 方向预留量：指 XY 方向的精加工余量，一般根据需要留 0.1~0.5mm。

图 12-14 XY 平面分次铣削设定对话框

8）Z 轴分层铣深：指在 Z 方向的粗切削和精切削的次数。

点选 Z 轴分层铣深按钮前的复选框，点选 Z 轴分层铣深按钮，弹出"Z 轴分层铣深设定"对话框，如图 12-15 所示。

图 12-15　"Z 轴分层铣深设定"对话框

最大粗切量：设定刀具下刀的最大深度。

精修次数及精修量：决定 Z 方向的精修次数及精修量。

不提刀：设定刀具在完成每一层切削后，是否提刀到安全高度或参考高度，再下刀到下一层切削点。

铣斜壁及锥度角：指工件外形边界铣削是否带锥度。

9）Z 方向预留量：在 Z 轴方向是否留精加工余量。

10）补正位置：在外形铣削时，为了精确控制要切削的外形，需进行刀具半径补偿。刀具补偿分为两种：电脑补正和控制器补正。一般使用电脑补正，而将控制器补正关闭，但是根据实际情况可将电脑补正与控制器补正同时开启。

补正分为左补正、右补正、不补正三种，判断方法与手工编程中的方法相同。

11）刀补位置：可将刀具补正设定为刀具的球心或刀尖，一般选球心补正。

12）刀具转角设定：加工时，刀具遇到转角的地方，系统提供了小于 135°走圆角、全走圆角、不走圆角三种方式来控制刀具转角的运动模式。

13）进/退刀向量：允许在刀具路径的起始点及结束点加入一直线或圆弧段。使用进/退刀向量可使刀具与工件间平稳过渡，因此加工时最好能加入进/退刀向量。

2. 挖槽加工

挖槽加工用于铣削封闭的区域。封闭的区域可以分为有岛屿和无岛屿两种。

（1）外形的选取　可将挖槽加工比作是海与岛屿的关系，选取海的边界与岛屿，那么海的边界与岛屿之间的材料全部被去除，只留下岛屿（工件外形）。海的边界与岛屿的选取顺序就比较重要了，不同的选取顺序会产生不同的加工结果。因此，要根据要求正确定义工件外形。外形的选取一般采用串联选取的方式，其定义和顺序示意如图 12-16 和图 12-17 所示。

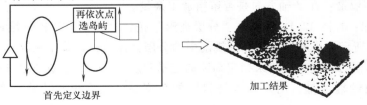

图 12-16　外形定义

图 12-17　外形顺序选取

（2）参数简介及设定　挖槽加工有三个参数设定：刀具参数、挖槽参数和加工参数，如图 12-18 所示。

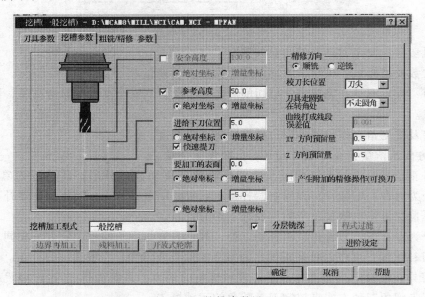

图 12-18　挖槽参数设置

1）刀具参数的内容与设定同外形铣削。

2）挖槽参数简介及设定。挖槽参数与外形铣削很相似，只是某些细节有所不同，我们仅就这些不同处的设定方法进行讲解及说明。

① 精修方向：指定用何种铣削的形式来执行挖槽加工。铣削方式有两种：顺铣和逆铣。

设定：在进行粗加工或铣削铸件等工件时，一般使用逆铣；在进行精加工时，为保证表面粗糙度值一般使用顺铣。

② XY 方向预留量：挖槽中的预留量是指在边界及岛屿都均匀留出的余量。

③ Z 方向预留量：在 Z 轴方向是否留精加工余量。

④ 分层铣深：在图 12-18 中单击"分层铣深"按钮，弹出"Z 轴分层铣深设定"对话框，如图 12-19 所示。该对话框与外形铣削中的分层铣深对话框基本相同，只是多了一个使用岛屿深度复选框。该复选框用来指定岛屿的挖槽深度。同时，若选中铣斜壁复选框，则增加了岛屿锥度角的输入框，用来输入铣斜壁的角度，可铣削出与边界和岛屿具有斜角的路径。

图 12-19 "Z 轴分层铣深设定"对话框

⑤ 进阶设定：进阶设定用于设定残料加工和等距环切误差值。

⑥ 挖槽加工型式有五种，即一般挖槽、边界再加工、使用岛屿深度挖槽、残料清角和开放式轮廓挖槽。边界再加工可以设定完成的边界是否再进行一次加工，即延展挖槽刀具路径到挖槽的边界。残料清角用于将前次未加工到的区域进行清角加工。

3）加工参数简介。主要加工参数如下：

① 切削方式。单击图 12-18 中的粗铣/精修参数按钮，将弹出如图 12-20 所示的对话框，Mastercam 提供了 7 种切削方式，分别简介如下。

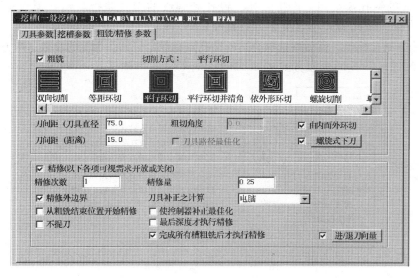

图 12-20 挖槽附加精修参数

双向切削：也就是所谓的弓字形铣削，刀具路径方向是由粗切角度设定的。

等距环切：刀具等距离环形偏移切削加工。

平行环切：以外形为基准平行环绕切削。

平行环切并清角：以外形为基准平行环绕并以清转角的方式切削。

依外形环切：需具有一个以上的岛，顺着外形环绕产生挖槽路径。

螺旋切削：以螺旋形方式产生挖槽路径。

单向切削：刀具切削时，都只沿同一方向切削，而切削完成后便又提刀移到下一加工位置再进刀，加工方向取决于顺铣或逆铣。一般在粗加工时选择双向切削，精加工时选择单向切削。

切削间距与刀具直径百分比：用于设定刀具切削的平移间距量，即铣刀的进给量。这两个参数是相关联的，即改变了其中一个，另一个也会随之变化。

②下刀方式：有螺旋式下刀和斜插式下刀两种。

挖槽使用的刀具一般都是面铣刀，而面铣刀大部分都无法承受直接下刀的冲击，因此最好采用螺旋式下刀和斜插式下刀，否则刀具会自起始高度直接进刀到第一刀的深度。

螺旋式下刀：刀具自起始位置处开始以螺旋式下刀方式切削。

无法执行螺旋时：当螺旋式下刀失败时，指定为直线下刀或程序中断。

进/退刀向量：指定螺旋下刀的方向是顺时针或逆时针。

将进入点设为螺旋线的中心：指定挖槽的进刀点。

斜插式下刀：刀具走斜线下刀。

③ 粗切角度：设定刀具路径与 X 轴正方向的夹角，一般为 0°、45°、90°和180°等。刀具路径最佳化设置可将刀具路径优化至最佳状态。

说明：槽铣削这项功能只能用于切削二维平面的槽，不允许铣削斜面上的槽。挖槽的外形必须是封闭的。

3. 钻孔

Mastercam 的钻孔模组用于产生钻孔、镗孔和螺纹的刀具路径。钻孔模组是以点的位置来定义孔的坐标，而孔的大小取决于刀具直径。

要想使用好钻孔模组，需做好选择合适的钻孔点和设定好钻孔加工的参数这两方面的工作。

（1）孔的选取　孔的选取方式如图 12-21 所示。

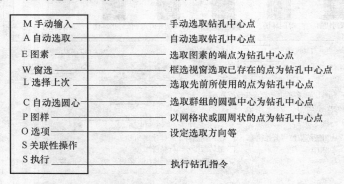

图 12-21　孔选取方式菜单

选取方法主要有两种：

1）手动输入。使用鼠标一个个去点选要钻孔的位置，可在屏幕上任意点选，也可通过输入点的坐标来确定。加工时，将以点选取的顺序作为加工顺序，点选完后按 ESC 键结束。

2）自动选取。首先选取主功能表中的"绘图→点"，利用各种方式来绘制点。

利用自动选取方式可逐一选取屏幕上已绘制好的点。

点（孔）选取完毕后，点选执行即弹出"参数设定"对话框。

（2）加工参数　加工参数对话框中主要有钻孔循环和刀尖补偿选项。

1）钻孔循环：Mastercam 钻孔循环提供了 19 种形式，其中包括 6 种标准形式、两种备用形式和 11 种自设循环，这里就 6 种标准形式作一简介。

① 钻孔（G81）：暂留时间 =0；钻孔（G82）：暂留时间 ≠0。用于钻孔或镗沉头孔，孔深小于 3 倍的直径。

② 深孔钻（G83）：钻深度大于 3 倍刀具直径的深孔，特别用于碎屑不易清除的情况。

③ 断屑式快速钻孔（G73）：钻深度大于 3 倍刀具直径的深孔。

④ 攻螺纹（G84）：攻右旋内螺纹。

⑤ 镗孔 1（G85）：暂留时间 =0；深孔钻（G89）：暂留时间 ≠0。用于进刀和退刀路径镗孔。

⑥ 镗孔 2（G86）：用于进刀主轴停止，快速退刀路径镗孔。

2）刀尖补偿；允许刀尖补正至 118°。

4. 文字雕刻

在 Mastercam 中，文字雕刻并不是一个专门模组，而是利用挖槽和外形铣削组合达到雕刻文字的目的，只不过所使用的刀具较小而已。

在各项参数设定好之后，单击"参数设置"对话框中的确定按钮，对话框马上关闭，同时回到上一窗口界面，并在图形上生成刀具路径。

四、操作管理

在刀具路径产生之后，刀具路径能用图形进行验证，并用"后处理"来生成 NC 代码，Mastercam 将这些功能都分类归于"操作管理"对话框内。

选择主功能表→刀具路径→操作管理，即弹出如图 12-22 所示的"操作管理员"对话框。

（1）刀具路径模拟　点选"全选→刀具路径模拟"按钮，弹出子功能表。点选自动执行可自动进行刀具路径的模拟，点选手动控制可一步一步进行轨迹的模拟。

通过参数设定来定义模拟的速度、模拟方式和路径适度化等选项。

（2）执行后处理　刀具路径模拟检查完毕后，不能用来进行加工，因为刀具路径并不是程序，需转换为可用于加工的 NC 程序，即需要执行后处理的程序。

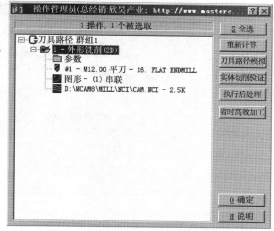

图 12-22　"操作管理员"对话框

选择某一操作或者部分操作，单击"操作管理员"对话框（图 12-22）中的执行后处理按钮，弹出如图 12-23 所示的对话框。有关后处理参数选项的说明如下：

1）更改后处理程序：对于不同的 CNC 控制器，NC 代码也有差别，Mastercam 提供了一些常用的 CNC 后处理器，单击该按钮，用户可以选择使用。内设值 MPFAN. PST 是 FANUC 系统的后处理器。

2）NCI 档：用于设定在执行后处理时，是否要存储和编辑刀具路径（NCI）文件，"覆

项目十二　加工五边形凸模

225

盖"和"询问"用于存储同名时的处理。

3）NC 档：用于设定后处理时，NC 文件的存储和编辑，只是多一个文件后缀，其他参数选择与 NCI 档相同。

4）传送：用于传送 NC 代码至 CNC 控制器（数控机床）。选中复选框，参照 CNC 控制器的传送参数，对应设置好如图 12-24 所示的传输参数，连接好通信电缆，即可通过计算机传送 NC 代码至数控机床。如果 NC 代码还需进行手工修改，就不选该复选框，也可以通过其他的通信软件进行传输。

5）手工修改 NC 代码：如果选择了如图 12-23 所示的参数，单击确定按钮，系统会自动提示输入存储的 NCI 和 NC 文件名，出现同名时还会增加是否覆盖选项，确定以后，系统将打开编辑器对生成的 NC 代码进行编辑，可根据使用的 CNC 控制器的代码要求，适当修改 NC 语句。

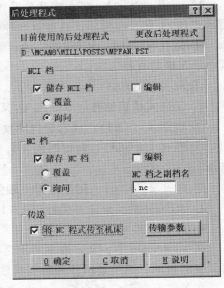

图 12-23 "后处理程式"对话框

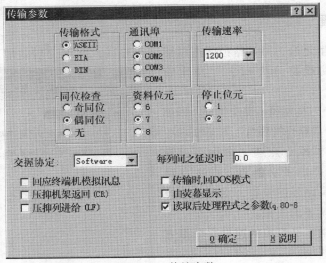

图 12-24 传输参数

在系统生成的代码中，某些说明语句、程序名称等可能需要修改。修改完毕，在编辑器中按指定文件目录和文件名保存，再通过通信软件传送至加工机床，应避免到机床上去修改 NC 代码。

任务四 项目实施

一、工艺分析和图形绘制

1. 加工路线分析

根据如图 12-1 所示零件图样，确定加工顺序为：四边形→五边形→大孔→四个小孔。

2. 刀具选用

根据工件的尺寸及形状，选用刀具如下：直径 $\phi10\text{mm}$ 的中心钻（用于钻定位孔），直径 $\phi10\text{mm}$ 的钻头（用于钻四个小孔），直径 $\phi12\text{mm}$ 的双刃平底铣刀（用于粗加工），直径 $\phi8\text{mm}$ 的四刃铣刀（用于精加工）。

3. 图形的绘制

绘制二维图形（略）。

二、刀路的生成

1. 粗铣四边形（直径 $\phi12\text{mm}$ 的两刃铣刀，外形铣削）

点选主功能表刀具路径→外形铣削→串连，用鼠标点选四边形，串连方向如图 12-25 所示。

选取完后，单击执行，弹出参数对话框，设定参数如下：

（1）刀具参数　刀具名称为"HM1"，刀具直径为"12mm"，刀角半径为"0mm"，主轴转速为"900r/min"，冷却液/喷油程式名称为"0"，起始行号为"1"，行号增量为"1"，进给率为"200"，Z轴进给率为"60"，提刀速率为"600"。

图 12-25　串联方向

（2）外形铣削参数　安全高度为"20mm"，进给下刀位置为"2"，要加工表面为"0"，最后深度为"−15mm"，电脑补正位置为"左补正"，控制器补正为"关"，校刀长位置为"刀尖"，刀具走圆弧在拐角处为"＜135°"走圆角，勾选快速提刀，XY方向预留量为"0.4mm"，Z方向预留量为"0"。

（3）XY分次铣削　粗铣次数为"1"，间距为"6mm"；精铣次数为"0"，间距为"0"；执行精修最后时机，勾选最后深度；勾选不提刀。

（4）Z轴分层铣削　最大粗切量为"4mm"，精修次数为"0"，精修量为"0"，勾选不提刀。

（5）进/退刀向量　勾选由封闭轮廓中点位置执行进/退刀。进刀向量的进刀线及进刀圆弧设为"10mm"，退刀向量的退刀线及退刀圆弧设为"10mm"。

设定完成后单击确定按钮。

2. 粗铣五边形（直径 $\phi12\text{mm}$ 的两刃铣刀，外形铣削）

点选主功能刀具路径→外形铣削→串连，用鼠标点选五边形，串连方向如图 12-25 所示。

选取完后，单击执行，弹出参数对话框，设定参数如下：

（1）刀具参数　同步骤1。

（2）外形铣削参数　最后深度为"−10mm"。

（3）XY分次铣削　粗铣次数为"3"，间距为"8mm"；精铣次数为"0"，间距为"0"；执行精修最后时机，勾选最后深度。

其余参数设定同步骤1。

设定完成后单击确定按钮。

3. 粗铣直径 $\phi40\text{mm}$ 大孔（直径 $\phi12\text{mm}$ 的两刃铣刀，挖槽）

点选主功能表刀具路径→挖槽→串连，用鼠标点选圆弧，选取完后，单击执行，弹出参数对话框，设定参数如下：

（1）刀具参数　同步骤1。

（2）挖槽参数　最后深度为"－16mm"，精修方向为"顺铣"。

其余参数设定同步骤1。

（3）粗/精加工参数　双向切削。刀间距（刀具直径）为"58.333mm"，刀间距（距离）为"7mm"，粗切角度为"0°"，勾选刀具路径最佳化。勾选精修。精修次数为"1"，精修量为"0.5mm"，勾选精修外边界，勾选完成所有粗加工再精修。勾选螺旋式下刀，最大半径为"30mm"，最小半径为"16mm"。

设定完成后单击确定按钮。

4. 钻中心孔（直径 ϕ10mm 的中心钻，钻孔）

点选主功能表刀具路径→钻孔→手动输入→圆心点，依此捕捉四个小孔圆心，选取完后，单击执行，弹出参数对话框，设定参数如下：

（1）刀具参数　在空白处单击右键，点选建立一把新刀具，弹出刀具对话框，选择刀具类型为中心钻，刀具直径为"10mm"。主轴转速为"2000r/min"。刀具名称为"HM2"。进给率为"50"。冷却液为"喷油"。

（2）加工参数　安全高度为"20mm"，参考高度为"－8mm"，要加工表面为"－10mm"，深度为"－13mm"，钻孔循环为"镗孔#1—进给退刀"，暂留时间为"2s"。

设定完成后单击确定按钮。

5. 钻直径为 ϕ10mm 的四个小孔（直径 ϕ10mm 的钻头，钻削）

点选主功能表刀具路径→钻孔→手动输入→圆心点，依次捕捉四个小孔圆心，选取完后，单击执行，弹出参数对话框，设定参数如下：

（1）刀具参数　在空白处单击右键，点选建立一把新刀具，弹出刀具对话框，选择刀具类型为钻头。

刀具直径为"10mm"，主轴转速为"600r/min"，刀具名称为"HM3"，进给率为"60"，冷却液为"喷油"。

（2）加工参数　安全高度为"20mm"，参考高度为"8mm"，要加工表面为"－10mm"，深度为"－25mm"，钻孔循环为"深孔钻（G83）"，首次深孔钻为"15"，暂停时间为"1s"。

6. 精铣四边形（直径 ϕ8mm 的四刃铣刀，外形铣削）

点选主功能表刀具路径→外形铣削→串联，用鼠标点选四边形，串联方向如图 12-25 所示。

选取完后，单击执行，弹出参数对话框，设定参数如下：

（1）刀具参数　在空白处单击右键，单击建立一把新刀具，弹出刀具对话框，选择刀具类型为平铣刀，直径为为"8mm"。

刀具名称为"HM4"，刀具直径为"8mm"，刀角半径为"0mm"，主轴转速为"2000r/min"，冷却液/喷油程式名称为"0"，起始行号为"1"，行号增量为"1"，进给率为"300"，Z轴进给率为"60"，提刀速率为"600"。

（2）外形铣削参数　XY预留量为"0"，Z方向预留量为"0"，XY分次铣削。粗铣次数为"0"，间距为"0"；精铣次数为"1"，间距为"0.4mm"。执行精修最后时机，勾选最后深度。

（3）Z轴分层铣削　最大粗切量为"15mm"，精修次数为"0"，精修量为"0"，勾选不提刀。

其余同步骤 1。设定完成后单击确定按钮。

7. 精铣五边形（直径 ϕ8mm 的四刃铣刀，外形铣削）

点选主功能表刀具路径→外形铣削→串连，用鼠标点选五边形，串连方向如图 12-25 所示。

选取完成后，单击执行，弹出参数对话框，设定参数如下：

（1）刀具参数　刀具名称为"HM4"，其余同步骤 6。

（2）外形铣削参数　最后深度为"–10mm"，其余参数设定同步骤 5。

（3）Z 轴分层铣削　最大粗切量为"10mm"。

设定完成后单击确定按钮。

8. 精铣直径 ϕ40mm 的孔（直径 ϕ8mm 的四刃铣刀，挖槽）

点选主功能表刀具路径→挖槽→串连，用鼠标点圆弧，选取完成后，单击执行，弹出参数对话框，设定参数如下：

（1）刀具参数　刀具名称为"HM4"，其余同步骤 6。

（2）挖槽参数　最后深度为"–16mm"，XY 预留量为"0"。

（3）Z 轴分层铣削　最大粗切量为"16mm"，其余同步骤 3。

（4）粗/精加工参数　将粗铣复选框的勾去除，只勾选精修。精修次数为"1"，精修量为"0.4mm"，勾选精修外边界，勾选完成所有粗加工再精修。

设定完成后单击确定按钮。

三、检查刀路轨迹

点选工作设定，在弹出的对话框内输入 X、Y、Z 坐标分别为 96，96，50，工件原点 X、Y、Z 坐标分别为 0，0，0，以完成毛坯的设定。

点选操作管理，弹出"操作管理"对话框，如图 12-22 所示。

点选全选→实体切削验证按钮，弹出实体验证播放条，点选参数设定，在弹出的对话框内点选重设→使用工件设定中的设定→确定，点选演示开始按钮，进行实体切削检查，结果如图 12-1b 所示。

四、生成 NC 程序

当刀路模拟正确后，就可生成用于加工的 NC 程序。

点选操作管理器中的执行后处理按钮，弹出后处理程序对话框，单击更改后处理程序按钮，弹出对话框，找到与数控系统相对应的后处理文件，单击打开按钮，回到后处理程序对话框，勾选储存 NCI 档和储存 NC 档两选项，单击确定按钮，弹出存储 NCI 文件对话框，选择适当路径，输入文件名 GJ，单击保存按钮，接着弹出存储 NC 文件对话框，选择适当的路径，输入文件名 GJ，单击保存按钮，即可生成 NC 程序。

任务五　完成本项目的实训任务

一、实训目的

1）熟练掌握 Mastercam 软件的使用方法。

项目十二　加工五边形凸模

2）学会应用 Mastercam 软件编程和加工零件。

二、实训内容

零件如图 12-26 所示，材料为 45 钢，试应用 Mastercam 编程并在数控铣床上加工该零件。

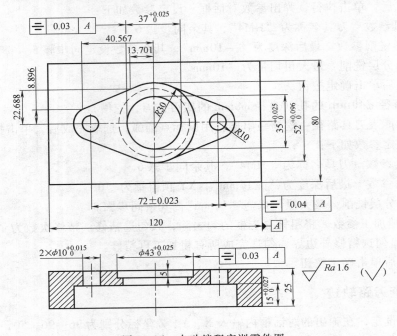

图 12-26　自动编程实训零件图

三、实训要求

1）分析零件图样，选择定位基准和加工方法，确定走刀路线，选择刀具和装夹方法，确定各切削用量参数，填写加工工序卡片。

2）应用 Mastercam 软件绘图并编制程序。

3）加工零件。

4）测量工件。根据零件图样要求，选择合适的量具对工件进行检测，并对零件进行质量分析。

5）撰写实训报告。

经验积累

1. 用硬质合金铣刀作高速切削时，若必须使用切削液，则应在开始切削之前就连续充分浇注，以免刀片因骤冷而碎裂。

2. 使用切削液时，量要充分，使铣刀得到充分冷却，并使工件的温度与室温接近，以减少热胀冷缩的影响。

3. 铣削镁合金时，禁止使用水溶液的切削液，以防起火，只能使用燃点高的油类切削液或不用切削液。

项目总结

本项目介绍了应用 Mastercam 软件进行二维图形零件自动编程的方法。进行自动编程的工作内容包括：绘制零件图、确定工艺步骤并选择合适的刀具、刀具轨迹生成及刀具轨迹编辑、刀具轨迹验证、后置处理。自动编程软件只是一种工具，刀具路径和工艺参数都要操作者根据经验来确定。

思考与训练

一、判断题

1. CAD/CAM 软件生成的数控程序能直接应用于各种机床，不需要进行任何修改。 （　　）

2. Mastercam 是基于 PC 机的 CAD/CAM 软件。 （　　）

3. 当加工程序还在运行时，可以对它进行修改。 （　　）

4. 加工零件的程序中设定的切削参数在机床执行过程中不能调整。 （　　）

5. 为保证安全，在数控机床起动过程中，不要触碰操作面板上的任何键。 （　　）

二、单项选择题

1. 下述 CAD/CAM 过程的操作中，属于 CAD 范畴的是 （　　）。

A. CAPP　　　　　　B. CIMS　　　　　　C. FMS　　　　　　D. 几何造型

2. 计算机辅助制造进行的内容有 （　　）。

A. 进行过程控制及数控加工　　　　　B. CAD

C. 工程分析　　　　　　　　　　　　D. 机床调整

3. 计算机辅助制造应具有的主要特性是 （　　）。

A. 适应性、灵活性、高效率　　　　　B. 准确性、耐久性

C. 系统性、继承性　　　　　　　　　D. 知识性、趣味性

4. 适宜加工形状特别复杂（如曲面叶轮）、精度要求较高的零件的数控机床是 （　　）机床。

A. 两坐标轴　　　　B. 三坐标轴　　　　C. 多坐标轴　　　　D. 2.5 坐标轴

5. 数控铣床自动编程可以使用 （　　）方法。

A. 二维造型　　　　B. 三维造型　　　　C. 二维或三维造型　　　　D. 其他

6. 数控编程是 CAM 的重要组成部分，包括 （　　）的生成和机床数控代码指令集的生成。

A. 加工刀具路径　　B. 选择加工刀具　　C. 刀具补偿　　　　D. 粗精加工路线

7. 计算机辅助制造最能满足 （　　）类型的生产需要。

A. 大批量专业化生产　　　　　　　　B. 多品种小批量生产

C. 小批量专业化生产　　　　　　　　D. 多品种大量

8. 三轴联动表示数控机床 （　　）。

A. 三个轴同时转动　　　　　　　　　B. 三个轴同时移动

C. 数控系统可以同时控制三个轴　　　D. 只有三个轴

项目十二　加工五边形凸模

三、实训题

1. 图 12-27 所示工件有 4 个需要加工的特征，包括顶端平面、两个槽、4 个 $\phi 6\text{mm}$ 的孔，和 6 个 $\phi 4\text{mm}$ 的孔，本题使用两个刀具路径模组：挖槽和钻孔，并用 Mastercam 产生其 NC 代码。

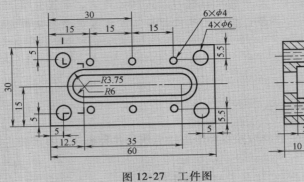

图 12-27　工件图

2. 加工图 12-28 所示零件，运用 Mastercam 系统进行自动编程。

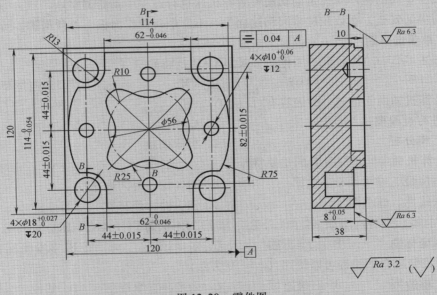

图 12-28　零件图

项目十三　数控铣床/加工中心的维护

 **学习目标**

❖ 掌握数控铣床/加工中心操作规程
❖ 学会数控铣床/加工中心的维护方法

任务一　学习数控铣床/加工中心操作规程

一、开机前的注意事项

1）操作人员必须熟悉数控铣床/加工中心的性能和操作方法。经机床管理人员同意方可操作机床。

2）机床通电前，先检查电压、气压、油压是否符合工作要求。

3）检查机床可动部分是否处于正常工作状态。

4）检查工作台是否越位，超极限状态。

5）检查电气元件是否牢固，是否有接线脱落。

6）检查机床接地线是否和车间地线可靠连接（初次开机特别重要）。

7）已完成开机前的准备工作后方可合上电源总开关。

二、开机过程注意事项

1）严格按机床说明书中的开机顺序进行操作。

2）一般情况下，开机过程中必须先进行回机床参考点操作，建立机床坐标系。

3）开机后让机床空运转15min以上，使机床达到热平衡状态。

4）关机后必须等待5min以上才可以再次开机，没有特殊情况不得随意频繁进行开机或关机操作。

三、调试过程注意事项

1）编辑、修改、调试好程序。若是首件试切必须进行空运行，确保程序正确无误。

2）按工艺要求安装、调试好夹具，并清除各定位面的铁屑和杂物。

3）按定位要求装夹好工件，确保定位正确可靠。不得在加工过程中发生工件松动现象。

4）安装好所要用的刀具。

5）设置好刀具半径补偿。

6）确认切削液输出通畅，流量充足。

7）再次检查所建立的工件坐标系是否正确。

8）以上各点准备好后方可加工工件。

四、加工过程注意事项

1）加工过程中，不得调整刀具和测量工件尺寸。

2）自动加工中，自始至终监视运转状态，严禁离开机床，遇到问题及时解决，防止发生不必要的事故。

3）定时对工件进行检验。确定刀具是否出现磨损等情况。

4）关机时，或交接班时对加工情况、重要数据等作好记录。

5）机床各轴在关机时远离其参考点，或停在中间位置，使工作台重心稳定。

6）清扫机床，必要时涂防锈油。

>> **提示** 操作数控铣床/加工中心时一定要遵守操作规程，注意人身安全和设备安全。

任务二　数控铣床/加工中心的维护

数控铣床/加工中心是机电一体化的技术密集设备，要使机床长期可靠地运行，很大程度上取决于对其的使用与日常维护。正确地使用可避免突发故障，延长无故障时间；精心维护可使其处于良好的技术状态，延缓劣化。因此，数控铣床不仅要严格地执行操作规程，而且必须重视数控铣床的维护工作，提高数控铣床操作人员的素质。

一、数控铣床/加工中心维护的内容

任何数控铣床/加工中心与普通机床一样，使用寿命的长短和效率的高低，不仅取决于机床的精度和性能，很大程度上也取决于它的正确使用与维护。对数控铣床/加工中心进行日常维护与保养，可延长电气元件的使用寿命，防止机械部件的非正常磨损，避免发生意外的恶性事故，使机床始终保持良好的状态，尽可能地保持长时间的稳定工作。

要做好数控铣床/加工中心日常维护与保养工作，要求数控铣床/加工中心的操作人员必须经过专门培训，详细阅读数控铣床/加工中心的说明书，对机床有全面的了解，包括机床结构、特点和数控系统的工作原理等。不同类型的数控铣床/加工中心日常维护的具体内容和要求不完全相同，但各维护期内的基本原则不变，以此可对数控铣床/加工中心进行定点、定时的检查与维护。

数控铣床/加工中心的维护内容包括：数控铣床/加工中心的正确使用、数控铣床/加工中心各机械部件的维护、数控系统的维护、伺服系统及常用位置检测装置的维护等。

其中，数控铣床/加工中心使用时应注意：

1）数控铣床/加工中心的使用环境。机床的位置应远离振源，避免潮湿和电磁干扰，避免阳光直接照射和热辐射的影响，环境温度应低于30°，相对湿度不超过80%，最好使其置于有空调的环境。

2）电源要求。电源电压波动必须在允许范围内（一般允许波动±10%），并且保持相对稳定，以免破坏数控系统的程序或参数。数控铣床/加工中心采用专线供电或增设稳压装置，可以减少供电质量的影响。

3）遵守数控铣床/加工中心操作规程。

4）数控铣床/加工中心不宜长期封存。数控铣床/加工中心长期封存不用会使数控系统的电子元器件由于受潮等原因而变质或损坏，即使无生产任务，数控铣床/加工中心也需定时开机，利用机床本身的散热来降低机床内的湿度，同时也能及时发现有无电池报警发生，以防止系统软件、参数丢失。

5）注意培训和配备操作人员、维修人员及编程人员

数控铣床/加工中心是高技术设备，只有相关人员的素质均较高，才能尽可能避免使用不当和操作不当对数控铣床/加工中心造成的损坏。

表13-1列举了一般数控铣床/加工中心各维护周期需要维护与保养的主要内容，发现问题应及时采取必要的措施。

另外，还需不定期地检查排屑器，经常清理切屑，检查有无卡住等；不定期清理废油池，及时取走滤油池中的废油，以免外溢；按机床说明书不定期调整主轴驱动带的松紧程度。

表13-1 数控铣床/加工中心维护与保养的主要内容

序号	检查部位	检查内容			
		每 天	每 月	每半年	每 年
1	切削液箱	观察箱内液面高度，及时添加	清理箱内积存切屑，更换切削液	清洗切削液箱、清洗过滤器	全面清洗、更换过滤器
2	润滑油箱	观察油标上的油面高度，及时添加	检查润滑泵工作情况，油管接头是否松动、漏油	清洁润滑箱、清洗过滤器	全面清洗、更换过滤器
3	各移动导轨副	清除切屑及脏物，用软布擦净、检查润滑情况及划伤与否	清理导轨滑动面上刮屑板	导轨副上的镶条、压板是否松动	检验导轨运行精度，进行校准
4	压缩空气泵	检查气泵控制的压力是否正常	检查气泵工作状态是否正常、滤水管道是否畅通	空气管道是否渗漏	清洗气泵润滑油箱、更换润滑油
5	气源自动分水器、自动空气干燥器	检查气泵控制的压力是否正常、观察分油器中滤出的水分，及时清理	擦净灰尘、清洁空气过滤网	空气管道是否渗漏、清洗空气过滤器	全面清洗、更换过滤器
6	液压系统	观察箱体内液面高度、油压力是否正常	检查各阀工作是否正常、油路是否畅通、接头处是否渗漏	清洗油箱、清洗过滤器	全面清洗油箱、各阀，更换过滤器

（续）

序号	检查部位	检查内容			
		每 天	每 月	每半年	每 年
7	防护装置	清除切削区内防护装置上的切屑与脏物、用软布擦净	用软布擦净各防护装置表面、检查有无松动	折叠式防护罩的衔接处是否松动	因维护需要、全面拆卸清理
8	刀具系统	检查刀具夹持是否可靠、位置是否准确、刀具是否损伤	注意刀具更换后，重新夹持的位置是否正确	刀夹是否完好、定位固定是否可靠	全面检查、有必要时更换固定螺钉
9	CRT显示屏及操作面板	注意报警显示、指示灯的显示情况	检查各轴限位及急停开关是否正常、观察CRT显示	检查面板上所有操作按钮、开关的功能情况	检查CRT电气线路、芯板等的连接情况，并清除灰尘
10	强电柜与数控柜	冷风扇工作是否正常，柜门是否关闭	清洗控制箱散热风扇道的过滤网	清理控制箱内部，保持干净	检查所有电路板、插座、插头、继电器和电缆的接触情况
11	主轴箱	观察主轴运转情况，注意声音、温度的情况	检查主轴上卡盘、夹具、刀柄的夹紧情况，注意主轴的分度功能	检查齿轮、轴承的润滑情况，测量轴承温升是否正常	清洗零、部件，更换润滑油，检查主传动带，及时更换。检验主轴精度，进行校准
12	电气系统与数控系统	运行功能是否有障碍，监视电网电压是否正常	直观检查所有电气部件及继电器、联锁装置的可靠性。机床长期不用，则需通电空运行	检查一个试验程序的完整运转情况	注意检查存储器电池、检查数控系统的大部分功能情况
13	电动机	观察各电动机运转是否正常	观察各电动机冷却风扇是否正常	各电动机轴承噪声是否严重，必要时可更换	检查电动机控制板情况，检查电动机保护开关的功能。对于直流电动机要检查电刷磨损、及时更换
14	滚珠丝杠	用油擦净丝杠暴露部位的灰尘和切屑	检查丝杠防护套，清理螺母防尘盖上的污物，丝杠表面涂油脂	测量各轴滚珠丝杠的反向间隙，予以调整或补偿	清洗滚珠丝杠上的润滑油，涂上新油脂

二、点检

设备点检是一种科学的设备管理方法，它是利用人的五官或简单的仪器工具，对设备进行定点、定期的检查，对照标准发现设备的异常现象和隐患，掌握设备故障的初期信息，以便及时采取对策，将故障消灭在萌芽阶段的一种管理方法。

点检制是在设备运行阶段开展的一种以点检为核心的现代维修管理制度，称作设备全员维修（TPM）。这种制度要求点检人员既负责设备点检，又负责设备管理。它强调的是设备的动态管理。点检、操作、检修三者之间，点检处于核心地位，因此，点检——定修是一套制度的两个侧面。点检中发现的问题要根据经济性、可能性，通过日修、定修、年修计划加以处理，减小了大、中、小修的盲目性，把问题解决在最佳时期的动态管理中。

1. 点检的六个要求

因为点检员是设备管理的主要把关者，其工作态度、工作作风，以及工作规范程度，直接影响设备点检工作的质量，所以点检员应注意以下 6 点要求：

点检记录——要逐点记录，通过积累，找出规律。

定标处理——处理一定要按照标准进行，达不到规定标准的，要标出明显的标记。

定期分析——点检记录要至少每月分析 1 次，重点设备要每一个定修周期分析 1 次。每个季度要进行 1 次检查记录和处理记录的汇总整理，并且存档备查。每年进行 1 次总结。为定修、改造、修正点检工作量等提供依据。

定项设计——查出问题的，需要设计改进，规定设计项目，按项进行。

定人改进——任何一项改进项目，都要定人。以保证改进工作的连续性和系统性。

系统总结——每半年或 1 年要对点检工作进行一次全面、系统的总结和评价，提出书面总结材料和下一阶段的重点工作计划。

2. 点检种类

按周期和业务范围，点检可以分为：日常点检、定期点检和精密点检。三种点检的最显著的区别是：日常点检是在设备运行中由操作人员完成的，而定期点检和精密点检是由专职点检员来完成的。点检制实行的是"三位一体"制，即运行人员的日常点检，专业人员的定期点检和专业技术人员的精密点检相结合，三个方面的人员对同一设备进行系统的维护、诊断和修理。点检的"五层防护线"是日常点检、专业定期点检、专业精密点检、技术诊断与倾向管理、精度/性能测试检查相结合，形成保证设备正常运转的防护体系。

3. 数控铣床/加工中心日常点检要点

1）从工作台、基座等处清除污物和灰尘；擦去机床表面上的润滑油、切削液和切屑；清除没有罩盖的滑动表面上的一切东西；擦净丝杠的暴露部位。

2）清理、检查所有限位开关、接近开关及其周围表面。

3）检查各润滑油及主轴润滑油的油面、使其保持在合理的油面上。

4）确认各刀具在其应有的位置上更换。

5）确保空气滤杯内的水完全排出。

6）检查液压泵的压力是否符合要求。

7）检查机床主液压系统是否漏油。

8）检查切削液软管及液面，清理管内及切削液槽内的切屑等脏物。

9）确保操作面板上所有指示灯显示正常。

10）检查各坐标轴是否处在原点上。

11）检查主轴端面、刀夹及其他配件是否有飞边、破裂或损坏现象。

> **≫ 提示** ┃ 当数控铣床和加工中心长期闲置不用时，一定要经常让机床通电，在机床锁住不动的情况下，让系统空运行。

经验积累

1. 非合格的专业人员禁止操作或维修机床，更换熔丝需使用同规格产品。

2. 禁止将工具、工件、材料随意放置在机床上，尤其是工作台上。

3. 非必要时，操作者切勿擅改软件设定的参数或其他电子元件设定值；若必须更改时，请务必将原参数值记录存查，以利于以后维修故障时参考。

4. 熟悉机床动力控制开关，尤其需特别牢记紧急停止开关的位置。电源或动力源发生异常或断电时，立即切断主电源。当加工过程结束，操作人员要离开机床时，主电源也需切断。

5. 开机后，禁止用手或其他导电物体去触摸控制器及操作箱内部或变压器等高压元件。

6. 在进行维护或维修作业时，必须确认危险区域内所有人员或物品均已离开，方可起动机床电源。

项目总结

本项目介绍了数控铣床/加工中心的操作规程、维护方法，在实施本项目过程中，要联系实际，多进行数控铣床/加工中心维护实训。在操作数控铣床/加工中心时，一定要严格遵守操作规程，以防事故发生。

思考与训练

一、判断题

1. 加工工件时，只要检查程序是正确的，就可以开始加工了。 （ ）

2. 试切时，在刀具运行至工件表面2mm处，必须验证各轴坐标剩余值与加工程序是否一致。 （ ）

3. 紧急停车后，应重新进行机床"回零"操作，才能再次运行程序。 （ ）

4. 对于冷却箱及润滑箱液面只需每月观察一次。 （ ）

5. 无论是首次加工的零件，还是重复加工的零件，首件都必须对照图样、工艺规程、加工程序和刀具调整卡，进行试切。 （ ）

二、单项选择题

1. 数控铣床/加工中心导轨上（   ）。

A. 要放上棉纱　　　　　　　　B. 不得放置任何物品

C. 应放上扳手　　　　　　　　D. 应放上切削刀具

2. 数控铣工的职业道德就是数控铣工在（   ）应当遵守的道德。

A. 日常生活中　　　　　　　　B. 驾车旅游时

C. 职业活动中　　　　　　　　D. 商场购物时

PROJECT

3. 加工设备的自动化程度越高，操作者（　　　）。

A. 与设备的制约性越强　　　　　　　　B. 职责越小

C. 自由活动范围越大　　　　　　　　　D. 与设备的制约性越弱

4. 对机械生产的质量、效益起直接、关键作用的是（　　　）。

A. 生产设备　　　　B. 投资数量　　　　C. 职工素质　　　　D. 领导的决策

5. 在生产过程中，要最大限度地减少（　　　）的排放，避免对环境的损害。

A. 铁屑　　　　　　B. 润滑油　　　　　C. 油液　　　　　　D. 污染物

6. 在切削加工时，手和身体不能靠近（　　　）。

A. 铣床　　　　　　B. 量具　　　　　　C. 操作面板　　　　D. 正在旋转的地方

7. 要做好数控铣床/加工中心的维护与保养工作，必须（　　　）清除导轨和防护装置中的切屑。

A. 每周　　　　　　B. 每天　　　　　　C. 每小时　　　　　D. 每月

8. 试切工件时的快速倍率开关要置于（　　　）。

A. 较高挡　　　　　B. 最高挡　　　　　C. 较低挡　　　　　D. 最低挡

9. 试切或加工中，（　　　）要重新测量刀具位置并修改刀补值和刀补号。

A. 刃磨刀具后　　　B. 更换刀具后　　　C. A和B均需　　　D. A和B均不需

10. 要做好数控铣床/加工中心的维护与保养，必须（　　　）检查一次滚珠丝杠。

A. 每周　　　　　　B. 每天　　　　　　C. 每小时　　　　　D. 每月

三、简答题

1. 简述数控铣床/加工中心的操作规程。

2. 为了使数控铣床/加工中心保持良好状态，在日常使用数控铣床/加工中心时，应重点进行哪些维护工作？

3. 在使用数控铣床/加工中心时，如何维护数控系统？

任务一　中级职业技能综合训练一（数控铣床）

零件如图 14-1 所示，毛坯尺寸为 $\phi80mm \times 35mm$，材料为 45 钢，试编写其数控铣加工程序并进行加工。

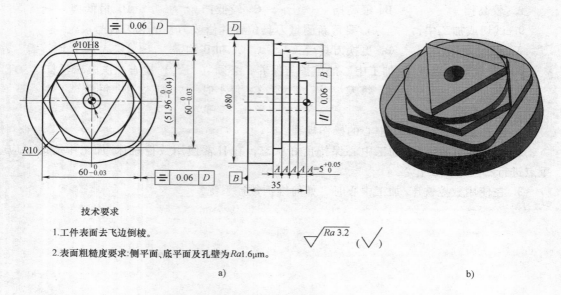

技术要求

1. 工件表面去飞边倒棱。

2. 表面粗糙度要求：侧平面、底平面及孔壁为 $Ra1.6\mu m$。

a)　　　　　　　　　　　　　　　　　　b)

图 14-1　中级职业技能综合训练一零件图

a）零件图　b）实体图

零件的评分表见表 14-1。为使叙述简练，后面的综合训练实例中将把评分表省略。

表 14-1　中级职业技能综合训练一评分表

工件编号					总得分		
项目与分配		序号	技术要求	配分	评分标准	检测记录	得分
工件加工评分（80%）	外形轮廓与孔	1	$60_{-0.03}^{0}$ mm	2×3	超差全扣		
		2	$51.96_{-0.04}^{0}$ mm	3×2	超差全扣		
		3	$5_{0}^{+0.05}$ mm	4×5	超差全扣		

工件编号				总得分			
项目与分配		序号	技术要求	配分	评分标准	检测记录	得分
工件加工评分（80%）	外形轮廓与孔	4	对称度要求 0.06mm	2 × 4	每错一处扣 8 分		
		5	平行度要求 0.06mm	10	每错一处扣 2 分		
		6	侧面表面粗糙度要求 $Ra1.6\mu m$	8	每错一处扣 1 分		
		7	底面表面粗糙度要求 $Ra3.2\mu m$	4	每错一处扣 1 分		
		8	$R10mm$	8	每错一处扣 2 分		
		9	孔径 $\phi10H8$	10	超差全扣		
	其他	10	工件按时完成	5	未按时完成全扣		
		11	工件无缺陷	5	缺陷一处扣 2 分		
程序与工艺（10%）		12	程序正确合理	5	每错一处扣 2 分		
		13	加工工序卡	5	不合理每处扣 2 分		
机床操作（10%）		14	机床操作规范	5	出错一次扣 2 分		
		15	工件、刀具装夹	5	出错一次扣 2 分		
安全文明生产（倒扣分）		16	安全操作	倒扣	安全事故停止操作或酌情扣 5～30 分		
		17	机床整理	倒扣			

一、工艺分析与工艺设计

1. 零件精度分析和保证措施

该零件由三角形、圆形、六边形和四方圆弧凸台组成，尺寸精度要求较高，公差范围为 $\left(\begin{smallmatrix}0\\-0.03\end{smallmatrix}\right)$ 和 $\left(\begin{smallmatrix}0\\-0.04\end{smallmatrix}\right)$，孔的精度要求为 H8，对于尺寸精度要求，主要通过在加工过程中精确对刀，正确选用刀具的磨损量和正确选用合适的加工工艺等措施来保证。

该零件的几何公差要求有：各凸台上表面相对底面的平行度；四方圆弧凸台和六方凸台相对零件中心轴线的对称度。对于形位公差要求，在对刀精确的情况下，主要通过工件在夹具中的正确安装等措施来保证。

该零件加工表面的表面粗糙度要求为 $Ra3.2\mu m$ 和 $Ra1.6\mu m$。对于表面粗糙度要求，主要通过选用正确的粗、精加工路线，选用合适的切削用量等措施来保证。

2. 加工工艺路线设计

1）铣四方圆弧凸台，每次背吃刀量 5mm。
2）铣六方凸台，每次背吃刀量 5mm。
3）铣圆形凸台，每次背吃刀量 5mm。
4）铣三角形凸台，每次背吃刀量 5mm。
5）钻 $\phi10mm$ 孔至 $\phi9.8mm$。
6）铰孔 $\phi10H8$ 至尺寸要求。

二、坐标计算

利用三角函数求基点的方法计算出本例的基点坐标如图 14-2 所示。

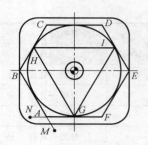

A $(-15.0, -25.98)$；B $(-30.0, 0)$；
C $(-15.0, 25.98)$；D $(15.0, 25.98)$；
E $(30.0, 0)$；F $(15.0, -25.98)$；
G $(0, -25.98)$；H $(-22.5, 12.99)$；
I $(22.5, 12.99)$；M $(-5.0, -43.30)$；
N $(-25.0, -25.98)$

图 14-2　坐标计算

三、程序编制

选择工件上表面对称中心为编程原点，使用 FANUC 0i 系统编程，程序如下：

程序	说明
O0100；	程序号
N10 G90 G49 G21 G54 F100；	程序初始化
N20 G91 G28 Z0；	
N30 M03 S600；	主轴正转，600r/min
N40 G90 G00 X−50.0 Y−50.0；	快速定位至起刀点
N50 Z30.0 M08；	
N60 G01 Z0.0 F100；	
N70 M98 P101 L4；	
N80 G01 Z0.0；	
N90 M98 P102 L3；	
N100 G01 Z0.0；	
N110 M98 P103 L2；	
N120 G01 Z0.0；	
N130 M98 P104；	
N140 G91 G28 Z0；	
N150 M30；	
O0101；	四方圆弧子程序
N10 G91 G01 Z−5.0；	背吃刀量 5mm
N20 G90 G41 G01 X−30.0 D01；	延长线上建立刀补
N30 Y20.0；	四方圆弧凸台轮廓铣削
N40 G02 X−20.0 Y30.0 R10.0；	
N50 G01 X20.0；	
N60 G02 X30.0 Y20.0 R10.0；	
N70 G01 Y−20.0；	
N80 G02 X20.0 Y−30.0 R10.0；	
N90 G01 X−20.0；	

N100 G02 X – 30.0 Y – 20.0 R10.0;
N110 G40 G01 X – 50.0 Y – 50.0;　　　　取消刀具半径补偿
N120 M99;　　　　　　　　　　　　　　返回主程序

O0102;　　　　　　　　　　　　　　　　六方凸台轮廓子程序
N10 G91 G01 Z – 5.0;　　　　　　　　　背吃刀量 5mm
N20 G90 G41 X – 5.0 Y – 43.30 D01;　　建立刀补
N30 X – 30.0 Y0;　　　　　　　　　　　六边形凸台轮廓加工
N40 X – 15.0 Y25.98;
N50 X15.0;
N60 X30.0 Y0;
N70 X15.0 Y – 25.98;
N80 X – 25.0;
N90 G40 G01 X – 50.0 Y – 50.0;　　　　取消刀具半径补偿
N100 M99;　　　　　　　　　　　　　　返回主程序

O0103;　　　　　　　　　　　　　　　　圆弧凸台轮廓子程序
N10 G91 G01 Z – 5.0;　　　　　　　　　背吃刀量 5mm
N20 G90 G41 G01 X15.0 Y – 25.98 D01;　建立刀补
N30 X0;　　　　　　　　　　　　　　　圆弧凸台轮廓加工
N40 G02 X0 Y – 25.98 I0 J25.98;
N50 G01 X – 15.0;
N60 G40 G01 X – 50.0 Y – 50.0;　　　　取消刀具半径补偿
N70 M99;　　　　　　　　　　　　　　　返回主程序

O0104;　　　　　　　　　　　　　　　　三角形轮廓子程序
N10 G91 G01 Z – 5.0;　　　　　　　　　背吃刀量 5mm
N20 G90 G41 G01 X10.0 Y – 43.30 D01;　切线切入
N30 X – 22.50 Y12.99;　　　　　　　　　三角形凸台轮廓加工
N40 X22.5;
N50 X – 10.0 Y – 43.3;　　　　　　　　切线切出
N60 G40 G01 X – 50.0 Y – 50.0;　　　　取消刀具半径补偿
N70 M99;　　　　　　　　　　　　　　　返回主程序

四、上机床调试程序并加工零件

此处略。

五、修正尺寸并检测零件

此处略。

任务二　中级职业技能综合训练二（数控铣床）

凹模零件如图 14-3 所示，毛坯尺寸为 102mm × 102mm × 21mm，材料为 45 钢，编程并加工该零件。

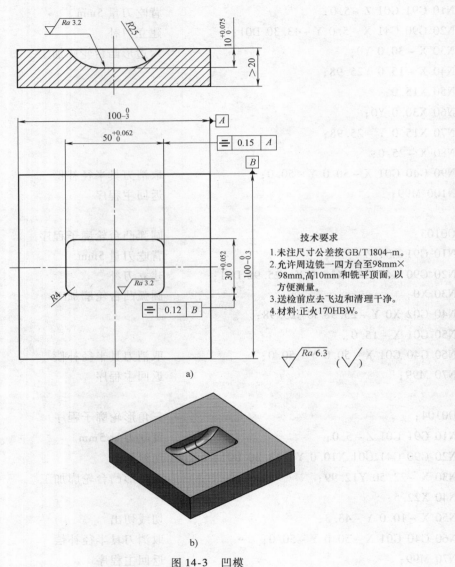

技术要求
1. 未注尺寸公差按 GB/T 1804—m。
2. 允许周边铣一四方台至98mm× 98mm，高10mm和铣平顶面，以方便测量。
3. 送检前应去飞边和清理干净。
4. 材料：正火170HBW。

a)

b)

图 14-3　凹模

a）零件图　b）实体图

一、图样分析

1. 零件的材料和热处理状态
该零件材料为 45 钢，退火状态，硬度为 170HBW，比较适合切削加工。

2. 零件的几何形状

该零件由两个几何形状构成，第一个是 100mm × 100mm × 20mm 的正四边形；第二个是凹模型腔。

3. 零件加工部位

该零件需要加工的部位有三个，第一个是零件的上表面；第二个是 100mm × 100mm × 20mm 的正四边形；第三个是凹模型腔。

4. 零件的尺寸公差

图样中尺寸公差分为三个层次。第一个层次为自由公差的尺寸：包括 $R25mm$、$R4mm$；第二个层次为要求较松的公差：两处 100mm；第三个层次为要求较严的公差：包括 50mm、30mm、和 10mm，共计 3 个尺寸。

5. 零件的几何公差

该零件只有位置公差要求，即两处对称度要求。

6. 零件的表面粗糙度

该零件的表面粗糙度共有两种要求，一是要求较严的型腔内壁为 $Ra3.2\mu m$，二是其他加工表面均为 $Ra6.3\mu m$。

7. 零件的技术要求

技术要求中的第一条，未注尺寸公差按 GB/T 1804-m，规定了尺寸 $R4mm$、和 $R25mm$ 的公差为 ±0.1mm。

二、工艺制定

根据上述对零件图样的分析，制定数控铣削加工工艺见表 14-2。

表 14-2　数控铣削加工工序卡

产品名称	零件名称	工序名称	工序号	程序编号	毛坯材料	使用设备	夹具名称
	凹模				45 钢	数控铣床	平口钳

工步号	工步内容	刀具			主轴转速 /(r·min^{-1})	进给速度 /(mm·min^{-1})	切削深度 /mm
		类型	材料	规格			
1	铣上表面	圆柱立铣刀	高速钢	$\phi16mm$	400	200	1
2	粗铣 100mm × 100mm ×20mm 矩形	圆柱立铣刀	高速钢	$\phi16mm$	500	200	10
3	精铣 100mm × 100mm × 20mm 矩形	圆柱立铣刀	高速钢	$\phi16mm$	800	100	10
4	粗铣凹模	球头刀	高速钢	$\phi8mm$	500	100	2
5	精铣凹模	球头刀	高速钢	$\phi8mm$	800	50	0.5

三、编制程序

将工件坐标系原点设定在工件上表面中心。

1. 编制铣削上表面的程序

此处略，参见项目一。

2. 编制铣削矩形（100mm × 100mm × 20mm）的程序

此处略，参见项目一。

项目十四　综合训练（中、高级）　数控铣床／加工中心操作工职业技能

3. 编制铣削凹模型腔的程序

在 XZ 平面，即进行 G18 加工，用增量编程方式（G91 方式）进行编程。如图 14-4 所示，在 B（-30，10.5，10）开始进给，C（30，10.5，10）点退刀，往 Y 轴的负方向移动 7mm（粗加工）及 0.5mm（精加工），然后返回 Y 移动后的起始点。反复调用子程序，粗加工调用子程序 3 次（3×7mm=21mm），精加调用 42 次（42×0.5mm=21mm）。在 Y 轴方向没有刀补，所以加工时，在 Y 轴方向要减去半径，对刀后 Z 轴方向也要减去半径（因为球头刀要控制球心）。加工完一次后用 G90 返回 B 点进行下一次加工。型腔两侧立面先留 0.5mm 余量，最后进行精加工。

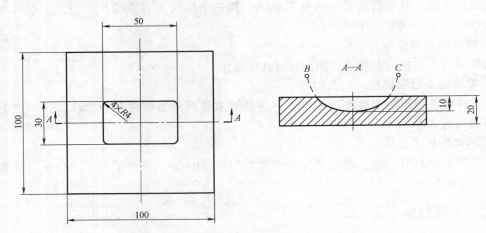

图 14-4　编程思路

本例的主程序为 O0001；子程序为 O0071、O0072（进行粗加工）和 O0073、O0074（进行精加工）；使用 ϕ8mm 的球头刀；刀补值分别为 D1=9mm，D2=5mm，D3=4mm。编制程序如下：

程序	说明
O0001；	主程序
N10 G54 G18；	选择 XZ 平面
N20 M03 S800；	
N30 G00 G42 X-30 Z15 D1；	定位在点（X-30，Z15），建立右刀补，D1=9mm
N40 G01 Y10.5 F100；	定位在点（X-30，Y10.5，Z15）
N50 M98 P0071；	调用子程序 O0071，进行粗加工
N60 G90；	改为绝对编程
N70 G00 G42 X-30 Z15 D2；	定位在点（X-30，Z15），建立右刀补，D2=5mm
N80 G01 Y10.5 F100；	定位在点（X-30，Y10.5，Z15）
N90 M98 P0071；	调用子程序 O0071，进行粗加工
N100 G90；	
N110 G00 G42 X-30.0 Z15.0 D3；	定位在点（X-30，Z15），建立右刀补，D3=4mm
N120 G01 Y10.5 F50；	定位在点（X-30，Y10.5，Z15）
N130 M98 P0073；	调用子程序 O0073，进行精加工

N140 G90；

N150 G00 G42 X－30.0 Z15.0 D3；

N160 G01 Y11.0 F50；　　　　　　定位在点（X－30，Y11，Z15）

N170 M98 P0072；　　　　　　　　调用子程序 O0072，精加工型腔里侧立面

N180 G90；

N190 G00 G42 X－30.0 Z15.0 F50 D3；

N200 G01 Y－11.0；　　　　　　　定位在点（X－30，Y－11，Z15）

N210 M98 P0072；　　　　　　　　调用子程序 O0072，精加工型腔外侧立面

N220 M05 M02；

O0071；　　　　　　　　　　　　子程序1（粗加工）

N71 M98 P0072 L3；

N74 M99；

O0072；　　　　　　　　　　　　子程序2（粗加工）

N72 G91 G02 X25.0 Z－25.0 R25.0；增量编程

N73 G01 X10.0 Z0；

N74 G02 X25.0 Z25.0 R25.0；

N75 G01 X0 Y－7.0 Z0；　　　　　向 Y 轴负方向移动 7mm

N76 G00 X－60.0 Z0；　　　　　　将刀具移到进刀点处

N77 M99；

O0073；　　　　　　　　　　　　子程序3（精加工）

N71 M98 P0074 P42；

N74 M99；

O0074；　　　　　　　　　　　　子程序4（精加工）

N72 G91 G02 X25.0 Z－25.0 R25.0；增量编程

N73 G01 X10.0 Z0；

N74 G02 X25.0 Z25.0 R25.0；

N75 G01 X0 Y－0.5 Z0；　　　　　向 Y 轴负方向移动 0.5mm

N76 G00 X－60.0 Z0；　　　　　　将刀具移到进刀点处

N77 M99；

四、上机床调试程序并加工零件

此处略。

五、修正尺寸并检测零件

此处略。

任务三 中级职业技能综合训练三（加工中心）

零件如图 14-5 所示，毛坯为 90mm×90mm×30mm 方料，材料为 45 钢，在加工中心上编程并加工零件。

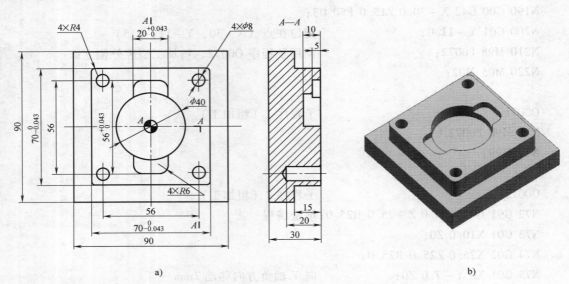

图 14-5 中级职业技能综合训练三零件图

a）零件图 b）实体图

一、工艺分析与工艺设计

先加工凸台，再加工槽，最后加工孔。工件原点设在零件上表面与其轴线的交点处。
加工工艺路线如下：

1）铣凸台。T1，ϕ18mm 平底刀。
2）铣方槽。T2，ϕ10mm 平底刀。
3）铣圆槽。T3，ϕ16mm 平底刀。
4）钻孔。T4，ϕ8mm 钻头。

二、程序编制

使用 FANUC 0i 系统编程，在加工中心上加工该零件。程序如下：

程序	说明
N10 T1 M6；	换 ϕ18mm 平底刀
N20 G90 G54 G0 X0 Y-18 S500 M3；	
N30 G43 H1 Z50.；	
N40 Z10.；	
N50 G1 Z-5 F100；	去方槽余量
N60 Y18.；	

N70 G0 Z10. ;

N80 X0 Y−67. ;　　　　　　　　　　　　铣凸台

N90 G1 Z−14.8 F100；　　　　　　　　深度留0.2mm余量

N100 D1 M98 P1002；　　　　　　　　　D1 粗刀补为9.2mm

N110 Z−15. ；

N120 D11 M98 P1002；　　　　　　　　D11 精刀补为9.0mm，实测调整

N130 G0 Z50. M5；

N140 T2 M6；　　　　　　　　　　　　换 ϕ10mm 平底刀

N150 G90 G0 X0 Y0 S700 M3；

N160 G43 H2 Z50. ；

N170 Z10. ；

N180 G1 Z−5 F80；

N190 D2 M98 P1012；　　　　　　　　　D2 粗刀补为5.2mm

N200 D22 M98 P1012；　　　　　　　　D22 精刀补为5.0mm，实测调整

N210 G0 Z50. M5；

N220 T3 M6；　　　　　　　　　　　　换 ϕ16mm 平底刀

N230 G90 G0 X0 Y0 S500 M3；

N240 G43 H3 Z50. ；

N250 Z10. ；

N260 G1 Z−10. F100；

N270 X10. ；

N280 G3 I−10. ；

N290 D3 M98 P1013；　　　　　　　　　D3 粗刀补为8.2mm

N300 D33 M98 P1013；　　　　　　　　D33 精刀补为8.0mm，实测调整

N310 G0 Z50. M05

N320 T4 M06；　　　　　　　　　　　　换 ϕ8mm 钻头

N330 M03 S400；

N340 G99 G81 X−28.0 Y−28.0 Z−20.0 R2.0 F50；

N350 X28.0 Y−28.0；

N360 X28.0 Y28.0；

N370 X−28.0 Y28.0；

N380 G91 G28 Z0 M5；

N390 M30；

O1002；　　　　　　　　　　　　　　　铣凸台子程序

N10 G41 G1 X16. Y−51. ；

N20 G3 X0 Y−35. R16. ；

N30 G1 X−27. ；

N40 G2 X−35. Y−27. R8. ；

N50 G1 Y27. ;

N60 G2 X – 27. Y35 R8. ;

N70 G1 X27. ;

N80 G2 X35. Y27. R8. ;

N90 G1 Y – 27. ;

N100 G2 X27. Y – 35. R8. ;

N110 G1 X0;

N120 G3 X – 16. Y – 51. R16. ;

N130 G1 G40 X0 Y – 67. ;

N140 M99；

O1012；   铣方槽子程序

N10 G41 Y – 10. ;

N20 G3 X10. Y0 R10. ;

N30 G1 Y22. ;

N40 G3 X4. Y28. R6. ;

N50 G1 X – 4. ;

N60 G3 X – 10. Y22. R6. ;

N70 G1 Y – 22. ;

N80 G3 X – 4. Y – 28. R6. ;

N90 G1 X4. ;

N100 G3 X10. Y – 22. R6. ;

N110 G1 Y0;

N120 G3 X0 Y10. R10. ;

N130 G1 G40 Y0;

N140 M99；

O1013；   铣圆槽子程序

N10 G1 G41 Y – 10. ;

N20 G3 X20. Y0 R10. ;

N30 G3 I – 20. ;

N40 G3 X10. Y10. R10. ;

N50 G1 G40 X0 Y0;

N60 M99；

三、上机床调试程序并加工零件

此处略。

四、修正尺寸并检测零件

此处略。

任务四　高级职业技能综合训练一（数控铣床）

零件如图 14-6 所示，评分标准见表 14-3，工件材料为 45 钢，毛坯尺寸为 $\phi100\mathrm{mm} \times 25\mathrm{mm}$，试编程并加工出符合图样要求的零件。

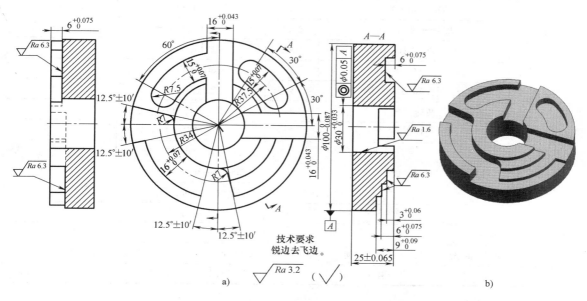

图 14-6　高级职业技能综合训练一零件图

a）零件图　　b）实体图

表 14-3　评分标准

评分表			图号		检测编号	
考核项目		考核要求	配分（第一项配分/第二项配分）	评分标准	检测结果	得分
主要项目	1	$\phi30^{+0.033}_{0}$ mm，$Ra3.2\mu m$	10/4	超差不得分		
	2	$15^{+0.0}_{0}$ mm（2 处），$Ra3.2\mu m$	16/4	超差不得分		
	3	$16^{+0.043}_{0}$ mm（2 处），$Ra3.2\mu m$	16/4	超差不得分		
	4	$16^{+0.07}_{0}$ mm，$Ra3.2\mu m$	5/1	超差不得分		
	5	$12.5°\pm10'$，$Ra3.2\mu m$	4/1	超差 1 处扣 0.75 分		
	6	$3^{+0.06}_{0}$ mm（2 处），$Ra6.3\mu m$	2/1	超差不得分		
	7	$6^{+0.075}_{0}$ mm（3 处），$Ra6.3\mu m$	6/3			
	8	$9^{+0.09}_{0}$ mm，$Ra6.3\mu m$	2/1			

项目十四　数控铣床/加工中心操作工职业技能综合训练（中、高级）

251

（续）

考核项目		考核要求	配分（第一项配分/第二项配分）	评分标准	检测结果	得分
评分表			图号		检测编号	
一般项目	1	$R7$mm（2 处）	2×1	超差 1 处扣 1 分		
	2	$R7.5$mm（3 处）	3×1	超差 1 处扣 1 分		
	3	$R34$mm，$R37.5$mm	2×1	超差 1 处扣 1 分		
	4	30°（2 处）	2×1	超差 1 处扣 1 分		
	5	60°	1	超差不得分		
形位公差	1	◎ $\phi0.05$ A	5	超差不得分		
其他	1	安全生产	3	违反有关规定扣 1~3 分		
	2	文明生产	2	违反有关规定扣 1~2 分		
	3	按时完成		超时 ≤15min：扣 5 分		
				超时 15~30min：扣 10 分		
				超时 >30min：不计分		
总配分			100	总分		

工时定额		5h	监考		日期	
加工开始：时 分	停工时间		加工时间	检测	日期	
加工结束：时 分	停工原因		实际时间	评分	日期	

一、加工准备

1）详阅零件图，并检查坯料的尺寸。

2）编制加工程序，输入程序并选择该程序。

3）用自定心卡盘装夹工件，伸出 12mm 左右，用百分表找正。

4）使用百分表找正，确定工件零点为坯料上表面的圆心，设定零点偏置。

5）安装 A2.5 中心钻并对刀，设定刀具参数，选择自动加工方式。

二、加工工艺

（1）加工 $\phi30$mm 孔和工艺孔

1）钻中心孔。

2）安装 $\phi12$mm 钻头并对刀，设定刀具参数，钻通孔和工艺孔。

3）安装 $\phi28$mm 钻头并对刀，设定刀具参数，钻通孔。

4）安装镗刀并对刀，设定刀具参数，粗镗孔，留 0.50mm 单边余量。

5）调整镗刀，半精镗、精镗孔至要求尺寸。

（2）铣直槽和腰形槽　安装 $\phi2$mm 立铣刀并对刀，设定刀具参数，选择程序，粗铣直槽和腰形槽，留 0.50mm 单边余量。

（3）铣腰形槽　选择程序，粗铣腰形槽，留 0.50mm 单边余量。

（4）铣直槽和圆弧槽　选择程序，粗铣直槽和圆弧槽，留 0.50mm 单边余量。

（5）铣扇形台阶　选择程序，粗铣扇形台阶，留 0.50mm 单边余量。

（6）精铣直槽、圆弧槽和腰形槽

1）安装 ϕ2mm 立铣刀并对刀，设定刀具参数，半精铣各槽，留 0.10mm 单边余量。

2）测量各槽尺寸，调整刀具参数，精铣各槽至要求尺寸。

三、工、量、刃具清单

工、量、刃具清单见表 14-4。

表 14-4　工、量、刃具清单

工、量、刃具清单					图号	
序号	名 称	规 格	精 度	数 量	单 位	
1	Z 轴设定器	50mm	0.01mm	1	个	
2	带表游标卡尺	1～150mm	0.01mm	1	把	
3	深度游标卡尺	0～200mm	0.02mm	1	把	
4	外径百分表	18～35mm	0.01mm	1	个	
5	杠杆百分表及表座	0～0.8mm	0.01mm	1	个	
6	游标万能角度尺	0°～320°	2′			
7	表面粗糙度比较样块	N0～N1	12 级	1	副	
8	半径样板	R(7～14.5)mm、R34mm		各 1	套	
9	塞规	ϕ15H10、ϕ16H9		各 1	个	
10	立铣刀	ϕ12mm		2	个	
11	中心钻	ϕ2.5mm		1	个	
12	麻花钻	ϕ12mm、ϕ28mm		1	个	
13	镗刀	ϕ(25～38)mm		1	个	
14	三爪卡自定心盘	ϕ250mm		1	个	
15	平行垫铁			若干	副	

四、注意事项

1）使用杠杆百分表找正中心时，磁性表座应吸在主轴端面上。

2）粗、精铣应分开，且精铣时采用顺铣法，以提高尺寸精度和表面质量。

3）铣腰形槽时，应先在工件上预钻工艺孔，避免立铣刀中心垂直切削工件。

4）铣削加工后，需用锉刀或油石去除飞边。

5）ϕ30mm 孔的正下方不能放置垫铁，并应控制钻头的进给深度，以免损坏平口钳或刀具。

五、编写程序

粗铣、半精铣和精铣时使用同一加工程序，只需调整刀具参数，分 3 次调用相同的程序进行加工即可。精加工时换 ϕ12mm 立铣刀。使用 FANUC 0i 系统，编写程序。

（1）加工 ϕ30mm 孔和工艺孔主程序　程序如下：

项目十四　综合训练（中、高级）　数控铣床／加工中心操作工职业技能

程序	说明
O0001；	主程序名
N5 G54 G90 G17 G21 G94 G49 G40；	建立工件坐标系，选用 ϕ2.5mm 中心钻
N10 G00 Z100 S1200 M03；	
N15 G82 X0 Y0 Z－4 R5 P2000 F60；	
N20 X26.517 Y26.517；	
N22 G80；	
N25 G00 Z100 M05；	
N30 Y－80；	
N35 M00；	程序暂停，手工换 ϕ12mm 钻头
N40 G00 Z5 S300 M03；	
N45 G83 X0 Y0 Z－29 R5 Q2 P1000 F30；	
N47 G80；	
N50 G82 X26.517 Y26.517 Z－5.9 R5 P2000 F30；	
N52 G80；	
N55 G00 Z100 M05；	
N60 Y－80；	
N65 M00；	程序暂停，手工换 ϕ28mm 钻头
N70 G00 Z30 S200 M03；	
N75 G83 X0 Y0 Z－34 R5 Q2 P1000 F30；	
N77 G80；	
N80 G00 Z100 M05；	
N85 Y－80；	
N90 M00；	程序暂停，手工换 ϕ25～38mm 镗刀
N95 G00 Z30 S200 M03；	
N100 G85 X0 Y0 Z－26 R5 F30；	
N102 G80；	
N105 G00 Z100 M05；	
N110 Y－80；	
N115 M30；	程序结束

（2）铣直槽、腰形槽和圆弧槽主程序 程序如下：

程序	说明
O0002；	主程序名
N5 G54 G90 G17 G21 G94 G40；	建立工件坐标系，选用 ϕ12mm 立铣刀
N10 G00 Z50 S800 M03；	
N15 G00 X0 Y0；	
N20 Z1；	
N25 G01 Z－6 F200；	
N30 G01 G41 X8 Y12.689 D1 F60；	N30～N70 铣直槽至6mm 深度处

N35 G01 Y50；

N40 X－8；

N45 Y44.283；

N50 G03 X－38.971 Y22.50 R45；

N55 G03 X－25.981 Y15 R7.5；

N60 G02 X－8 Y28.913 R30；

N65 G01 Y12.689；

N70 X8 Y12.689；

N75 G00 Z5；

N80 G40 X26.517 Y26.517；

N85 G01 Z－6 F30；　　　　　　　　　N85～N110 铣腰形槽至6mm 深度处

N90 G01 G41 X25.981 Y15 D1 F60；

N95 G03 X38.971 Y22.5 R7.5；

N100 G03 X22.5 Y38.971 R45；

N105 G03 X15 Y25.981 R7.5；

N110 G02 X25.981 Y15 R30；

N115 G00 Z5；

N120 G00 X60 Y0；

N125 G01 Z－4.5 F100；　　　　　　　N125～N300 铣圆弧槽至9mm 深度处

N130 G01 G41 X50 Y8 D1；

N135 X11 Y8；

N140 Y－8；

N145 X43.356；

N150 G02 X9.542 Y－43.041 R42；

N155 G01 X6.980 Y－31.485；

N160 G03 X0 Y26 R7；

N165 G02 X－26 Y0.115 R26；

N170 G03 X－3.485 Y6.980 R7；

N175 G01 X－48.815 Y10.822；

N180 G03 X－48.815 Y－10.822 R50.0；

N185 G01 X－41.004 Y－9.090；

N190 G03 X－9.090 Y－41.004 R42；

N195 G01 X－10.822 Y－48.815；

N200 G03 X10.822 Y－48.815 R50；

N205 G01 X9.228 Y－42.555；

N210 G00 Z5；

N215 G40 X60 Y0；

N220 G01 Z－9 F100；

项目十四　综合训练（中、高级）

数控铣床/加工中心操作工职业技能

255

N225 G01 G41 X50 Y8 D1；

N230 X11 Y8；

N235 Y – 8；

N240 X43.356；

N245 G02 X9.542 Y – 43.041 R42；

N250 G01 X6.980 Y – 31.485；

N255 G03 X0 Y26 R7；

N260 G02 X – 26 Y0.115 R26；

N265 G03 X – 31.485 Y6.980 R7；

N270 G01 X – 48.815 Y10.822；

N275 G03 X – 48.815 Y – 10.822 R50.0；

N280 G01 X – 41.004 Y – 9.090；

N285 G03 X – 9.090 Y – 41.004 R42；

N290 G01 X – 10.822 Y – 48.815；

N295 G03 X10.822 Y – 48.815 R50；

N300 G01 X9.228 Y – 42.555；

N305 G00 Z5；

N310 G40 X60 Y0；

N315 G01 Z – 3 F100；　　　　　　　　N315 ~ N335 铣圆弧槽至 3mm 深度处

N320 G01 G41 X26 Y0 D1；

N325 G02 X0 Y – 26 R26；

N330 G01 X0 Y – 34；

N335 G03 X34 Y0 R34；

N340 G00 Z5；

N345 G40 G00 X60 Y0；

N350 G01 Z – 6 F100；　　　　　　　　N350 ~ N360 铣圆弧槽至 6mm 深度处

N355 G01 G41 X34 Y0 D1；

N360 G02 X0 Y – 34 R34；

N365 G00 Z100；

N370 G40 Y80；

N375 M30；　　　　　　　　　　　　　程序结束

六、上机床调试程序并加工零件

此处略。

七、修正尺寸并检测零件

此处略。

任务五　高级职业技能综合训练二（数控铣床）

零件如图 14-7 所示，毛坯尺寸为 $150mm \times 120mm \times 25mm$，材料为 45 钢，在数控铣床上编程并加工该零件。

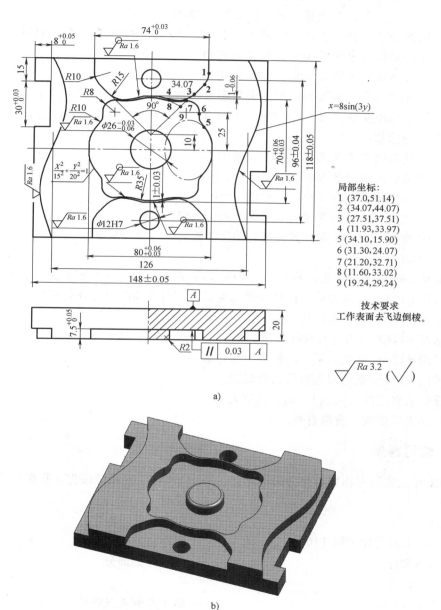

局部坐标：
1 (37.0,51.14)
2 (34.07,44.07)
3 (27.51,37.51)
4 (11.93,33.97)
5 (34.10,15.90)
6 (31.30,24.07)
7 (21.20,32.71)
8 (11.60,33.02)
9 (19.24,29.24)

技术要求
工作表面去飞边倒棱。

a)

b)

图 14-7　高级职业技能综合训练二零件图
a）零件图　b）实体图

一、工艺分析与工艺设计

1. 加工难点分析

（1）椭圆轮廓编程　编写椭圆曲线加工程序时，以曲线上的 Y 坐标作为自变量，X 坐标作为应变量。程序中使用以下变量进行运算：

#111：曲线公式中的 Y 坐标，其变化范围为 15.90 ~ −15.90。

#112：曲线公式中的 X 坐标，#112 = −15/20 * SQRT［400.0 − #111 * #111］。

#113：工件坐标系中的 Y 坐标，#113 = #111。

#114：工件坐标系中的 X 坐标，#114 = #112 − 25.0。

（2）正弦曲线编程　编写该曲线的宏程序（参数程序）时，以曲线上的 Y 坐标作为自变量，X 坐标作为应变量，则 X = 8.0 × sin(3 × Y) − 50.0（左侧正弦曲线公式）。程序中使用以下变量进行运算：

#101：曲线公式中的 Y 坐标，其变化范围为 0 ~ 120.0。

#102：曲线公式中的 X 坐标，#102 = −8.0 * SIN［3 * #101］。

#103：工件坐标系中的 Y 坐标，#103 = #101 − 60.0。

#104：公式坐标系中的 X 坐标，#104 = #102 − 63.0。

另一条曲线则采用坐标旋转方式进行编程，旋转角度为 180°。

2. 制订加工工艺

1）选择 ϕ8mm 钻头钻孔，同时在点（0，23）的位置钻出内型腔加工时的工艺孔。

2）采用 ϕ16mm 立铣刀粗、精铣外形的两条正弦曲线和两内凹外轮廓。

3）选择 ϕ11.8mm 钻头扩孔。

4）选择 ϕ12H8 铰刀进行铰孔加工。

5）采用 ϕ12mm 立铣刀粗、精铣内型腔轮廓。

6）采用 ϕ12mm 立铣刀进行圆凸台倒圆角。

7）重新装夹工件（两次），粗、精铣侧面槽。

8）手动去毛倒棱，自检自查。

二、编写程序

选择工件上表面对称中心作为编程原点，采用 FANUC 0i 系统编程，程序如下：

程序	说明
O0904；	正弦曲线主程序
G90 G94 G21 G40 G54 F100；	程序初始化
G91 G28 Z0；	程序开始部分
M03 S600；	
M98 P0012；	加工左侧正弦曲线
G00 Z20.0；	Z 向抬刀
G68 X0 Y0 R180.0；	坐标旋转
M98 P0012；	加工右侧正弦曲线
G00 Z20.0；	Z 向抬刀

```
G69;                                        取消坐标旋转
G91 G28 Z0;                                 程序结束部分
M30;


O0914;                                      内型腔加工程序
...
G90 G00 X0 Y25.0;                           程序初始化及刀具定位
G01 Z - 7.5 F100;
G41 G01 X19.24 D01;                         延长线上切入
G03 X - 11.60 Y33.02 R35.0;                 加工上方圆弧内轮廓
G02 X - 21.20 Y32.71 R16.0;
G03 X - 31.30 Y24.07 R8.0;
G02 X - 34.10 Y15.90 R10.0;
#111 = 14.90;                               加工左侧椭圆曲线
N80 #112 = - 15/20 * SQRT [400.0 - #111 * #111];
     #113 = #111;
     #114 = #112 - 25.0;
G01 X#114 Y#113;
#111 = #111 - 1.0;
IF [#111 GE - 15.90] GOTO 80;
G02 X - 31.30 Y - 24.07 R10.0;              加工下方圆弧曲线
G03 X - 21.20 Y - 32.71 R8.0;
G02 X - 11.60 Y - 33.02 R16.0;
G03 X11.60 R35.0;
G02 X21.20 Y - 32.71 R16.0;
G03 X31.30 Y - 24.07 R8.0;
G02 X34.10 Y - 15.90 R10.0;
#121 = - 14.90;                             加工右侧椭圆曲线
N90 #122 = 15/20 * SQRT [400.0 - #121 * #121];
     #123 = #121;
     #124 = #122 + 25.0;
G01 X#124 Y#123;
#121 = #121 - 1.0;
IF [#121 LE 15.9] GOTO 90;
G02 X31.30 Y24.07 R10.0;                     加工右上方圆弧
G03 X21.20 Y32.71 R8.0;
G02 X11.60 Y33.02 R16.0;
G40 G01 X0 Y25.0;
G41 G01 X - 10.0 Y13.0 D01;                  加工内圆柱
```

项目十四　综合训练（中、高级）

数控铣床／加工中心操作工职业技能

X0；

G02 J － 13.0；

G40 G01 Y25.0；

…　　　　　　　　　　　　　　　　　程序结束部分

O0012；　　　　　　　　　　　　　　　正弦曲线子程序

G90 G00 X － 80.0 Y － 70.0；　　　　刀具定位到起刀点

Z20.0；

G01 Z － 7.5 F100；　　　　　　　　Z 向进给至加工位置

#101 = 0；　　　　　　　　　　　　曲线上各点的 Y 坐标

N40 #102 = 8.0 * SIN [3.0 * #101]；　曲线上各点的 X 坐标

　　　#103 = #101 － 60.0；　　　　工件坐标系中的 Y 坐标

　　　#104 = #102 － 53.0；　　　　工件坐标系中的 X 坐标

G41 G01 X#104 Y#103 D01；　　　　加工正弦曲线

#101 = #101 + 1.0；　　　　　　　Y 坐标每次增加 1mm

IF [#101 LE 120.0] GOTO 40；　　　条件判断

G01 X － 37.0；　　　　　　　　　加工上方内凹外轮廓

Y51.14；

G03 X － 34.07 Y44.07 R10.0；　　加工上方内凹外轮廓

G01 X － 27.51 Y37.51；

G03 X － 11.93 Y33.97 R15.0；

G02 X － 11.93 R36.0；

G03 X27.51 Y37.51 R15.0；

G01 X34.07 Y44.07；

G03 X37.0 Y51.14 R10.0；

G01 Y70.0；

G40 G01 X20.0 M09；　　　　　　取消补偿

M99；　　　　　　　　　　　　　返回主程序

其他轮廓程序及孔加工程序请读者自行编制。

三、上机床调试程序并加工零件

此处略。

四、修正尺寸并检测零件

此处略。

任务六　高级职业技能综合训练三（数控铣床）

零件如图 14-8 所示，毛坯尺寸为 150mm × 120mm × 30mm，材料为 45 钢，应用数控铣床编程并加工该零件。

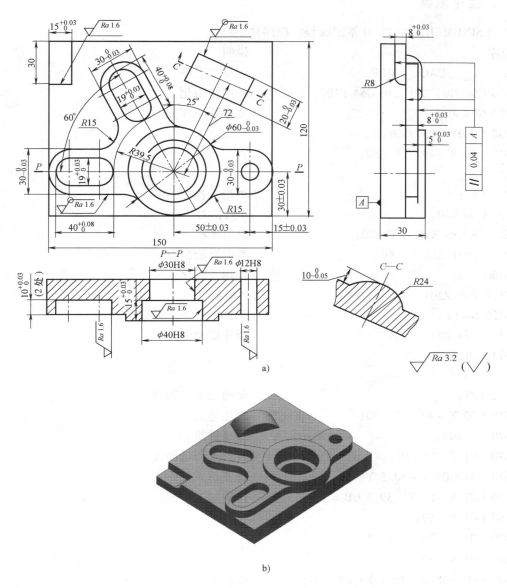

图 14-8 高级职业技能综合训练三零件图

a）零件图 b）实体图

一、工艺分析

在不允许采用成形刀具的情况下，完成倒角或三维曲面的加工是很困难的，只有使用宏程序，才能方便地解决这类问题。整个圆弧凸台的加工采用立铣刀走四方的形式来完成。工件的四边为已加工面，所以前后两面在加工过程中可以适当地偏出一段距离，以不接触工件为准。

对于工件在 G19 平面内的轮廓，需要工件的二次装夹，装夹过程中的定位或找正基准要符合基准的选用原则，以确保工件的平行度要求。

二、程序编制

使用 SINUMERIK 802D sl 系统编程，程序如下：

程序	说明
%__N__JCAO__MPF	键槽主程序
N10 G90 G94 G71 G40 G54 F100；	程序初始化
N20 G74 Z0；	程序开始部分
N30 T1 D1 M03 S600；	
N40 G00 X－49.5 Y－30；	
N50 Z20；	
N60 L12；	调用子程序
N70 G00 Z20；	Z 向抬刀
N80 TRANS X10.0 Y－30；	绝对平移
N90 AROT RPL＝－60	顺时针旋转60°
N100 L12；	调用子程序
N110 G00 Z20；	Z 向抬刀
N120 ROT；	取消旋转
N130 G74 Z0；	程序结束部分
N140 M03；	

L12.SPF；	键槽加工子程序
N10 G00 X－70.0 Y－60；	定位起点
N20 Z5 M08；	快速进给
N30 G01 Z－15 F80；	进给到所需深度
N40 G41 G01 X－50.5 Y－30；	圆弧切入
N50 G02 X－60 Y－39.5 CR＝－9.5	轮廓加工
N60 G01 X－39；	
N70 G03 Y－20.5 CR＝9.5	
N80 G01 X－60；	
N90 G40 G01 X－49.5 Y－30 M09；	取消刀补
N100 M17；	返回主程序

%__N__TUTAI__MPF	圆弧凸台加工程序
N10 G90 G94 G71 G40 G54 F100；	程序初始化
N20 G74 Z0；	程序开始部分
N30 T1 D1 M03 S600；	
N40 G00 X－25 Y70；	
N50 Z20；	
N60 TRANS X10 Y－30；	绝对平移

N70 AROT RPL = -25；　　　　　　　顺时针旋转25°

N80 L14；　　　　　　　　　　　　调用子程序

N90 G00 Z20；

N100 ROT；　　　　　　　　　　　取消旋转

N110 G74 Z0；　　　　　　　　　　程序结束部分

N120 M30；

L14. SPF；　　　　　　　　　　　圆弧凸台子程序

N10 G00 X-25.0 Y70；　　　　　　定位起点

N20 R1 = -10；　　　　　　　　　深度参数赋值

N30 R2 = 14；　　　　　　　　　　参数赋值

N40 Z5 M08；　　　　　　　　　　快速进给

N50 AAA：G01 Z = R1 F80；　　　　进给到所需深度

N60 R3 = SQRT（24.0 * 24.0 - R2 * R2）；　计算凸台长度

N70 G41 G01 X = -R3 Y54；

N80 Y30；　　　　　　　　　　　轮廓加工

N90 X = R3；

N100 Y54；

N110 X = -R3；

N120 G40 G01 X = -25 Y70 M09；　　取消刀补

N130 R1 = R1 + 0.1；　　　　　　深度递增赋值

N140 R2 = R2 + 0.1；　　　　　　参数递增赋值

N150 IF R1 < =0 GOTOB AAA；　　条件判断

N160 M17；　　　　　　　　　　返回主程序

其他程序请读者自行编制。

三、上机床调试程序并加工零件

此处略。

四、修正尺寸并检测零件

此处略。

任务七　高级职业技能综合训练四（加工中心）

零件如图14-9所示，应用加工中心编程并加工零件。

一、工艺分析与工艺设计

从零件毛坯和最后零件要求的尺寸中可以看出，此零件适用于立式加工中心加工。零件加工工艺过程可分为以下几步：先用中心钻、钻头、镗刀进行孔加工，再对中间凸台盘部分

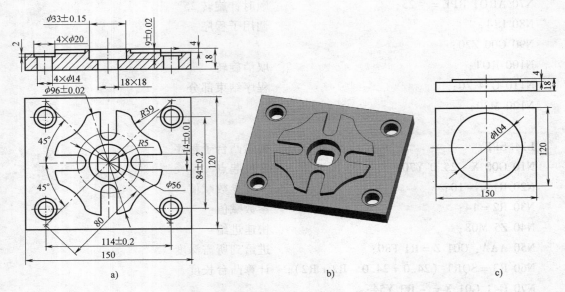

图 14-9　高级职业技能综合训练四零件图

a）零件图　b）实体图　c）毛坯图

进行粗、精加工。精加工余量为 0.5mm，其中 4 段 R39mm 圆弧可用镜像编程，4 个缺口可考虑用子程序调用方式处理。需要进行数值计算的是 4 段 R39mm 圆弧的圆心，因为是对称的，故仅计算处于第一象限的圆弧的圆心即可。

加工工艺如下：

1）用中心钻钻 4×φ20mm 和 φ33mm 孔的中心孔。

2）用 φ14mm 钻头在 5 个定位孔的基础上钻 5 个通孔。

3）用 φ20mm 锪刀锪 5 个沉头孔。

4）用 φ33mm 锪钻锪中心。

5）用 φ16mm 立铣刀粗、精铣中间凸台。

6）用 φ10mm 立铣刀加工凸台上的 4 个豁口及中心方孔。

二、数值计算

工件坐标系原点设在工件上表面对称中心，由零件图（图 14-9a）可知，R39mm 圆弧的圆心位于 X 轴、Y 轴夹角的平分线上，距工件坐标系原点为 80mm。设圆心坐标为（X_R，Y_R），则

$$X_R = Y_R R = 80mm × \cos45° = 56.569mm$$

三、程序编制

本例程序如下：

程序　　　　　　　　　　　　　　　　　　　　　　　　说明

O0010；　　　　　　　　　　　　　　　　　　　　　　主程序名

N10 G91 G28 Z0；

N20 T01 M06；

N30 G00 G54 G90 X0 Y0；

N40 G00 G43 H01 Z20.0；

N50 S800 M03；

N60 G98 G81 X0 Y0 Z－8.0 R3.0 F60.0；　　用T01钻中心定位孔

N70 M98 P0001；　　钻4×φ20mm定位孔

N80 G0 G80 M05 G49；

N90 G91 G28 Z0；

N100 T02 M06；

N110 G00 G54 G90 X0 Y0 M03 S400；

N120 G0 G43 H02 Z20.0；

N130 G98 G81 X0 Y0 Z－22.0 R3.0 F50.0；　　用T02钻孔

N140 M98 P0001；　　钻4×φ20mm孔

N150 G80 M05 G49，

N160 G91 G28 Z0；

N170 T03 M06；

N180 G00 G54 G90 X0 Y0；

N190 G00 G43 H03 Z20.0；

N200 S300 M03；

N210 G98 G82 Z－6.0 R3.0 P1000 F60.0；　　用T03锪中心孔

N220 M98 P0001；　　锪4×φ20mm沉头孔

N230 G80 G49 M05；

N240 G91 G28 Z0；

N250 T04 M06；

N260 G00 G54 G90 X0 Y0；

N270 G00 G43 H04 Z20.0；

N280 S200 M03；

N290 G98 G82 X0 Y0 Z－9.00 R3.0 P1000 F60.0；　　用T04锪φ33mm的中心沉头孔

N300 G80 G49 M05；

N310 G91 G28 Z0；

N320 T05 M06；

N330 G00 G54 G90 X0 Y－70.0；

N340 G00 G43 H05 Z20.0；　　用T05粗铣φ96mm的圆台

N350 S400 M03；

N360 G00 Z5；

N370 G01 Z－2 F100；　　切深2mm

N380 G01 G41 D51 X22.0 Y－70.0 F100.0；　　径向切入2mm

N390 M98 P0002；　　粗铣φ100mm的圆台

N400 G01 G41 D52 X22.0 Y－70.0 F100.0；　　径向切入3.5mm

N410 M98 P0002；   粗铣 ϕ96.5mm 的圆台

N420 G01 Z – 4.0 F50.0；   切深 4mm

N430 G01 G4 1 D51 X22.0 Y – 70.0 F100.0；   径向切入 2mm

N440 M98 P0002；

N450 G01 G41 D52 X22.0 Y – 70.0 F100.0；   径向切入 3.5mm

N460 M98 P0002；

N470 S600；

N480 G01 G41 D53 X22.0 Y – 70.0 F80；   精铣 96mm 圆台

N490 M98 P0002；

N500 G00 Z3.0；

N510 M98 P0003；   铣第一象限 R39mm 的圆弧

N520 G51.1 Y0；

N525 M98 P0003；   铣第二象限 R39mm 的圆弧

N530 G51.1 X0；

N535 M98 P0003；   铣第三象限 R39mm 的圆弧

N540 G50.1；   取消镜像

N550 G51.1 X0；

N555 M98 P0003；   铣第四象限 R39mm 的圆弧

N560 M23；   取消镜像

N570 G49 M05；

N580 G91 G28 Z0；

N590 M06 T06；   换用 T06 （ϕ10mm 立铣刀）

N600 G54 G00 X60.0 Y0；

N610 G43 H06 Z20；

N620 S520 M03；

N630 Z5；

N640 G01 Z0 F100；   背吃刀量 2mm

N650 M98 P0004 L2；

N660 G00 Z10；   铣右侧横槽

N670 G0 X – 60.0 Y0；

N680 G1 Z0 F100；   分层铣左侧横槽

N690 M21 M98 P0004 L2；

N700 M23；

N710 G00 Z10；   取消镜像

N720 G00 X0 Y60.0；

N730 G01 Z0 F100；

N740 G68 X0 Y0 R90.0；   分层铣上方竖槽

N750 M98 P0004 L2；

N760 G69；

N770 G00 Z10；

N780 G00 X0 Y－60.0；

N790 G01 Z0 F00；

N800 G68 X0 Y0 R－90.0；　　　　　　　　分层铣下方竖槽

N810 M98 P0004 L2：

N820 G69；

N830 G00 Z10；　　　　　　　　　　　　取消坐标系旋转

N840 G00 X0 Y0；

N850 G01 Z－15.0 F100，

N860 G01 G41 D61 X9.0 F60.0；　　　　　精铣中心方孔

N870 Y9.0；

N880 X－9.0；

N890 Y－9.0；

N900 X9.0；

N910 Y0；

N920 G40 G01 X0 Y0；

N930 G0 Z20.0 M05；

N940 G49；

N950 G91 G28 Z0；

N960 M06 T00；　　　　　　　　　　　　把 T06 号刀放回刀库

N970 M30；

O0001；　　　　　　　　　　　　　　　4 个角孔的中心位置

N10 X57.0 Y42.0；

N20 X－57.0；

N30 Y－42.0；

N40 X57.0；

N50 M99；

O0002；　　　　　　　　　　　　　　　ϕ96mm 凸台圆周的切削

N10 G03 X0 Y－48.0 I－22.0 J0；

N20 G02 I0 J48.0；

N30 G03 X－22.0 Y－70.0 I0 J－22.0；

N40 G40 G0 X0；

N50 M99；

O0003；　　　　　　　　　　　　　　　R39mm 圆弧段的加工

N10 G00 X56.569 Y56.569，

N20 G1 Z－4.0 F50；

N30 G91 G41 D53 X－39.0 F200；
N40 G3 X39.0 Y－39.0 I39.0 J0 F100；
N50 G00 G90 Z3.0；
N60 G40；
N70 M99；

O0004；
N10 G01 G91 Z－2；　　　　　　　　　　凸台上横槽的切削
N20 G01 G90 G41 D61 X50.0 Y7.0；
N30 G01 X28.0 F60.0；
N40 G03 Y－7.0 I0 J－7.0；
N50 G01 X50.0；
N60 G00 G40 X60.0 Y0；
N70 M99；

四、上机床调试程序并加工零件

此处略。

五、修正尺寸并检测零件

此处略。

经验积累

　　1. 检测要点如下：

　　1）检测长度和宽度尺寸时，可采用千分尺进行测量。测量时，应放平千分尺，转动棘轮时应用力适度。

　　2）厚度尺寸可用深度游标卡尺检测，检测时，游标卡尺测量面应和端面贴紧。

　　3）表面粗糙度可用目测或表面粗糙度样块对照检测。

　　2. 安全要点如下：

　　1）机床在试运行前必须进行图形模拟加工，避免程序错误、刀具碰撞工件或夹具。

　　2）快速进刀和退刀时，一定要注意不要碰上工件和夹具。

项目总结

　　本项目内容为数控铣床/加工中心操作工职业技能考核综合训练，列举了多个数控铣床/加工中心中级和高级职业技能综合训练实例，通过本项目的训练，读者可加强数控铣床/加工中心综合零件编程和加工的能力。要想提高数控铣床/加工中心操作技能，顺利通过数控铣床/加工中心高级操作工技能鉴定考核，必须多思考，多实践。

一、中级工实操考核模拟题一：零件如图 14-10 所示，毛坯尺寸为 100mm × 120mm × 25mm，材料为 45 钢，编程并加工该零件。

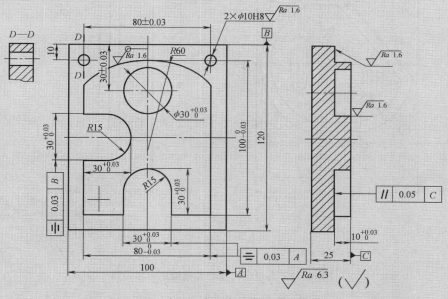

图 14-10　中级工实操考核模拟题一零件图

二、中级工实操考核模拟题二：零件如图 14-11 所示，毛坯尺寸为 100mm × 80mm × 25mm，材料为 45 钢，编程并加工该零件。

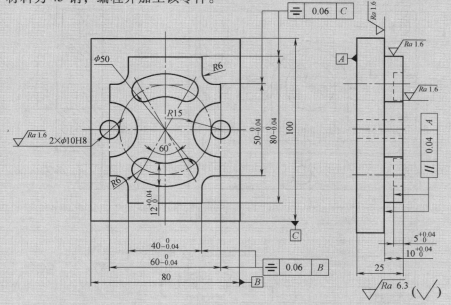

图 14-11　中级工实操考核模拟题二零件图

三、高级工实操考核模拟题一：零件如图 14-12 所示，毛坯尺寸为 122mm × 122mm × 40mm，材料为 45 钢，编程并加工该零件。

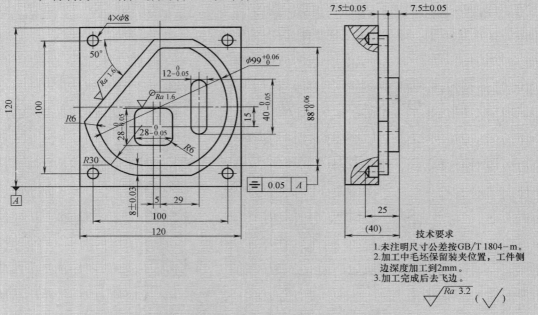

图 14-12　高级工实操考核模拟题一零件图

四、高级工实操考核模拟题二：零件如图 14-13 所示，毛坯尺寸为 152mm × 122mm × 31mm，材料为 45 钢，编程并加工该零件。

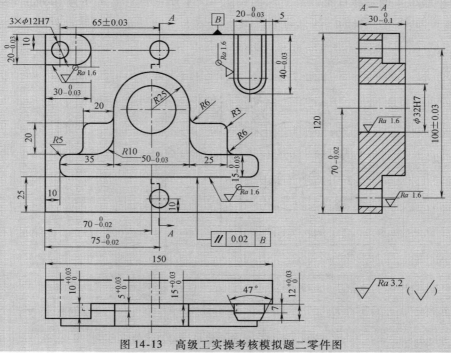

图 14-13　高级工实操考核模拟题二零件图

五、高级工实操考核模拟题三: 零件如图 14-14 所示，毛坯尺寸为 122mm × 122mm × 40mm，材料为 45 钢，编程并加工该零件。

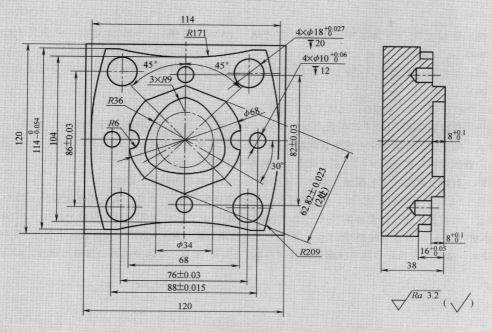

图 14-14　高级工实操考核模拟题三零件图

项目十四　综合训练（中、高级）　数控铣床／加工中心操作工职业技能

参 考 文 献

[1] 龙光涛. 数控铣削（含加工中心）编程与考级（FANUC 系统） [M]. 北京：化学工业出版社，2009.

[2] 沈建峰，黄俊钢. 数控铣床/加工中心技能鉴定考点分析和试题集萃 [M]. 北京：化学工业出版社，2007.

[3] 徐衡. 数控铣床 [M]. 北京：化学工业出版社，2007.

[4] 秦曼华. 数控铣床 FANUC 系统编程与操作实训 [M]. 北京：中国劳动社会保障出版社，2009.

[5] 宗国成. 数控铣工技能鉴定考核培训教程 [M]. 北京：机械工业出版社，2008.

[6] 周虹. 数控编程与实训 [M]. 2 版. 北京：人民邮电出版社，2009.

[7] 霍苏萍. 数控铣削加工工艺编程与操作 [M]. 北京：人民邮电出版社，2009.

[8] 高恒星. FANUC 系统数控铣/加工中心加工工艺与技能训练 [M]. 北京：人民邮电出版社，2009.

[9] 周晓宏. 数控铣床操作技能考核培训教材（中级）[M]. 北京：中国劳动社会保障出版社，2009.

[10] 仲小敏. Siemens 系统数控铣/加工中心加工工艺与技能训练 [M]. 北京：人民邮电出版社，2009.

[11] 周晓宏. 数控铣床操作技能考核培训教材（高级）[M]. 北京：中国劳动社会保障出版社，2008.